"985 工程"
现代冶金与材料过程工程科技创新平台资助

"十二五"国家重点图书出版规划项目

现代冶金与材料过程工程丛书

壳聚糖在湿法冶金和环保中的应用

张廷安 翟秀静 曾 淼 编著

科 学 出 版 社

北 京

内 容 简 介

壳聚糖是具有类似葡萄糖结构的天然高分子化合物，存在于海洋生物的甲壳之中，来源丰富，每年产量可达数十亿吨。壳聚糖可用于饮水的净水剂、化妆品中的保湿剂、水果蔬菜的保鲜剂等。本书基于壳聚糖与金属离子的化学特性，阐述壳聚糖的结构、性能和制备方法，系统地研究了壳聚糖絮凝剂和树脂的制备方法，以及与金属离子的化学作用关系，探讨了壳聚糖在重金属冶金废水处理和贵金属回收方面的应用。

本书可供冶金环保和贵金属回收相关大专院校的学生、教师和科技人员参考。

图书在版编目（CIP）数据

壳聚糖在湿法冶金和环保中的应用/张廷安，翟秀静，曾淼编著. —北京：科学出版社，2016

（现代冶金与材料过程工程丛书/赫冀成主编）

"十二五"国家重点图书出版规划项目

ISBN 978-7-03-051379-3

Ⅰ. 壳…　Ⅱ. ①张…　②翟…　③曾…　Ⅲ. 甲壳质–应用–湿法冶金　Ⅳ. TF111.3

中国版本图书馆 CIP 数据核字（2016）第 322497 号

责任编辑：张淑晓/责任校对：杜子昂
责任印制：肖　兴/封面设计：蓝正设计

科 学 出 版 社 出版

北京东黄城根北街 16 号
邮政编码：100717
http://www.sciencep.com

北京通州皇家印刷厂 印刷

科学出版社发行　各地新华书店经销

*

2016 年 12 月第 一 版　　开本：720×1000 1/16
2016 年 12 月第一次印刷　　印张：19 3/4
字数：400 000

定价：128.00 元

（如有印装质量问题，我社负责调换）

《现代冶金与材料过程工程丛书》序

21 世纪世界冶金与材料工业主要面临两大任务：一是开发新一代钢铁材料、高性能有色金属材料及高效低成本的生产工艺技术，以满足新时期相关产业对金属材料性能的要求；二是要最大限度地降低冶金生产过程的资源和能源消耗，减少环境负荷，实现冶金工业的可持续发展。冶金与材料工业是我国发展最迅速的基础工业，钢铁和有色金属冶金工业承载着我国节能减排的重要任务。当前，世界冶金工业正向着高效、低耗、优质和生态化的方向发展。超级钢和超级铝等更高性能的金属材料产品不断涌现，传统的工艺技术不断被完善和更新，铁水炉外处理、连铸技术已经普及，直接还原、近终形连铸、电磁冶金、高温高压溶出、新型阴极结构电解槽等已经开始在工业生产上获得不同程度的应用。工业生态化的客观要求，特别是信息和控制理论与技术的发展及其与过程工业的不断融合，促使冶金与材料过程工程的理论、技术与装备迅速发展。

《现代冶金与材料过程工程丛书》是东北大学在国家"985 工程"科技创新平台的支持下，在冶金与材料领域科学前沿探索和工程技术研发成果的积累和结晶。丛书围绕冶金过程工程，以节能减排为导向，内容涉及钢铁冶金、有色金属冶金、材料加工、冶金工业生态和冶金材料等学科和领域，提出了计算冶金、自蔓延冶金、特殊冶金、电磁冶金等新概念、新方法和新技术。丛书的大部分研究得到了科学技术部"973"、"863"项目，国家自然科学基金重点和面上项目的资助（仅国家自然科学基金项目就达近百项）。特别是在"985 工程"二期建设过程中，得到 1.3 亿元人民币的重点支持，科研经费逾 5 亿元人民币。获得省部级科技成果奖 70 多项，其中国家级奖励 9 项；取得国家发明专利 100 多项。这些科研成果成为丛书编撰和出版的学术思想之源和基本素材之库。

以研发新一代钢铁材料及高效低成本的生产工艺技术为中心任务，王国栋院士率领的创新团队在普碳超级钢、高等级汽车板材以及大型轧机控轧控冷技术等方面取得突破，成果令世人瞩目，为宝钢、首钢和攀钢的技术进步做出了积极的贡献。例如，在低碳铁素体/珠光体钢的超细晶强韧化与控制技术研究过程中，提出适度细晶化（$3\sim5\mu m$）与相变强化相结合的强化方式，开辟了新一代钢铁材料生产的新途径。首次在现有工业条件下用 200MPa 级普碳钢生产出 400MPa 级超级钢，在保证韧性前提下实现了屈服强度翻番。在研究奥氏体再结晶行为时，引入时间轴概念，明确提出低碳钢在变形后短时间内存在奥氏体未在结晶区的现象，为低碳钢的控制轧制提供了理论依据；建立了有关低碳钢应变诱导相变研究的系统而严密的实验方法，解决了低碳钢高温变形后的组织固定问题。适当控制终轧温度和压下量分配，通过控制轧后冷却和卷取温度，利用普通低碳钢生产出铁素体晶粒为 3～5μm、屈服强度大于 400MPa，具有良好综合性能的超级钢，并成功地应用于汽车工业，该成果获得 2004 年国家科学技术进步奖一等奖。

宝钢高等级汽车板品种、生产及使用技术的研究形成了系列关键技术（例如，超低碳、氮和氧的冶炼控制等），取得专利 43 项（含发明专利 13 项）。自主开发了 183 个牌号的新产品，在国内首次实现高强度 IF 钢、各向同性钢、热镀锌双相钢和冷轧相变诱发塑性钢的生产。编制了我国汽车板标准体系框架和一批相关的技术标准，引领了我国汽车板业的发展。通过对用户使用技术的研究，与下游汽车厂形成了紧密合作和快速响应的技术链。项目运行期间，替代了至少 50% 的进口材料，年均创利润近 15 亿元人民币，年创外汇 600 余万美元。该技术改善了我国冶金行业的产品结构并结束了国外汽车板对国内市场的垄断，获得 2005 年国家科学技术进步奖一等奖。

提高 C-Mn 钢综合性能的微观组织控制与制造技术的研究以普碳钢和碳锰钢为对象，基于晶粒适度细化和复合强化的技术思路，开发出综合性能优良的 400～500MPa 级节约型钢材。解决了过去采用低温轧制路线生产细晶粒钢时，生产节奏慢、事故率高、产品屈强比高以及厚规格产品组织不均匀等技术难题，获得 10 项发明专利授权，形成工艺、设备、产品一体化的成套技术。该成果在钢铁生产企业得到大规模推广应用，采用该技术生产的节约型钢材产量到 2005 年年底超过 400 万 t，到 2006 年年底，国内采用该技术生产低成本高性能钢材累计产量超过 500 万 t。开发的产品用于制造卡车车轮、大梁、横臂及建筑和桥梁等结构件。由于节省了合金元素、降低了成本、减少了能源资源消耗，其社会效益巨大。该成果获 2007 年国家技术发明奖二等奖。

首钢 3500mm 中厚板轧机核心轧制技术和关键设备研制，以首钢 3500mm 中厚板轧机工程为对象，开发和集成了中厚板生产急需的高精度厚度控制技术、TMCP 技术、控制冷却技术、平面形状控制技术、板凸度和板形控制技术、组织性能预测与控制技术、人工智能应用技术、中厚板厂全厂自动化与计算机控制技术等一系列具有自主知识产权的关键技术，建立了以 3500mm 强力中厚板轧机和加速冷却设备为核心的整条国产化的中厚板生产线，实现了中厚板轧制技术和重大装备的集成和集成基础上的创新，从而实现了我国轧制技术各个品种之间的全面、协调、可持续发展以及我国中厚板轧机的全面现代化。该成果已经推广到国内 20 余家中厚板企业，为我国中厚板轧机的改造和现代化做出了贡献，创造了巨大的经济效益和社会效益。该成果获 2005 年国家科学技术进步奖二等奖。

在国产 1450mm 热连轧关键技术及设备的研究与应用过程中，独立自主开发的热连轧自动化控制系统集成技术，实现了热连轧各子系统多种控制器的无隙衔接。特别是在层流冷却控制方面，利用有限元素流分析方法，研发出带钢宽度方向温度均匀的层冷装置。利用自主开发的冷却过程仿真软件包，确定了多种冷却工艺制度。在终轧和卷取温度控制的基础之上，增加了冷却路径控制方法，提高了控冷能力，生产出了×75 管线钢和具有世界先进水平的厚规格超细晶粒钢。经过多年的潜心研究和持续不断的工程实践，将攀钢国产第一代 1450mm 热连轧机组改造成具有当代国际先进水平的热连轧生产线，经济效益极其显著，提高了国内热连轧技术与装备研发水平和能力，是传统产业技术改造的成功典范。该成果获 2006 年国家科学技术进步奖二等奖。

以铁水为主原料生产不锈钢的新技术的研发也是值得一提的技术闪光点。该成果建立了 K-OBM-S 冶炼不锈钢的数学模型，提出了铁素体不锈钢脱碳、脱氮的机理和方法，开发了等轴晶控制技术。同时，开发了 K-OBM-S 转炉长寿命技术、高质量超纯铁素体不锈钢的生产技术、无氩冶炼工艺技术和连铸机快速转换技术等关键技术。实现了原料结构、生产效率、品种质量和生产成本的重大突破。主要技术经济指标国际领先，整体技术达到国际先进水平。K-OBM-S 平均冶炼周期为 53min，炉龄最高达到 703 次，铬钢比例达到 58.9%，不锈钢的生产成本降低 10%～15%。该生产线成功地解决了我国不锈钢快速发展的关键问题——不锈钢废钢和镍资源短缺，开发了以碳氮含量小于 120ppm 的 409L 为代表的一系列超纯铁素体不锈钢品种，产品进入我国车辆、家电、造币领域，并打入欧美市场。该成果获得 2006 年国家科学技术进步奖二等奖。

以生产高性能有色金属材料和研发高效低成本生产工艺技术为中心任务，先后研发了高合金化铝合金预拉伸板技术、大尺寸泡沫铝生产技术等，并取得显著进展。高合金化铝合金预拉伸板是我国大飞机等重大发展计划的关键材料，由于合金含量高，液固相线温度宽，铸锭尺寸大，铸造内应力高，所以极易开裂，这是制约该类合金发展的瓶颈，也是世界铝合金发展的前沿问题。与发达国家采用的技术方案不同，该高合金化铝合金预拉伸板技术利用低频电磁场的强贯穿能力，改变了结晶器内熔体的流场，显著地改变了温度场，使液穴深度明显变浅，铸造内应力大幅度降低，同时凝固组织显著细化，合金元素宏观偏析得到改善，铸锭抵抗裂纹的能力显著增强。为我国高合金化大尺寸铸锭的制备提供了高效、经济的新技术，已投入工业生产，为国防某工程提供了高质量的铸锭。该成果作为"铝资源高效利用与高性能铝材制备的理论与技术"的一部分获得了 2007 年的国家科学技术进步奖一等奖。大尺寸泡沫铝板材制备工艺技术是以共晶铝硅合金（含硅 12.5%）为原料制造大尺寸泡沫铝材料，以 A356 铝合金（含硅 7%）为原料制造泡沫铝材料，以工业纯铝为原料制造高韧性泡沫铝材料的工艺和技术。研究了泡沫铝材料制造过程中泡沫体的凝固机制以及生产气孔均匀、孔壁完整光滑、无裂纹泡沫铝产品的工艺条件；研究了控制泡沫铝材料密度和孔径的方法；研究了无泡层形成原因和抑制措施；研究了泡沫铝大块体中裂纹与大空腔产生原因和控制方法；研究了泡沫铝材料的性能及其影响因素等。泡沫铝材料在国防军工、轨道车辆、航空航天和城市基础建设方面具有十分重要的作用，预计国内市场年需求量在 20 万 t 以上，产值 100 亿元人民币，该成果获 2008 年辽宁省技术发明奖一等奖。

围绕最大限度地降低冶金生产过程中资源和能源的消耗，减少环境负荷，实现冶金工业的可持续发展的任务，先后研发了新型阴极结构电解槽技术、惰性阳极和低温铝电解技术和大规模低成本消纳赤泥技术。例如，冯乃祥教授的新型阴极结构电解槽的技术发明于 2008 年 9 月在重庆天泰铝业公司试验成功，并通过中国有色工业协会鉴定，节能效果显著，达到国际领先水平，被业内誉为"革命性的技术进步"。该技术已广泛应用于国内 80% 以上的电解铝厂，并获得"国家自然科学基金重点项目"和"国家高技术研究发展计划（"863"计划）重点项目"支持，该技术作为国家发展和改革委员会"高技术产业化重大专项示范工程"已在华东铝业实施 3 年，实现了系列化生产，槽平均电压为 3.72V，直流电耗 12082kW·h·t^{-1}Al，吨铝平均节电 1123kW·h。目前，新型阴极结构电解槽的国际推广工作正在进行中。初步估计，在 4~5 年内，全国所有电解铝厂都能将现有电解槽改为新型电解槽，届时全国电解铝厂一年的节电量将超过我国大型水电站——葛洲坝一年的发电量。

在工业生态学研究方面，陆钟武院士是我国最早开始研究的著名学者之一，因其在工业生态学领域的突出贡献获得国家光华工程大奖。他的著作《穿越"环境高山"——工业生态学研究》和《工业生态学概论》，集中反映了这些年来陆钟武院士及其科研团队在工业生态学方面的研究成果。在煤与废塑料共焦化、工业物质循环理论等方面取得长足发展；在废塑料焦化处理、新型球团竖炉与煤高温气化、高温贫氧燃烧一体化系统等方面获多项国家发明专利。

依据热力学第一、第二定律，提出钢铁企业燃料（气）系统结构优化，以及"按质用气、热值对口、梯级利用"的科学用能策略，最大限度地提高了煤气资源的能源效率、环境效率及其对企业节能减排的贡献率；确定了宝钢焦炉、高炉、转炉三种煤气资源的最佳回收利用方式和优先使用顺序，对煤气、氧气、蒸气、水等能源介质实施无人化操作、集中管控和经济运行；研究并计算了转炉煤气回收的极限值，转炉煤气的热值、回收量和转炉工序能耗均达到国际先进水平；在国内首先利用低热值纯高炉煤气进行燃气-蒸气联合循环发电。高炉煤气、焦炉煤气实现近"零"排放，为宝钢创建国家环境友好企业做出重要贡献。作为主要参与单位开发的钢铁企业副产煤气利用与减排综合技术获得了 2008 年国家科学技术进步奖二等奖。

另外，围绕冶金材料和新技术的研发及节能减排两大中心任务，在电渣冶金、电磁冶金、自蔓延冶金、新型炉外原位脱硫等方面都取得了不同程度的突破和进展。基于钙化-碳化的大规模消纳拜耳赤泥的技术，有望攻克拜耳赤泥这一世界性难题；

钢焖渣水除疤循环及吸收二氧化碳技术及装备，使用钢渣循环水吸收多余二氧化碳，大大降低了钢铁工业二氧化碳的排放量。这些研究工作所取得的新方法、新工艺和新技术都会不同程度地体现在丛书中。

总体来讲，《现代冶金与材料过程工程丛书》集中展现了东北大学冶金与材料学科群体多年的学术研究成果，反映了冶金与材料工程最新的研究成果和学术思想。尤其是在"985工程"二期建设过程中，东北大学材料与冶金学院承担了国家Ⅰ类"现代冶金与材料过程工程科技创新平台"的建设任务，平台依托冶金工程和材料科学与工程两个国家一级重点学科、连轧过程与控制国家重点实验室、材料电磁过程教育部重点实验室、材料微结构控制教育部重点实验室、多金属共生矿生态化利用教育部重点实验室、材料先进制备技术教育部工程研究中心、特殊钢工艺与设备教育部工程研究中心、有色金属冶金过程教育部工程研究中心、国家环境与生态工业重点实验室等国家和省部级基地，通过学科方向汇聚了学科与基地的优秀人才，同时也为丛书的编撰提供了人力资源。丛书聘请中国工程院陆钟武院士和王国栋院士担任编委会学术顾问，国内知名学者担任编委，汇聚了优秀的作者队伍，其中有中国工程院院士、国务院学科评议组成员、国家杰出青年科学基金获得者、学科学术带头人等。在此，衷心感谢丛书的编委会成员、各位作者以及所有关心、支持和帮助编辑出版的同志们。

希望丛书的出版能起到积极的交流作用，能为广大冶金和材料科技工作者提供帮助。欢迎读者对丛书提出宝贵的意见和建议。

赫冀成　张廷安

2011年5月

前　言

壳聚糖是一种绿色、环境友好的生物质多糖，其价格低廉，来源广泛，生物降解性、生物官能性、生物相容性和安全性好。壳聚糖分子上具有大量活泼的氨基和羟基，能在不同条件下发生不同的反应，可衍生出具有其他官能团的衍生物。由于具有优良的性能，壳聚糖可用于食品、纺织、生物、医药、农业、化妆品和化工等工业中，其中也包括冶金工业。

本书首次从冶金的角度归纳和总结壳聚糖的应用，并从应用原理到应用特点都进行了详尽的描述。第 1 章介绍壳聚糖资源、壳聚糖的制备及壳聚糖的物理化学性质和用途。第 2 章介绍壳聚糖与金属离子的相互作用关系。第 3～7 章依次介绍了的壳聚糖絮凝剂、交联壳聚糖树脂、模板法合成交联壳聚糖树脂、壳聚糖膜和壳聚糖催化剂。本书汇聚了作者多年来在壳聚糖应用方面的研究成果，希望可为其他相关研究人员提供参考。

本书可供从事壳聚糖吸附剂及金属离子废水处理研究的环保、化工和冶金相关专业的高年级本科生、研究生、教师和工程技术人员使用。

本书第 1～5 章由张廷安、曾淼撰写，第 6 章和第 7 章由翟秀静撰写，刘燕、豆志河、吕国志和博士研究生王艳秀等参加部分章节的撰写工作。

在本书出版之际，我要衷心地感谢赵乃仁教授，是他把我引上了壳聚糖应用研究之路，本书凝聚了他给予的指导和教诲！本书的研究成果得到了辽宁省海洋局、国家自然科学基金（50174018；59374169）的资助，在此表示感谢。同时还要感谢我的学生们，他们在各章节的修正方面做了许多具体的工作，正是这些具体的工作才成就了本书的出版。

由于作者水平有限，书中不妥之处在所难免，敬请读者批评指正！

张廷安

2016 年 9 月

目　录

第1章 概　　述

1.1　壳　聚　糖

甲壳素（chitin），又称甲壳质、几丁质、壳多糖、聚乙酰氨基葡萄糖等。1811年法国 H. Braconnot 教授在蘑菇中发现了这一物质，并认为它是一种纤维素。后经研究发现，甲壳素与纤维素的结构非常相似，只是在链节中有一个基团不同，甲壳素是由 N-乙酰氨基葡萄糖缩聚而成的线形聚合物[1]。

甲壳素在自然界中分布广泛，是仅次于纤维素的一种来源极其丰富的天然有机化合物。甲壳素广泛存在于甲壳纲动物（虾、蟹等）的甲壳、昆虫的甲壳、真菌（酵母、霉菌）的细胞壁及植物（蘑菇等）的细胞壁中。自然界每年生物合成的甲壳素将近 100 亿吨[2]。

甲壳素的化学名称是(1, 4)-2-乙酰-2-氨基-2-脱氧-β-D-葡萄糖，其化学结构是由 2-乙酰-2-氨基-2-脱氧-D-葡萄糖通过 β-1,4 糖苷键形式连接而成的多糖，也就是 N-乙酰-D-葡萄糖胺的聚糖，如图 1-1 所示。

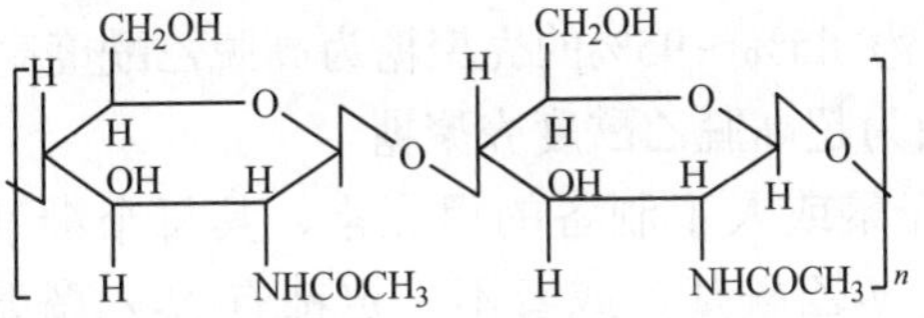

图 1-1　甲壳素的结构式

甲壳素与纤维素结构上的差别是甲壳素残糖基上有乙酰氨基，而纤维素是残糖基上有羟基，纤维素的结构式如图 1-2 所示。由图可见，甲壳素与纤维素的结构非常相似，据此可以推断，甲壳素与纤维素会有许多类似的性质和用途。

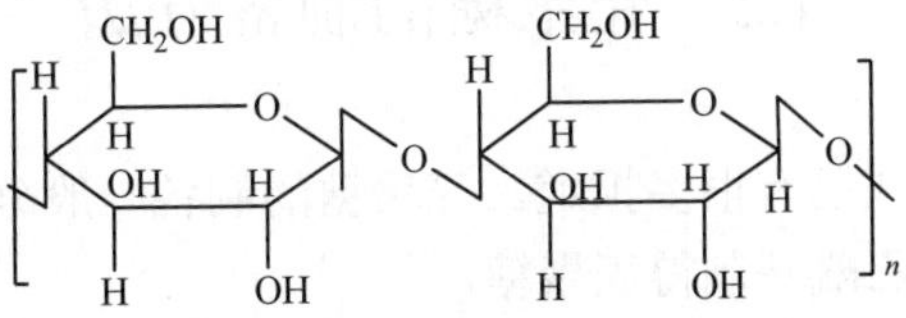

图 1-2　纤维素的结构式

　　壳聚糖（chitosan）是甲壳素的 N-脱乙酰基产物，通常所说的壳聚糖，并不一定是从甲壳素中完全脱去了 N-乙酰基，N-乙酰基脱去 55%以上的甲壳素即可称为壳聚糖。甲壳素与壳聚糖在结构上的差别就在于葡萄糖的糖残基上 N-脱乙酰度的大小，但这种结构上的不同使两者具有不同的性质：甲壳素不溶于水，而其脱乙酰基产物壳聚糖则由于增加了活性基团——氨基，溶解性有所改善，物理性质及化学性质都与甲壳素有所不同[3]。甲壳素在浓碱中经加热处理后，脱掉部分乙酰基。壳聚糖的结构式如图 1-3 所示。

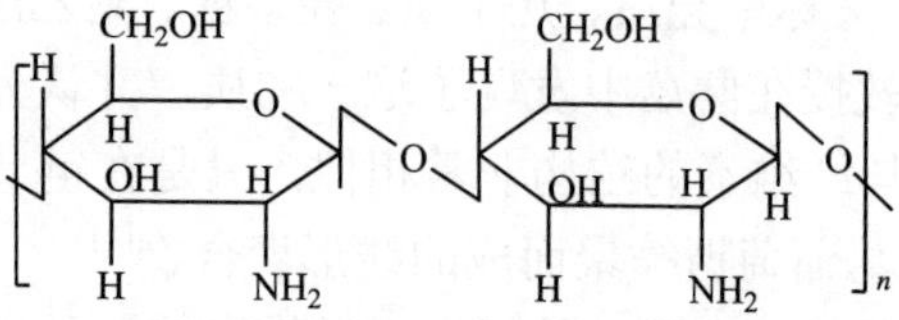

图 1-3　壳聚糖的结构式

　　通常用脱乙酰度来计算 N-乙酰基的脱去量。具有一定脱乙酰度的壳聚糖能溶于 1%乙酸或 1%盐酸，因此，凡是能溶于 1%乙酸或 1%盐酸的甲壳素都可称为壳聚糖。作为有实用价值的工业品壳聚糖，N-脱乙酰度必须在 70%以上。

　　按照 N-脱乙酰度的不同，通常把壳聚糖分为几类：N-脱乙酰度为 55%～70%的壳聚糖为低脱乙酰度壳聚糖；N-脱乙酰度为 70%～85%的壳聚糖为中脱乙酰度壳聚糖；N-脱乙酰度为 85%～95%的壳聚糖为高脱乙酰度壳聚糖；N-脱乙酰度为 95%～100%的壳聚糖为超高脱乙酰度壳聚糖。

　　天然存在的甲壳素或人工制备的甲壳素，其每个糖残基上可能都有 N-乙酰基，即有 100%的 N-乙酰基，或者不一定都有 N-乙酰基，凡是 N-乙酰度在 50%以下的，都可被称为甲壳素，因为它肯定不溶于稀乙酸、稀盐酸等稀酸。由此可见，甲壳素与壳聚糖的差别，仅仅是 N-脱乙酰度不同。可以说，甲壳素结构中，也有氨基葡萄糖的糖残基，壳聚糖结构中，也有 N-乙酰氨基葡萄糖的糖残基。

1.2　壳聚糖的制备方法

　　壳聚糖的制备方法已有很多报道。壳聚糖的制备一般分为两步，首先提取甲壳素，再由甲壳素脱乙酰基制得壳聚糖。

1.2.1 甲壳素的提取

从原料中提取甲壳素的一般工艺流程如下：

原料 $\xrightarrow{\text{挑选、洗净}}$ 净壳 $\xrightarrow[\text{4%～6% HCl}]{\text{酸浸}}$ 脱去钙质的壳 $\xrightarrow{\text{清洗、脱蛋白}}$ 10% NaOH，煮

除去蛋白的壳 $\xrightarrow[\text{KMnO}_4\text{、NaHSO}_4]{\text{清洗、漂白}}$ $\xrightarrow{\text{晒干}}$ 甲壳素（白色）

不同壳质所含组分的比例不同，提取甲壳质的难易程度也不同，应采取相应的措施，才能得到较纯净的甲壳素。

1.2.2 壳聚糖的制备

壳聚糖的制备方法主要有三种类型：传统制备法、"一步法"和微波辐射制备法。

1. 传统制备法

甲壳素通过脱乙酰基来制备壳聚糖是甲壳素研究的核心，因而壳聚糖脱乙酰反应的研究引起了国内外学者的重视。人们提出了许多制备的方法，传统的制备方法归纳起来分为以下几种：碱液法、碱熔法和甲壳素酶法。

国内外大多研究及生产单位制备壳聚糖的方法是：用质量分数为 40%～60% 的浓碱液，在 100～180℃下进行脱乙酰处理几个小时，得到可溶于稀酸的、脱乙酰度一般在 80%左右的壳聚糖。

碱液法设备简单而且制备成本较低，人们对于甲壳素脱乙酰化的研究也主要集中于碱液法，并且获得了一些脱酰基速率与碱液浓度、温度的规律。吕全建等[4]用正交实验考查了甲壳素在脱乙酰基生成壳聚糖的反应中，甲壳素的品种、甲壳素的粒度、碱液浓度、碱处理方式、温度等不同因素对壳聚糖脱乙酰度的影响，得到了高黏度、高脱乙酰度的壳聚糖。优化的壳聚糖制备条件为间歇法重复碱处理方式、碱液浓度 50%、温度 110℃、甲壳素粒度 20 目、甲壳素的品种为东海小虾壳。此时制备的壳聚糖的脱乙酰度和黏度分别为 94%和 2760mPa·s。根据 Wu 和 Bough 的研究结果[5]：用 50%的 NaOH 溶液，在 100℃下处理甲壳素 1h，脱乙酰度约为 70%，而持续处理 5h，脱乙酰度仅逐渐增加到 80%。持续的碱处理不能有效地脱乙酰基，而仅仅是引起壳聚糖分子链的降解。而且作用时间长、能耗高，长时间作用下造成分子链的降解，制备的壳聚糖脱乙酰度不高，黏度低。

碱熔法[6]是将 30g 甲壳素与 150g 固体氢氧化钾在氮气保护下，在镍坩埚中共

熔。在 180℃下搅拌 30min 熔融物，然后小心地倒入乙醇中，生成的胶状沉淀用水洗至中性，得到粗壳聚糖。将这些粗壳聚糖洗涤并溶于 5%甲酸中，再用稀氢氧化钠溶液使之沉淀析出，重复三次。最后得到的沉淀物洗净后溶于 50℃左右的 0.1mol/L HCl 中，接着再慢慢加入浓盐酸，直至出现沉淀，即为壳聚糖的盐酸盐。这样的产物，主链遭到降解，经透析几天，离心分离，用乙醇洗涤，再用乙醚洗涤，这种产品大概具有 20 个糖单元，相对分子质量较低，不适宜于作色谱和絮凝剂用，使得壳聚糖的使用范围受到了限制。

甲壳素酶法[7]的优点在于可以节约大量的氢氧化钠。这种方法能在常温下脱除乙酰基，用脱乙酰度酶与甲壳素在缓冲溶液（pH=5.5）中 30℃培养 48h 即可获得壳聚糖。

2. "一步法"

国内学者在传统制备法的基础上进行了改进，用"一步法"制备壳聚糖[8]，结果表明"一步法"不但减少了工艺流程，缩短了生产周期，还减少了废水的排放，节省了原料消耗，降低了生产成本。其工艺条件为：用 10% HCl 溶液 25℃下酸浸 4h 除钙，得除去无机盐的甲壳素，用 60% NaOH 溶液 150℃下煮沸 1h 进行消化、漂白、脱乙酰基，得壳聚糖。

3. 微波辐射制备法

微波加热不同于一般的由外部热源通过由表及里的传导式加热，而是材料在电磁场中由于介质损耗而引起的体积加热。利用微波辐射新技术替代传统加热快速制备壳聚糖，不仅作用时间短、能耗低，而且比常规加热碱液处理效率提高 11 倍多，同时反应重复性好。

1979 年，Q. P. Peniston 等[9]最早把微波法用于壳聚糖的制备，其方法是在玻璃容器内将 15g 磨细的甲壳素与 15g 85% NaOH 溶液混合，然后置于微波炉内，在频率 2450MHz、辐射功率为 390W 的条件下处理 10min，混合物沸腾后，即可从微波炉中取出，在室温放置过夜，用水洗至中性，干燥，即得壳聚糖产品。梁亮等[10]发现，应用微波辐射技术，用 50%的 NaOH 溶液对甲壳素进行脱乙酰基制备壳聚糖，经一次碱处理 15min，脱乙酰度达到 77.4%，经第二次微波碱处理，脱乙酰度可达 90%以上，经 3 次以上微波碱处理，脱乙酰度几乎接近 100%。胡思前[11]在总结前人研究的基础上采用正交试验法，利用微波技术并通过加入乙醇降低 NaOH 浓度的方法制备了壳聚糖。通过研究微波功率、反应时间、碱浓度、碱用量等对壳聚糖质量的影响，得出了微波法制备壳聚糖的最佳工艺条件并与传统制备法进行了比较（表 1-1）。结果显示微波法制备壳聚糖能有效降低碱浓度、缩短反应时间（10 倍），且产品的特性黏度较传统制备法高。

表 1-1　微波法与传统法制备壳聚糖的比较

制备条件	传统法	微波法
NaOH 质量分数/%	50	30
反应条件	100℃（电炉、烘箱）	480W（微波炉）
反应时间	5h	30min
干燥时间	3.5h	19min
总时间	8.5h	49min
脱乙酰度/%	73.3	76.5
特性黏度/（dL/g）	172	320

1.3　壳聚糖的物理性质

1.3.1　一般物理性质

甲壳素为白色无定形固体，约在 270℃分解，几乎不溶于水、稀酸、碱、乙醇及其他有机溶剂，可溶于浓盐酸、硫酸、磷酸及无水甲酸。折光指数为 14°～16°（盐酸）。采用不同原料和不同方法制备的甲壳素，其溶解度、相对分子质量、乙酰基值和比旋光度等均有差别。甲壳素是由生物合成再经提取而得到的天然产物，有良好的生物相容性，可被生物降解。甲壳素存在 α、β、γ 三种多晶型物。α型甲壳素产量最丰富、最稳定、不易分解、不易溶化，也不溶于水、乙醇、乙醚、稀酸，但能溶于乙酸、稀碱，也可溶于无机酸，但同时主链发生降解。甲壳素的不溶性限制其应用范围，所以大多加工成壳聚糖使用[12]。

壳聚糖是白色或淡黄色无定形、半透明、略有珍珠光泽的固体，因原料和制备方法不同，其相对分子质量也从数十万至数百万不等。不溶于水和碱性溶液，可溶于稀有机酸及部分无机酸，如盐酸等，但不溶于冷的稀硫酸、稀硝酸、稀磷酸和草酸等。壳聚糖的溶解性能还受壳聚糖的相对分子质量和脱乙酰度等因素的影响。壳聚糖的相对分子质量越高、脱乙酰度越低，它的溶解度越小。

1. 稳定性

壳聚糖溶液不能配制得太浓，对于中等黏度的壳聚糖也只能配制成浓度小于5%的溶液。浓度太大时会转化为胶体，甚至形成溶胀物。壳聚糖的糖苷键是半缩醛结构，对酸不稳定，易发生糖苷键的断裂而生成相对分子质量大小不等的片段，因此壳聚糖的酸性溶液，在放置过程中，会由于发生酸催化的水解反应而降解成低聚糖；而且，酸性越强水解越快，生成的分子越小；加热和搅拌在促进壳聚糖溶解的同时也伴随着壳聚糖少量的降解。所以，要保持壳聚糖分子的稳定性，应尽量让其处于较低的酸度和温度[13]。

加入乙醇、甲醇、丙酮等可延缓壳聚糖溶液黏度的降低，以乙醇的作用最明显。壳聚糖甲酸溶液比壳聚糖乙酸溶液更稳定。抗氧化剂维生素 C 对壳聚糖具有明显的促进降解作用。

2. 生物适应性

生物适应性包括生物相容性、生物安全性和生物降解性，同时生物体在环境中又相对稳定。壳聚糖来源于甲壳动物或其他生物，是生物再生资源，为纯天然物质，化学组成与纤维素淀粉结构相似，无毒、无臭，人体接触与食用都证明是安全的。壳聚糖及其衍生物在人体内降解后生成无害的葡萄糖胺，故可以放心使用。同时，壳聚糖又具有相对稳定性，其不溶于水，不溶于碱，只溶于酸，这就为医疗、医药、食品加工、水处理、饲料加工等提供了宝贵的原料。作为医用高分子材料，在制造外科缝合线、人工皮肤、人工血管、人工肾、药物缓释剂、止血剂、隐形眼镜、抗凝血剂等均已有广泛发现，而且部分材料已有商品出售。例如，外科缝合线的生产已见报道，即先将甲壳素溶于三氯乙酸-二氯甲烷溶剂或溶于氯化锂-二甲基乙酰胺溶剂，然后再进行湿法纺丝。壳聚糖手术缝合线的生产可将壳聚糖的稀乙酸溶液喷丝于铜-氨溶液中，凝固物用 EDTA 洗脱铜离子制得。壳聚糖由于对生物活性物质的适应性，及其性质的坚韧稳定，故又适宜作为酶和细胞的固定化材料，近几年国内多有报道。壳聚糖能被生物降解利用，因此又被研究作为生物的特种培养基和生物降解性塑料[14]。

3. 吸湿保湿性

壳聚糖及其衍生物具有极强的吸湿性和保湿性，这是由于其分子中具有极性基团。壳聚糖的吸湿性大于甲壳素的，甲壳素的吸湿率可达 400～500，是纤维素的 2 倍多，壳聚糖、甲壳素和纤维素三者的分子结构和基团密度极为相似，而基团的极性大小为：$-NH_2 > -NHCOCH_3 > -OH$，极性越大，越容易与水分子缔合，故吸湿性越大。壳聚糖及其衍生物具有良好的吸湿性和保湿性，并且对皮肤和毛发机体具有良好的生物亲和作用，这使它们成为护肤、护发剂和化妆品的优良原料。在轻工领域中，洗发香波、固发剂、柔软剂等得到广泛应用。添加了壳聚糖的洗发、护发产品，可使头发易于梳理、蓬松飘逸、手感弹滑、发色光亮，该类产品还有保护头皮、促进毛发生长的功效[15]。

4. 成膜性和成丝性

壳聚糖及其衍生物溶于适当的溶剂中成为溶液，浇铸或喷吹成膜，利用壳聚糖的潜在功能可开发低分子通透件。根据需要可制成平板膜或中空纤维膜。改变原料结构或调整组成配比可得到孔径不同的分离膜。其应用于反渗透、渗透气化、气体分离和人工肾透析等材料。采用壳聚糖衍生物制成的人工透析膜具有较大的机械强度和良好的抗凝血作用。壳聚糖反渗透膜具有比纤维素膜更高的 pH 适应性和抗压性。由于壳聚糖分离膜的问世，有机溶剂的分离可望取得突破性的进展。

壳聚糖具有一定的流延性及成丝性，可制成纤维形式，易于加工成型。甲壳质和壳聚糖纤维可做成手术缝合线或止血棉、纱布、药布、绷带、创可贴、薄膜等各种医用敷料，用混式纺丝法还可将壳聚糖制成无纺布的人造皮肤。纤维已广泛应用于化工、纺织、食品、医药及污水处理等领域[16]。

5. 凝胶性和黏稠性

壳聚糖具有亲水基团的多糖结构，与有机酸结合成盐后，易溶于水成为亲水凝胶。对于不同浓度的各种有机酸可以调整其黏稠性，制成适当黏度的液体。甲壳素与壳聚糖成功用作织物的上浆剂、整理剂和固色剂。壳聚糖与纤维素的结构相似，故而对织物有较强的附着力，且分子上的氨基可与酸性染料的荷色基团牢固结合，因而可以改善织物的洗涤性能，减少缩水率，令手感柔软，提高色牢度。甲壳素不溶于水，极其适合于作为防水布的装料，在造纸工业上作为纸面施胶剂，提高纸张的干湿耐破度，得到更好的书写和印刷性能。纸面上先涂布壳聚糖乙酸溶液，然后在氨气中干燥，制得的成品具有高度抗水性。电容性纸在压光前用壳聚糖溶液处理可提高电阻率。纸张加入壳聚糖溶液还可减小印刷纸张的厚度。用掺有壳聚糖的白土作为填料，可提高纸张的印刷不透明度和机械强度[17]。

1.3.2　溶解性

壳聚糖是一种聚胺，作为高分子物质，其溶解性与生物降解性自然与其基本理化性质如相对分子质量及其分布、结晶度等密切相关，甲壳素和壳聚糖有序的大分子结构形成了强烈的分子内和分子间的—O…H—O—型和—O…H—N—型氢键。这种有序的大分子结构，使壳聚糖在水和一般的溶剂中不易溶解，包括一些有机溶剂，如 DMF（二甲基甲酰胺）、DMSO（二甲基亚砜）等。

壳聚糖因分子结构中含有游离氨基，可溶于 pH<5 以下的环境中，如盐酸、硝酸、磷酸等无机酸或乙酸、乙二酸、甲酸、马来酸、乳酸、苹果酸等有机酸的稀的水合溶液。高脱乙酰度的壳聚糖或低脱乙酰度的甲壳素都不能完全溶解，而是得到溶胀的凝胶体。

壳聚糖在稀酸中溶解的实质是壳聚糖分子链上具有游离氨基，游离氨基的氮原子上存在一对未结合电子，此氨基在水溶液中呈现弱碱性，能从溶液中结合一个氢质子，从而使壳聚糖成为带正电荷的聚电解质，这些阳离子破坏了壳聚糖分子间和分子内的氢键，使之溶解。

在壳聚糖的化学改性中，有相当多的原理是基于改变壳聚糖的化学组成进而改变分子链段中的晶体结构及壳聚糖有序的线形高分子二级结构，从而破坏分子内和分子间强烈的氢键作用，使其溶解性得到改善或性质发生变化。

壳聚糖在稀酸中的溶解，至少受到三个因素的制约：脱乙酰度、相对分子质量及酸的种类。如果脱乙酰度低于 47%，则很难溶于稀酸，也就是说，脱乙酰度越高，壳聚糖分子中的氨基离子化程度越高，也就越易溶于水；多糖分子内和分子间形成许多氢键，使得分子比较僵硬，并缠绕在一起，不易溶于水，因此，壳聚糖的相对分子质量越大，在水中的溶解度越小；酸的种类对壳聚糖的溶解性也有影响，通常壳聚糖的盐酸盐易溶于水，而壳聚糖的硫酸盐和磷酸盐则不溶于水[18]。

1.3.3　平均相对分子质量

平均相对分子质量是甲壳素与壳聚糖的一项重要指标，不同相对分子质量的甲壳素或壳聚糖，其性质也会有差异。

测定甲壳素和壳聚糖的相对分子质量，可采用黏度法、光散射法、端基分析法、渗透压法、蒸气压法、高压液相色谱法和超过滤法等。但最为常用的是黏度法。根据 Mark-Houwink 公式[18]，若能确定公式中的 K 和 α，则通过测定黏度即可确定壳聚糖的相对分子质量。

黏度法测定高分子溶液的黏度以用毛细管流出式的黏度计最方便，常用的是乌氏黏度计和奥氏黏度计。

Hackman 等[19]用光散射法研究了甲壳素及其衍生物的相对分子质量测定。测定结果是：在 5.55mol/L 硫氰酸锂溶液中，甲壳素的数均相对分子质量是 1.036×10^6；在 2.5mol/L NaCl 溶液中，羧甲基甲壳素的数均相对分子质量是 1.33×10^6。实际测出的糖残基都是 5200，两者相对分子质量的差异是取代基造成的。

Wu 等[20]用高效液相色谱法测定了壳聚糖的相对分子质量和相对分子质量分布。所用的分离柱是填充的凝胶，利用凝胶孔隙度来排阻特定大小的分子，所以被称为排阻色谱法或凝胶渗透色谱法。这种方法的最大特点是可以测绝对分子质量，同时还能得到分子质量分布图。目前已有专用的仪器和相对分子质量校样，而且已经发展成为一种普遍采用的相对分子质量和相对分子质量分布测定法。他

们测得的壳聚糖 M_w=2 055 000，M_n=936 000，分散度 M_w/M_n=2.16，数量最大的相对分子质量分布在 1 103 000 左右。

1.3.4　*N*-脱乙酰度

　　N-脱乙酰度也是壳聚糖的一项主要技术性能指标，它们与壳聚糖的应用有着密切的关系。*N*-脱乙酰度是表征乙酰化部分和脱乙酰化部分之间的平衡常数，为壳聚糖分子中脱除乙酰基的糖残基数占壳聚糖分子中总糖残基数的百分数，脱乙酰度在 55%以上的才可被称为壳聚糖，否则为甲壳素。壳聚糖的 *N*-脱乙酰度越高，分子链上的游离氨基越多，离子化强度越高，也就越易溶于水。此外，壳聚糖的 *N*-脱乙酰度的高低，直接影响其在稀酸中的黏度、离子交换能力、絮凝性能及与氨基有关的化学反应能力等许多方面。

1.3.5　结晶度

　　壳聚糖的结晶度对壳聚糖的降解速率和材料性质有着非常明显的作用。壳聚糖粉末的 X 射线衍射谱图显示其有两种不同的晶体形态，均属于单斜晶系，壳聚糖的这两种晶形分别称为 Form Ⅰ型（2θ 在 10°左右），Form Ⅱ型（2θ 在 20°左右）[21]，后者在较高脱乙酰度（DD）的壳聚糖中较为明显（图 1-4），当壳聚糖分子中的氨基被乙酰化时，该衍射峰的强度逐渐降低，同时随着乙酰化程度的增加，壳聚糖分子中出现 Form Ⅰ晶形并随着乙酰化程度的增加而向低衍射峰迁移。壳聚糖的晶形结构会因酸碱溶液的作用而发生转变。

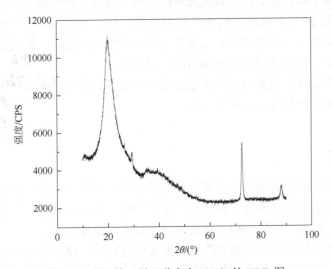

图 1-4　壳聚糖（脱乙酰度为 90%）的 XRD 图

1.4 壳聚糖的化学性质

壳聚糖化学性质的研究，内容十分广泛，是认识壳聚糖的本质、开发产品的重要基础。研究壳聚糖的化学反应，有两个重要的目的：一是解决它在水中或有机溶剂中的溶解性；二是获得性能很好甚至是独特性能的产品。

1.4.1 碱化

组成甲壳素的 *N*-乙酰氨基葡萄糖残基有两个活性羟基，一个是 C_6—OH，它是一级羟基（伯羟基），另一个是 C_3—OH，它是二级羟基（仲羟基），前者的活性大于后者。这两种羟基都是醇羟基，虽然比小分子醇的羟基活性要小得多，但也能与浓的强碱反应，生成碱化甲壳素，取代反应主要发生在 C_6—OH 上，当然，这不是绝对的，在 C_3—OH 上也有可能发生取代反应。

反应的过程首先是小分子的碱进入大分子的甲壳素团粒中去，发生显著的润胀，长度也有某些减少而直径明显增大，内腔变狭，不但在分子的结晶区之间，而且在结晶区内部也发生了润胀。润胀继续进行，尤其是在温度较低的情况下，生成了碱与甲壳素的加成化合物，常称为碱化甲壳素[22]。

低温对甲壳素或壳聚糖的碱化作用特别重要，由于侵入甲壳素或壳聚糖内部的水分子在-10℃下已结成了冰，体积的增大削弱了甲壳素或壳聚糖分子间的氢键，破坏了甲壳素或壳聚糖的分子规整性，降低了它们的结晶度，从而促进了碱化反应，提高了碱化度。在用碱化壳聚糖（或甲壳素）合成羧甲基壳聚糖（或壳聚糖）时，在 25℃下很难得到水溶性很好的产物，而在-10℃下得到的碱化壳聚糖（或甲壳素）就很容易得到水溶性很好的产物。因此，一般是将甲壳素浸渍在-20～-10℃下的浓碱液中过夜制得碱化甲壳素。

在室温制备碱甲壳素时，会伴随着发生甲壳素的脱乙酰化反应，在低温制备碱甲壳素，则可避免发生这种副反应。

1.4.2 酰化

壳聚糖分子链的糖残基上既有羟基又有氨基，因此可在这些基团上导入不同相对分子质量的脂肪族或芳香族酰基（酸酐、酰卤等），生成酯或酰胺。酰化产物的生成与反应溶剂、酰基结构、催化剂种类和反应温度有关。

早期的酰化反应是在乙酸和酸酐或酰氯中进行的，反应条件十分温和，反应较快，但试剂消耗多、分子链断裂十分严重[23]。近年来的研究发现甲磺酸可代替乙酸进行酰化反应。甲磺酸既是溶剂,又是催化剂,反应在均相进行,所得产物酰化程度较高[24]。以甲醇为溶剂,用乙酸酐对壳聚糖进行酰化反应,其乙酰化程度较高,以致其溶解性很差;但用乙醇作溶剂进行乙酰化,有一半的氨基剩余,故能很好地溶解在水中。以 DMF 作溶剂,用邻苯二甲酸酐对壳聚糖进行酰化[25],反应温度控制在 100～130℃,反应时间 2～6h,得到的产物不溶于水,也不溶于 DMF、DMSO 等有机溶剂;而当投料比为 3∶1、反应温度在 130℃ 时得到的壳聚糖衍生物有较好的溶解性,能溶于 DMF。

王周玉等[26]研究了马来酸酐和邻苯二甲酸酐在均相条件下(乙酸/丙酮作介质)与壳聚糖发生 N-酰化反应,制备了一系列水溶的 N-酰化壳聚糖。水溶性的 N-酰化壳聚糖衍生物是一类重要的反应中间体,可在适当条件下发生进一步的交联、聚合等反应,制备具有特殊功能的壳聚糖衍生物。Holappa 等[27]用一种有效的合成方法合成了壳聚糖氯乙酰化衍生物,该衍生物几乎没有发生 O 位酰基化,也是一种有用的中间体。

为了得到特定功能的壳聚糖酰化衍生物,常选用不同的酰化试剂。李鹏飞等[28]通过壳聚糖与生物有机酸(谷氨酸、草酸、柠檬酸等)反应制得了酰化产物,并考查了其保湿性以应用在化妆品中。在功能材料方面,如 N-甲酰化壳聚糖用于人造纤维中,可提高纤维对酸性染料的亲和力,并增强其物理性能。N-顺丁烯二酰化壳聚糖与丙烯酰胺的共聚物在任何 pH 下都很稳定,能在水中膨胀形成良好机械性能的凝胶,用这种材料固定的抗体能有效地减少血浆中肝炎病毒抗原值[29]。在环境分析方面,酰化壳聚糖可制成多孔微粒用作分子筛或液相色谱载体,分离不同相对分子质量的葡萄糖或氨基酸[30]。在医药方面,二乙酰化甲壳素具有良好的抗凝血性能;甲酰化和乙酰化物的混合物可制成可吸收性手术缝合线、医用无纺布[31]。

1.4.3　醚化

甲壳素和壳聚糖的羟基可与烃基化试剂反应生成醚,主要有 O-烃基化、O-羟乙基化和羟丙基化、O-羧甲基化和羧乙基化、O-氰乙基化。

壳聚糖可在碱性介质中与硫酸二甲酯反应生成甲基醚[32]:将 38g 壳聚糖溶于 1000mL 的 1mol/L HCl 中,慢慢加入 500g 粒状 NaOH,搅拌至形成浓糊状的悬浊液,加入 500mL 水,继续搅拌,在 1h 内加入 200mL 冷却的硫酸二甲酯,继续搅拌 8h,小心地、间断地补加 40g NaOH 和 40mL 硫酸二甲酯,再搅拌 48h,然后用浓盐酸中和,在水中透析 4 天,浓缩至最小体积,冰冻干燥,得到 36g 壳聚糖甲基醚,取代度为 29%。产物主要是羟基取代,生成醚,也有少量氨基取代,生成 N-甲基壳聚糖。

　　醚化反应的位置控制，在理论上有很大意义，蒋挺大最早把相转移催化技术用到甲壳素研究上，成功地制备了全苄基化的甲壳素，这在天然高分子改性上也是最早的[33]。

　　醚化壳聚糖在化妆品方面有广泛的用途。如 O-羧甲基壳聚糖可作为保水剂代替透明质酸，N-羧甲基壳聚糖用于化妆品，可对抗皮肤过敏。在环境保护方面，N-羧甲基壳聚糖能够螯合过渡金属离子；O-N-羧甲基壳聚糖可纯化水。另外，在医药方面，N-羧甲基壳聚糖能够抑制口腔细菌；O-N-羧甲基壳聚糖与双醛试剂交联形成凝胶，可作创可贴、止血剂。交联羧甲基壳聚糖具有两性离子交换能力；羟丙基壳聚糖溶于水，可代替甲基纤维素制备人工泪液，该制剂能保护角膜，预防感染，而且无刺激性，残留部分可以由泪液中的溶菌酶降解。在食品工业中，羧甲基壳聚糖可作保鲜剂，如 6-O-羧甲基壳聚糖与植酸复配，添加适量的亚硫酸钠、D-异抗坏血酸钠，对荔枝或水产品的防褐色突变具有明显效果[34]。

1.4.4　烷基化

　　在不同的反应条件下，壳聚糖的烷基化反应可以发生在 O 位、N 位及 N、O 位形成相应的烷基化衍生物，以 N-烷基化较易发生。

　　壳聚糖与卤代烷反应，首先发生的是壳聚糖与 N-烷基化的反应。壳聚糖与环氧衍生物的加成反应，能得到 N-烷基化衍生物，其反应特点是同时引进了两个亲水性的羟基。另外，壳聚糖在中性介质中容易与芳香醛（或酮）、脂肪醛反应生成希夫碱（Schiff base）。此反应一方面可用于保护氨基，然后在羟基上进行各种反应，再把保护基脱掉；另一方面一些特殊的醛形成的希夫碱经氢硼化钠还原，可合成一些很有用的 N-衍生物。彭长宏等[35]将 4′-甲酰基苯并冠醚与壳聚糖反应，使冠醚接枝，合成希夫碱型糖冠醚，用 $NaBH_4$ 还原，得相应仲胺型壳聚糖冠醚，可以应用在金属离子的配合中。CTS 分子链上的氨基可与低分子有机季铵盐反应生成高分子季铵盐，作为阳离子表面活性剂、金属离子的捕集剂、离子交换剂、絮凝剂、抗生素、相转移催化反应的催化剂等。Spinelli 等[36]对制备的壳聚糖季铵盐进行了红外表征和热重分析，并对铬的吸附做了研究。

　　壳聚糖的烷基化反应主要发生在 C_2 位的—NH_2 上，但 C_3、C_6 位的—OH 上也可以发生取代反应。在碱性条件下，壳聚糖与卤代烷直接反应，可制备在 N、O 位同时取代的衍生物。用不同碳链长度的卤代烷对壳聚糖进行改性，可制备乙基壳聚糖（E-CTS）、丁基壳聚糖（B-CTS）、辛基壳聚糖（O-CTS）和十六烷基壳聚糖（C-CTS）[37]。

　　想要获得 O-烷基化壳聚糖，通常有三种合成方法：①希夫碱法，先将壳聚糖与醛反应形成希夫碱，再用卤代烷进行烷基化反应，然后在醇酸溶液中脱去保护基，即得到只在 O 位取代的衍生物；②金属模板合成法，先用过渡金属离子与壳聚糖进行配合反应，使—NH_2 和 C_3 位—OH 被保护，然后与卤代烷进行反应，之后用稀酸处理得到仅在 C_6 位上发生取代反应的 O 位衍生物；③N-邻苯二甲酰化法，采用 N-邻苯二甲酰化反应保护壳聚糖分子中的氨基，烷基化后再用试剂脱去 N-邻苯二甲酰，由于自由—NH_2 的存在，该类烷基化壳聚糖衍生物在金属离子的吸附方面有着较为广泛的用途[38]。

在壳聚糖的烷基化反应中，反应时间、反应温度、反应介质、碱的用量和改性剂的用量直接影响改性产物的理化性质。一般而言，为了制得高取代度和高黏度的衍生物，反应时间以 2～4h 为宜，反应温度以 40～60℃为宜。

壳聚糖引入烷基后，壳聚糖分子间氢键被显著削弱，因此烷基化壳聚糖溶于水，但若引入的烷基链太长，则其衍生物会不完全溶于水，甚至不完全溶于酸性水溶液。

烷基化壳聚糖可用于化妆品中。例如，双二羟正丙基壳聚糖能与阴离子洗涤剂相溶，适用于洗发香波；用缩水甘油三甲胺卤化物（GTMAC）与壳聚糖反应所得到的阴离子聚合物（GTCC），用于洗发香波中，会使洗过的头发柔滑，易于梳理[39]。烷基化壳聚糖还可用于医学方面，如作为载药烷基化壳聚糖膜材[40]。烷基化壳聚糖还具有良好的抗凝血性能。

1.4.5　酯化

壳聚糖分子链中糖残基 C_6 位上的羟基可与一些含氧无机酸（或其酸酐）发生类似于纤维素的酯化反应。常见的酯化反应有硫酸酯化和磷酸酯化。用含氧无机酸作酯化剂，使甲壳素或壳聚糖中的羟基形成有机酯类衍生物。

硫酸酯化试剂主要有浓硫酸、SO_2-SO_3、氯磺酸等，反应一般为非均相反应，通常发生在 C_6 位的—OH 上。硫酸酯化壳聚糖的结构与肝素相似，抗凝血性高于肝素而且没有副作用，还可制成人工透析膜。浓度为 4mg/mL、pH=5.4～6.4 的 N-羧丁基壳聚糖-3, 6-二硫酸酯，对体外培养的金黄色葡萄球菌、链球菌、奇异变形菌、大肠杆菌、浓绿杆菌、肺炎杆菌和柠檬酸细菌属有抑制作用。壳聚糖与 CS_2 和 NaOH 的水溶液在 60℃时反应 6h 后，再与丙酮反应，可得到 N-黄原酸化壳聚糖钠盐。它是一种重金属去除剂，其水溶液可喷丝制壳聚糖纤维。壳聚糖硫酸盐还可作为固体酸催化剂在酯化反应中使用[41]。

磷酸酯化反应一般是在甲磺酸中与壳聚糖反应。各种取代度的磷酸酯化物都易溶于水，高取代度的壳聚糖磷酸酯化物溶于水，而低取代度的不溶于水的壳聚糖磷酸酯还可用作海水缓蚀剂[42]。

1.4.6　接枝共聚和交联

接枝共聚反应是从 20 世纪 90 年代开始有较多研究的，有化学法、辐射法和机械法，其中只有前两种有报道，从反应机理来说可分为自由基引发接枝和离子引发接枝。氧化还原引发体系是接枝共聚中常用的方法。主要的引发剂有铈离子、过硫酸根离子和 H_2O_2-Fe^{2+} 氧化-还原引发体系。接枝共聚物具有与均聚物 A 和均聚物 B 不同的性质，也兼具这两种均聚物的一些特性，对于甲壳素、壳聚糖的接枝共聚物来说，是以天然聚合物（多糖链）为主链和以合成聚合物为侧链的半合成聚合物，兼具天然聚合物和合成聚合物的某些性质，从而可满足特殊的需要。

甲壳素和壳聚糖的接枝共聚合反应可以在多种条件下，以不同的机理进行。例如，用铈离子、过硫酸钾、过氧化氢-亚铁离子等氧化-还原引发剂，偶氮二异丁腈引发剂，或通过光、伽马射线及甲壳素硫醇来引发乙烯基单体在多糖主链上进行自由基接枝共聚；还可通过可溶性甲壳素衍生物，如碘代甲壳素、甲苯磺酰化甲壳素或脱乙酰化度为 50% 的壳聚糖为反应物来进行甲壳素的离子引发接枝。

氧化-还原引发剂中，对接枝反应最有效的为铈离子，反应一般在非均相条件下进行。在铈离子作引发剂时，丙烯酸、丙烯酸酯、丙烯酸酰胺、甲基丙烯酸甲酯（MMA）、苯乙烯等乙烯基单体可以被接枝到甲壳素或壳聚糖的葡胺糖单元结构上。侧链的引入削弱了甲壳素分子内和分子间的氢键，破坏了甲壳素的结晶结构，改善了其溶解性能。将丙烯腈接枝到壳聚糖分子上经皂化制备的接枝羧基壳聚糖[43]，对 Cu(Ⅱ)的动态吸附率达 96.4%，用稀盐酸可解吸 95%；在 Pd-Cr-Cd 的三元体系中，对 Pd(Ⅱ)有较好的吸附选择性。

CTS 还可通过双官能团的醛或酸酐等进行交联，其主要目的是使产物不溶解，或膨胀也很小，性质稳定，可用于层析的载体或作固定化酶的载体。常用的交联剂有戊二醛、甲醛、乙二醛等，反应是醛基与 CTS 的氨基生成希夫碱型结构，以及分子内的各种作用。

参 考 文 献

[1]　Braconnot H. Sur la nature des champignons[J]. Annales de Chimie Physique，1811，79：265-304.

[2]　蒋挺大. 甲壳素[M]. 北京：中国环境科学出版社，1996.

[3]　蒋挺大. 壳聚糖[M]. 北京：化学工业出版社，2001.

[4]　吕全建，王建玲，姬小明，等. 影响壳聚糖脱乙酰度的因素研究[J]. 安徽农业科学，2008，36（16）：6615-6616.

[5]　Wu A C M，Bough W A. A study of variables in the chitosan manufacturing process in relation to molecular-weight distribution，chemical characteristics and waste-treatment effectiveness[C]. Proceedings of the first international conference on chitin/chitosan. MIT Sea Grant Program：Cambridge，MA，1978：88-102.

[6]　Blair H S，Guthrie J，Law T K，et al. Chitosan and modified chitosan membranes I. Preparation and

characterisation[J]. Journal of Applied Polymer Science，1987，33（2）：641-656.

[7] 吴小勇，曾庆孝，朱志伟，等. 酶在壳聚糖制备中的应用[J]. 广州食品工业科技，2004，20（1）：95-99.

[8] 周安娜，张文艺，张国栋. 壳聚糖制备新工艺及生产废水处理[J]. 合成化学，2003，11（2）：163-167.

[9] Peniston Q P，Johnson E L. Process for the manufacture of chitosan：U. S. Patent 4，195，175[P]. 1980-3-25.

[10] 梁亮，崔英德，罗宗铭. 微波新技术制备壳聚糖的研究[J]. 广东工业大学学报，1999，16（1）：63-65.

[11] 胡思前. 微波条件下制备壳聚糖的研究[J]. 精细与专用化学品，2003，19：19-20.

[12] Davis S P. Chitosan：Manufacture，Properties，and Usage[M]. Nova Science Publishers，Incorporated，2011.

[13] 李牧. 壳聚糖的性质及应用研究[J]. 科技信息（科学教研），2007，20：52-53+105.

[14] 库马尔. 药物生物纳米材料[M]. 北京：科学出版社，2009.

[15] Rinaudo M. Chitin and chitosan：properties and applications[J]. Progress in Polymer Science，2006，31（7）：603-632.

[16] 李维静. 甲壳素、壳聚糖的性质、制备及其在食品中的应用[J]. 安徽农学通报，2007，10：58-60.

[17] 杨新超，赵祥颖，刘建军. 壳聚糖的性质、生产及应用[J]. 食品与药品，2005，7（8）：59-62.

[18] Wang W，Bo S，Li S，et al. Determination of the Mark-Houwink equation for chitosans with different degrees of deacetylation[J]. International Journal of Biological Macromolecules，1991，13（5）：281-285.

[19] Hackman R H，Goldberg M. A method for determinations of microgram amounts of chitin in arthropod cuticles[J]. Analytical Biochemistry，1981，110（2）：277-280.

[20] Wu T，Zivanovic S，Draughon F A，et al. Physicochemical properties and bioactivity of fungal chitin and chitosan[J]. Journal of Agricultural and Food Chemistry，2005，53（10）：3888-3894.

[21] Samuels R J. Solid state characterization of the structure of chitosan films[J]. Journal of Polymer Science：Polymer Physics Edition，1981，19（7）：1081-1105.

[22] 王爱勤. 甲壳素化学[M]. 北京：科学出版社，2008.

[23] 严俊. 甲壳素的化学和应用[J]. 化学通报，1984，11（27）：14.

[24] 陈煜，多英全，罗运军，等. 壳聚糖和甲壳素的肉桂酰化改性[J]. 高分子材料科学与工程，2005，21（3）：286-289.

[25] 易喻，杨好，应国清，等. N-邻苯二甲酰化壳聚糖的合成与性能[J]. 化工进展，2006，25（5）：542-545.

[26] 王国玉，蒋珍菊，胡星琪，等. 水溶性 N-马来酰化壳聚糖的合成[J]. 应用化学，2002，19（10）：1002-1004.

[27] Holappa J，Nevalainen T，Soininen P，et al. Synthesis of novel quaternary chitosan derivatives via N-chloroacyl-6-O-triphenylmethylchitosans[J]. Biomacromolecules，2006，7（2）：407-410.

[28] 李鹏飞，刘海峰，王建新. 壳聚糖酰胺衍生物保湿性能研究[J]. 香料香精化妆品，2004，1：24-26.

[29] 董炎明，王勉，吴玉松，等. 壳聚糖衍生物的红外光谱分析[J]. 纤维素科学与技术，2001，9（2）：42-56.

[30] 陈天，严役，徐荣南，等. N-酰化壳聚糖膜性能的研究[J]. 功能高分子学报，1969，2（1）：45-52.

[31] 严俊，徐凌飞，孙衍增，等. 二乙酰化甲壳素的抗凝血性能及其它性质研究[J]. 生物医学工程学杂志，1987，3：190-194.

[32] Wolfrom M L，Vercellotti J R，Horton D. Two disaccharides from carboxyl-reduced heparin. The linkage sequence in heparin1[J]. The Journal of Organic Chemistry，1964，29（3）：540-547.

[33] 蒋挺大. N-乙酰氨基葡聚糖的相转移催化苄醚化[J]. 科学通报，1984，29（13）：792-795.

[34] 吴勇，黎碧娜. 羧甲基壳聚糖的制备与应用研究进展[J]. 香料香精化妆品，2001，4（2）：17-19.

[35] 彭长宏，阳卫军，唐谟堂，等. 壳聚糖冠醚合成及结构表征[J]. 高分子材料科学与工程，2003，19（2）：93-96.

[36] Spinelli V A，Laranjeira M，Fávere V T. Preparation and characterization of quaternary chitosan salt：adsorption

equilibrium of chromium（Ⅵ）ion[J]. Reactive and Functional Polymers，2004，61（3）：347-352.

[37]　王爱勤，俞贤达. 烷基化壳聚糖衍生物的制备与性能研究[J]. 功能高分子学报，1998，11（1）：87-90.

[38]　王旭颖，董安康，林强. 壳聚糖烷基化改性方法研究进展[J]. 化学世界，2010，6：370-374.

[39]　Muzzarelli A A，Agrawal O P，Casu B，et al. Chemically Modified Chitosans[M]. Chitin in Nature and Technology，Springer US，1986.

[40]　李方，刘文广，薛涛，等. 烷基化壳聚糖的制备及载药膜的释放行为研究[J]. 化学工业与工程，2002，19（4）：281-285+339.

[41]　赵玉清，张万筠，艾霞，等. 黄原酸化壳聚糖和巯基化壳聚糖在环境保护中的应用研究[J]. 黄金，2006，27（6）：47-50.

[42]　吴茂涛. 羧甲基壳聚糖与壳聚糖磷酸酯在海水介质中的缓蚀性能[D]. 青岛：青岛科技大学硕士学位论文，2010.

[43]　彭长宏，汪玉庭，程格，等. 接枝羧基壳聚糖的合成及其对重金属离子的吸附性能[J]. 环境科学，1998，19（5）：30-34.

第 2 章　壳聚糖与金属离子

　　壳聚糖的糖残基在 C_2 位上有一个乙酰氨基或氨基，在 C_6 位上有一个羟基，从构象上说，都是平伏键。这种特殊结构，使得它们对具有一定离子半径的一些金属在一定的 pH 条件下具有螯合作用，因而其具有富集这些金属离子的能力。壳聚糖与金属离子之间的这种作用，决定了其可作为一种天然高分子螯合剂应用，也大大增加了它的应用范围。

　　并不是每一种金属都能与壳聚糖发生较强的螯合作用，当把壳聚糖粉末浸泡到碱金属或碱土金属盐溶液中，它不会发生溶胀、收缩和变色。对于高浓度的锂盐、钠盐、钾盐、钯盐、铊盐、铵盐、镁盐、钙盐和钡盐，壳聚糖没有发生明显的变化和结合，将这些盐类与过渡金属离子混合在一起，壳聚糖也没有结合除过渡金属外的任何一种金属离子。铷离子和锶离子在低浓度情况下，也是如此。这是因为这些金属的离子半径较小，不能与壳聚糖的功能团形成螯合键，反过来说，必须具备一定离子半径的金属离子，才能被壳聚糖螯合，而且螯合作用还受到溶液 pH 的影响。许多研究工作表明，壳聚糖与重金属离子的作用更为突出，而且在一定的 pH 条件下有很好的选择性[1]。

2.1　高分子与金属离子的结合机理

　　自从 1985 年北京召开了首次国际高分子络合物讨论会以后，人们越来越意识到高分子化合物和金属之间的作用及高分子络合物所结合得到的新材料体系对材料科学的发展具有极大的推动作用。高分子材料在加工成型、功能化等多个方面相对于金属材料都更有优势，而金属材料的发展又是国家建设的发展基础，高分子材料与金属材料的结合已经逐渐表现出了巨大的发展潜能。

　　根据高分子聚合物和金属材料的结合方式分类，高分子络合物大体上可分为三大类：金属离子、络合物/螯合物结合在高分子链上、高分子网络结构上或者高分子材料表面（Ⅰ型）；金属络合物/螯合物通过金属或者配体成为聚合物的组成部分（Ⅱ型）；金属络合物/螯合物或者簇与有机或无机高分子通过物理相互作用形成高分子络合物（Ⅲ型）。图 2-1 和图 2-2 中为Ⅰ型和Ⅱ型高分子络合物中高分子和金属及衍生物之间可能的结合式[2]。

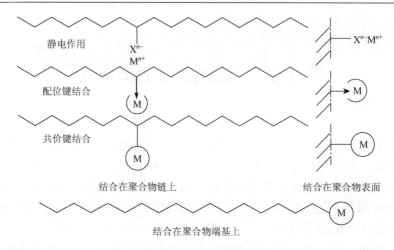

图 2-1　Ⅰ型聚合物配位体

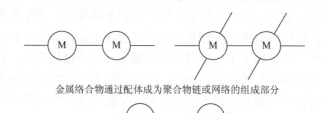

金属络合物通过配体成为聚合物链或网络的组成部分

金属络合物通过金属离子成为聚合物链组成部分

图 2-2　Ⅱ型聚合物配位体

可以和金属离子形成配合物的高分子材料一般可以分为两大类：一类被称为质子型，一般具有—OH、—COOH、—NH—、—NH₂、—PH、ROOH、—SH、—C(S)OH 等官能团；另一类为非质子型，具有未成对自由电子、能与 MX$_n$ 发生给体-受体或者 π 相互作用的基团或者杂原子，如具有—C＝O、—COOR、—N＝O、—NO₂ 等官能团的高分子材料。很多天然高分子如壳聚糖及其衍生物本身就带有相应的官能团，所以常常被用来研究高分子金属络合物[3]。

2.2　壳聚糖与金属离子的结合机理

1977 年，R. A. A. Muzzarelli 首先开始了壳聚糖对铜离子配位能力的研究[4]。此研究大多以壳聚糖和铜离子的作用机理为模型，研究壳聚糖与金属离子配位机理。而从壳聚糖本身的化学结构也可以看出，壳聚糖大分子链含有大量的自由氨基和羟基，非常有利于与过渡金属离子发生作用。但是实际上壳聚糖与众多金属离子都可以发生作用，具体作用机理可以分为以下三个方面。

2.2.1　配位作用（螯合作用）

　　壳聚糖能够与具有空轨道的过渡金属等金属离子发生配位反应，从而将金属离子固定在壳聚糖基质中。这是因为壳聚糖大分子链上具有大量带有孤对电子的自由氨基、伯羟基和仲羟基。

　　研究表明，壳聚糖对于碱金属几乎没有配位能力，而对于一些过渡金属中的重金属离子却具有很强的配位能力。其中 C_2 位上的自由氨基具有较强的配位能力，C_3 位上的羟基则由于位置的原因，易于和自由氨基协同与同一金属离子发生配位反应。

　　目前，大量的文献报道了关于壳聚糖和铜离子相互作用机理的研究，其研究发现铜离子和壳聚糖配合物结构一般为四配位结构，即 4 个糖残基螯合 1 个铜离子（图 2-3）[5]。其结果可以分为两类：一类是铜离子以"桥"的形式，连接来自同一壳聚糖分子或者不同壳聚糖分子链上两个或多个氨基，从而形成分子内或分子间络合物；另一类是铜离子以悬挂的方式作用于壳聚糖的自由氨基基团。这两种截然不同的结果是不同研究人员使用的实验条件不同所致，即壳聚糖所处状态、复合方法和金属离子/氨基比等对两者之间的配位反应均有较大影响。

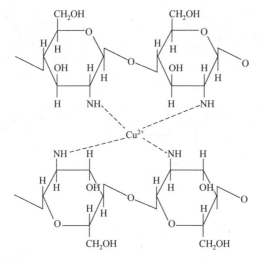

图 2-3　壳聚糖-Cu(Ⅱ)配合物的结构

　　Zhao 等[6]的研究认为壳聚糖铜离子配合物中铜离子只与氨基络合的结果不同，Domard[7]认为壳聚糖和铜离子的络合结构与 pH 为 6.1 时所形成的[CuNH$_2$(OH)$_2$]

结构相近,除了自由氨基参与配位以外,水分子和处于 C_3 位的羟基也可能参与配位。而 Monteiro 等[8]研究发现在配位中心铜离子周围的四个配体原子为三个氧原子和一个氮原子。Braier 等[9]提出了另一种铜离子壳聚糖配位结构:铜离子和来自同一壳聚糖结构单元的自由氨基和 C_3 位羟基发生络合反应。而另外两个配体有可能是水分子,或者其他体系中的配体,更有可能是另一个结构单元的自由氨基和羟基,这取决于不同的制备络合物的实验条件。实际上壳聚糖和金属离子的络合反应受多种因素影响,例如,当反应溶液中 pH 变化时,其络合结构会发生相应的改变。王爱勤等[10]发现向壳聚糖溶液中加入硫酸铜溶液后,滴加碱液使混合溶液 pH 升高,其络合结构会发生如下变化(图 2-4)。将壳聚糖溶解于甲酸溶液中,然后加入硫酸铜溶液发生反应。在 pH 达到 5 以前,硫酸铜只与壳聚糖分子链上的氨基发生反应;pH 达到 5 以后处于 C_3 位的羟基开始参与配位;随着 pH 的升高,反应体系中的羟基也开始参与配位;当体系由酸性转为碱性的时候,两个铜离子之间以两个羟基为桥,形成了双羟桥结构。

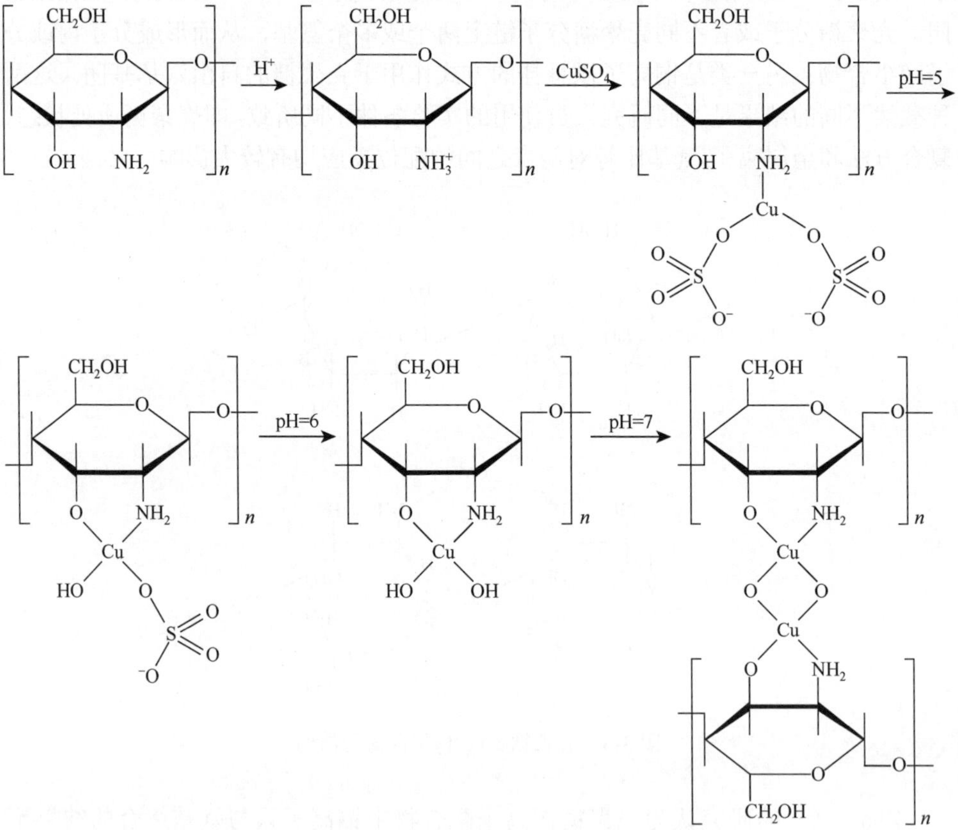

图 2-4　不同 pH 下壳聚糖-Cu(Ⅱ)配合物的结构

　　王爱勤等[11]研究发现壳聚糖和锌离子络合时，除了 C_2 位上的自由氨基参与了配位以外，C_3 羟基和 C_2 乙酰基都参与了反应，研究结果表明其配合物结构如图 2-5 所示，形成一种类交联网状结构。而 Wang 等[12]研究了不同含水率时锌离子和壳聚糖配合物结构的变化，结果如图 2-6 所示，当含水率较高时，锌离子与壳聚糖作用有多种方式，大多数以悬挂模型的方式，只与一个壳聚糖单元中的一到两个配体作用，其他配位位置由水分子占据。随着水含量的降低，配位中心锌离子周围原来水分子占据的

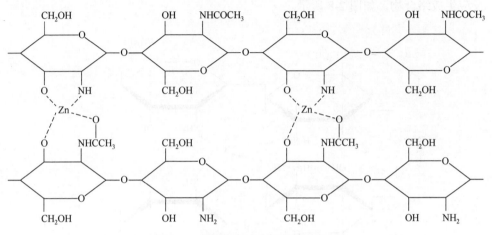

图 2-5　壳聚糖-Zn(Ⅱ)配合物的结构

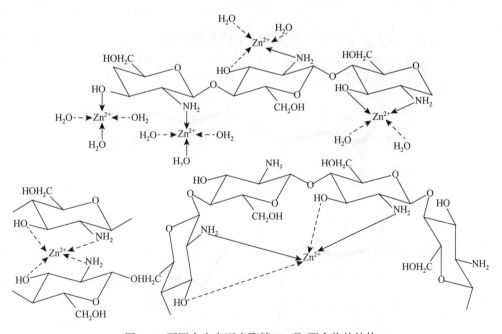

图 2-6　不同含水率下壳聚糖-Zn(Ⅱ)配合物的结构

配位空间由来自同一分子链的或者不同分子链的氨基和羟基所取代,形成一种类交联结构。Ding 等[13]在壳聚糖及其衍生物对锌离子的吸附过程研究中发现,除了自由氨基参与了配位以外,α-酮戊二酸改性的壳聚糖衍生物上面的羧基也参与了配位反应。

　　壳聚糖与钙离子络合时,钙离子只与壳聚糖分子链上的氨基发生络合反应,羟基和乙酰基都不参与络合反应,结果推导出壳聚糖钙离子络合结构如图 2-7 所示[14]。但是相关文献表明有些金属离子和壳聚糖络合时容易与 C_2 氨基、C_6 羟基反应生成络合物,如图 2-8 所示。

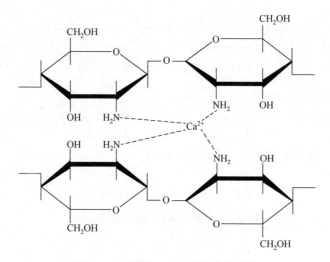

图 2-7　壳聚糖-Ca(Ⅱ)配合物的结构

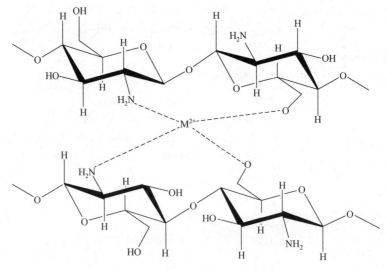

图 2-8　壳聚糖-M(Ⅱ)配合物的结构

关怀民等[15]认为金属有机高分子配位聚合物的配位数，不能简单地用元素分析来得出结论，应该利用光电子能谱的振起效应推定中心离子的配位数，或用电导率法测试中心离子的配位数。他们根据电导率、红外光谱、电子自旋共振谱（ESR）、X 射线光电子能谱（XPS）的研究，推定 1 个 Ni^{2+} 与壳聚糖的 3 个氨基葡萄糖残基的氨基 N 和 C_3 羟基的 O 结合，形成 6 个配位键结构的壳聚糖-Ni(Ⅱ)配位聚合物。

2.2.2　电荷吸附作用

在酸性溶液中，质子化后的壳聚糖大分子带正电，可以通过电荷吸附作用与带负电的金属阴离子相互作用。自由氨基是主要的作用位置，所以壳聚糖分子链上自由氨基的质子化程度直接决定了壳聚糖与金属阴离子的作用能力。同时这种能力也受到自由氨基在壳聚糖分子链上分布情况和壳聚糖脱乙酰度的影响。当体系处于中性条件时，大约有 50% 的氨基处于质子化状态，这种状态下除了在壳聚糖质子化氨基与金属阴离子之间发生电荷吸附相互作用之外，还会在自由氨基与金属阴离子之间发生配位作用，也就是说这种情况下两种情况是同时存在的。随着 pH 的降低，壳聚糖分子链上自由氨基质子化程度升高，电荷吸附作用机理的反应比增加。但是随着 pH 继续降低，壳聚糖通过电荷吸附作用机理与金属阴离子作用能力会先升高到一个极大值后再降低。这是因为在 pH 降低到一定程度的时候，控制 pH 的改变而引入体系的大量阴离子会与体系中原有金属阴离子形成竞争，从而影响质子化壳聚糖与金属阴离子的作用。质子化壳聚糖与金属阴离子的这种通过电荷吸引而产生的相互作用被用于壳聚糖凝胶的制备[16]。

唐兰模等[17]初步探讨了壳聚糖吸附 Cr(VI) 的机理，通过紫外和红外光谱研究表明：壳聚糖中—NH_3^+ 与 $Cr_2O_7^{2-}$ 的吸附作用主要是以氢键形式存在的静电吸引力（图 2-9）。

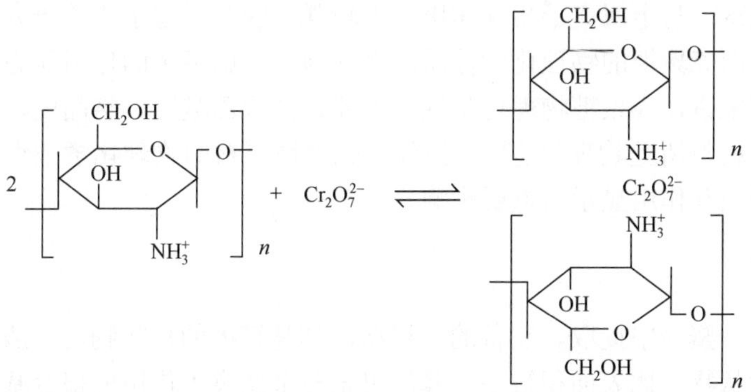

图 2-9　静电吸引机理

2.2.3　三元复合体系作用

大量研究表明，壳聚糖和碱金属、碱土金属之间没有明显的相互作用或作用能力较弱，所以有人采用了三元复合体系以达到壳聚糖与碱土金属能够相互作用的目的。即在壳聚糖和碱金属的体系中引入第三种试剂，以增加壳聚糖和金属离子的作用能力。Domard 等[18]在钙离子和壳聚糖体系中加入十一碳烯酸盐，增加了壳聚糖对钙离子的吸附量。而 Piron 等[19]研究发现，原本不与壳聚糖发生反应的锶离子在和碳酸根形成配对离子之后能够与壳聚糖形成三元配合物。并且指出其反应机理并不是电荷吸附作用机理而更可能是—NH_2 和 Sr^{2+}、CO_3^{2-} 之间的相互作用。

此外，将特定金属离子经配位反应与结合壳聚糖基质后再将金属离子解吸附，所得壳聚糖上便具有适合于该特定金属离子吸附的位穴，能够大大改善金属离子的吸附性。

2.3　影响壳聚糖与金属离子结合的因素

壳聚糖和金属离子发生配位反应，并将金属离子吸附于其大分子链上，其过程受到诸多因素的影响，大体可以分为两个方面：第一，壳聚糖自身物理化学性质方面的影响；第二，吸附过程中操作条件的影响。

2.3.1　壳聚糖物理化学性质的影响

作为配位反应过程中的主要反应物之一，壳聚糖对金属离子的吸附作用受到壳聚糖本身状态的影响较为明显。壳聚糖来源广泛，在自然界中可生物降解，且降解产物无毒，与金属离子相互作用能力较强，因此引起了相关研究人员广泛的研究兴趣。而壳聚糖的物理化学性质对壳聚糖与金属离子的作用能力起了决定性作用。一般来讲，壳聚糖物理化学性质主要包括脱乙酰度、结晶度、相对分子质量和壳聚糖材料所处物理状态[1]。另外，壳聚糖材料的物理化学改性也对壳聚糖与金属离子相互作用显示出重要影响。

1. 粒度

从虾壳、蟹壳中提取、制备的壳聚糖，都是较大的片状物。一般的粉碎也只能得到小片状物，比表面积很小，暴露出来与金属离子作用的螯合基团甚少，因此螯合效果不佳。对于许多高分子螯合剂来说，颗粒大小是直接影响螯合能力的一个重要因素。因此，壳聚糖作为螯合剂要设法被粉碎至微小微粒才有实用价值。一般来说，壳聚糖粒度越小，在溶液中与金属离子越容易作用，吸附量越大[20]。不过，壳聚糖的颗粒过细，会阻碍填料柱中金属离子溶液的通过。表 2-1 列出了壳聚糖颗粒大小对 Cr(VI)吸附率的影响。数据表明，在相同条件下，颗粒越小，对 Cr(VI)的吸附率越高。

表 2-1　壳聚糖颗粒大小对 Cr(VI)吸附率的影响

平均粒径/mm	吸附率/%					
	1h	2h	4h	6h	10h	12h
2	70	71	73	76	81	82
0.9	72	76	81	82	84	85
0.45	74	85	87	88	89	90

2. 脱乙酰度

壳聚糖是由甲壳素碱性条件下脱乙酰反应制备而成，其脱乙酰度就是其结构单元中脱除乙酰基的结构单元所占比例。这一性质决定了壳聚糖材料中自由氨基的含量，而自由氨基正是壳聚糖与金属离子络合反应的主要官能团，所以脱乙酰度直接影响着壳聚糖对金属离子络合的能力，即脱乙酰度越大，壳聚糖与金属离子配位能力越强。但是多项研究证明并不是所有的壳聚糖材料中的自由氨基都能够参与到与金属离子的相互作用之中，而是只有一定量的自由氨基参与了反应。Monteiro 等[21]研究了不同脱乙酰度壳聚糖对铜离子的吸附情况，发现脱乙酰度越大，壳聚糖对铜离子的吸附能力越强，越容易达到平衡。Bodek 等[22]研究发现具有 90%脱乙酰度的壳聚糖吸附镍离子后具有更好的热稳定性。

3. 结晶度

壳聚糖的结晶度是影响能够参与反应的自由氨基的主要因素之一。作为一种结晶性聚合物，壳聚糖结晶部位分子排列规整，结构紧密，水分子、金属离子等都难以进入壳聚糖晶区。也就是说，壳聚糖结晶度越高，结晶结构越完善，其金属离子配位能力越低，甚至壳聚糖的结晶度还可以影响到金属离子的吸附平衡时间和吸附动力。而 Kurita[23]发现，有效地破坏壳聚糖的结晶度能够提高其金属离子的吸附能力。能够影响壳聚糖结晶度的因素则包括材料的加工过程及最终的材料形态。Piron[24]通过不同的方法冷冻干燥壳聚糖溶液，并观察了制备出的材料对铀离子的吸附能力，结果表明材料的结晶度直接影响了其吸附效果。Jaworska 等[25]的研究结果表明通过溶解、沉析，制备凝胶，最后干燥制备的壳聚糖材料结晶度较低，能够较好地吸附金属离子，但是直接对壳聚糖溶液进行冷冻干燥处理得到的材料具有更好的金属离子吸附能力。

4. 相对分子质量

壳聚糖很多性能都与其相对分子质量大小密切相关，就其金属离子吸附能力而言，其相对分子质量越大，运动能力越差，在金属离子配位过程中由于分子链运动位阻较大而使其配位能力降低。而且相对分子质量越大，其加工制备成型工艺就越复杂，难以制备较为理想的成型材料。

5. 壳聚糖形态

目前用于金属离子吸附的各种壳聚糖材料，包括壳聚糖粉末、溶液、凝胶粒子、凝胶、膜材料等。一般来讲，处于粉末状态的壳聚糖由于具有一定的结晶分子结构，排列紧密，并且分子间、分子内存在着大量的氢键，占据着大量的可用于金属离子配位位点，金属离子更倾向于吸附于壳聚糖无定形区，该状态下的壳聚糖对金属离子的吸附能力最弱。而处于溶液状态的壳聚糖大多数使用壳聚糖乙酸溶液。这种溶液中的壳聚糖大分子上的氨基处于质子化状态，一般比较适用于依靠电荷吸附作用吸附含有金属元素的阴离子。在金属离子吸附领域的研究发现，吸附材料在吸附离子的过程中与金属离子溶液的接触面对吸附过程有着重大影响。但是一般的壳聚糖材料比表面积比较小，一般在 $2\sim30m^2/g$。凝胶状态下的壳聚糖或者冷冻干燥处理后的壳聚糖凝胶具有疏松多孔结构，具有较大的比表面积，能够吸附大量的金属离子，金属离子吸附能力大，污水净化效率高，这引起了越来越多的关注。

Chang 等[26]将羧甲基化的壳聚糖通过共价键的方式结合于四氧化三铁纳米颗粒外表面，大大增加了壳聚糖与铜离子溶液的接触面积。此外，壳聚糖材料的尺寸对其金属离子吸附平衡影响较大：吸附平衡时间随吸附剂尺寸的增大而明显降低。McKay 等[27]发现壳聚糖颗粒尺寸的大小对其对金属离子的饱和吸附量没有明显影响，但是温度的升高却会导致其饱和吸附量降低。与之相反的是，Babel 等[28]针对文献中关于壳聚糖对铜离子饱和吸附量的报道结果相差很大（$4.7\sim13mg/g$ 壳聚糖）这一现象，发现其主要原因就是相关文献中使用的壳聚糖吸附剂的尺大小不一：当吸附剂尺寸比较小的时候，壳聚糖与铜离子接触面积比较大，因而吸附能力较强。相比较而言，壳聚糖膜材料用于吸附金属离子时，其接触面积的降低和加工制备过程中造成的材料结晶度的升高导致其吸附能力下降。但是，Krajewska[29]制备壳聚糖凝胶膜的研究结果表明，几种金属离子的渗透系数顺序为：Cu＜Ni＜Zn＜Mn＜Pb＜Co＜Cd＜Ag。Guibal[30]发现处于溶解状态的壳聚糖比固体状态下分子运动能力更强，并且没有分子内、分子间氢键的干扰，更易于与金属离子结合。

6. 壳聚糖的来源

众所周知，壳聚糖可以从虾蟹贝壳、真菌体内、乌贼的海螵蛸、昆虫的外壳中提取。研究发现壳聚糖的来源对壳聚糖的物理化学性质有明显的影响。从海螵蛸中提取的壳聚糖具有较高的结晶度，对金属离子吸附能力要低于由真菌或者虾壳制备的壳聚糖。同样，其具有较高的结晶度，而壳聚糖结晶度受其脱乙酰度影响较为明显，所以当其脱乙酰度升高时，其对金属离子的吸附能力上升更为显著。

2.3.2　操作条件的影响

1. 温度

在操作条件中，温度也是一个重要的因素，它主要影响溶液的黏度和反应机理。一般而言，温度高，反应快，效率高。图 2-10 为 pH=3 时壳聚糖对 Ag^+ 的吸附量随反应温度的变化曲线。由图可见，低温阶段随反应温度的升高吸附量不断增大，当温度达 50℃时吸附量达最大值，温度继续升高吸附量开始减小。这是由于该吸附反应为吸热反应[31]，温度升高有利于反应进行。但是，当温度太高（＞50℃）时，由于大分子的溶胀作用，壳聚糖内部微孔减小，Ag^+ 向微孔扩散时阻力增大，抑制了吸附反应的进行。

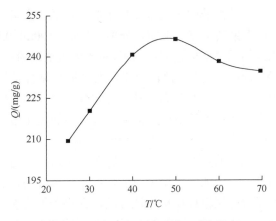

图 2-10　温度对壳聚糖吸附 Ag^+ 的影响

但在有些情况下，温度低反而能提高螯合率。在用 20 目壳聚糖富集 CrO_4^{2-} 时就有这种情况出现[20]，见表 2-2。

表 2-2　温度对壳聚糖吸附 CrO_4^{2-} 的影响

温度/℃	吸附率/%				
	1h	2h	4h	8h	12h
10	32	62	70	82	94
30	31	32	43	58	64

2. 离子的干扰

碱金属、碱土金属和铵离子不被壳聚糖螯合吸附，在过渡金属盐溶液中，碱金属、碱土金属和铵离子及一价的铊离子的存在也不干扰壳聚糖对过渡金属的螯合。例如，在相同条件下，在 24h 时，壳聚糖对 Cr^{3+} 和 Cr^{3+}+10% NaCl 两种溶液中 Cr^{3+} 的吸附率分别为 94% 和 95%（表 2-3）[32]。

表 2-3　碱金属离子的存在对壳聚糖吸附 Cr^{3+} 的影响

溶液条件	吸附率/%			
	2h	8h	18h	24h
Cr^{3+}	33	71	91	94
Cr^{3+}+10% NaCl	42	74	93	95

特别是铵离子，即使溶液中过渡金属离子浓度很低，大量的硫酸铵存在也没有干扰作用，能通过壳聚糖填充柱来加以分离。例如，100mL 0.4mol/L $(NH_4)_2SO_4$ 溶液中含有毫微克级的同位素标记的锌离子，将此溶液通过粉状壳聚糖（100～200 目）柱体（Φ1cm×7cm），然后检测同位素，发现同位素标记的锌离子都在柱子的上部，流出液中没有，这说明锌离子都被壳聚糖结合了，而硫酸铵却进入了流出液。这是一个从高离子强度溶液中分离微量过渡金属离子最有说服力的例子，对于硫酸铵溶液中的微量铜离子，也能成功地分离。

当有两种或两种以上的过渡金属离子共存于一种溶液中时，离子半径合适的离子优先被壳聚糖结合。例如，壳聚糖对亚铁离子结合较弱，而对镍离子结合很强，这种混合液可通过壳聚糖柱层析实现分离，镍离子保留在柱上，亚铁离子绝大部分进入流出液中。表 2-4 列出的是 Cu(II)、Cr(VI) 和 Fe(II) 的干扰对吸附率的影响[33]。

表 2-4　干扰离子对壳聚糖吸附率的影响（%）

金属离子	1h	4h	8h	16h	20h	24h
Cu^{2+}	31.8	70	79	93.5	98.6	98.8
Cu^{2+}，Cr^{6+}	8	58	71	86.7	95.4	96.2
Cr^{6+}	18	40	60	71	85	90.3
Cr^{6+}，Cu^{2+}	14	34	43	65.2	65.1	72.1
Fe^{2+}	30	32	34	36	37	—
Fe^{2+}，Cu^{2+}	14	15	16	18	18	—

3. 搅拌方式

不同的搅拌方式对壳聚糖螯合金属离子会产生不同的结果，如超声波搅拌比机械搅拌效果要好得多。不论是壳聚糖沉淀还是粉末壳聚糖，都是超声波搅拌好于机械搅拌。表 2-5 列出了 200mg 壳聚糖沉淀和粉状壳聚糖在 pH=6.5～7.1 时不同搅拌方式对几种金属离子富集率的影响[34]。

表 2-5　搅拌方式对壳聚糖吸附率的影响（%）

金属离子	壳聚糖沉淀		粉状壳聚糖 100～200 目			
	0.44mmol/L 溶液		0.44mmol/L 溶液		浓溶液	
	机械搅拌	超声波搅拌	机械搅拌	超声波搅拌	机械搅拌	超声波搅拌
In^{3+}	30	30	15	21	11	28
Cu^{2+}	60	83	40	77	100	100
Ag^+	100	100	100	100	90	100
Zn^{2+}	70	100	61	44	55	100
Hg^{2+}	100	100	90	100	100	100
Cd^{2+}	81	95	77	88	82	90

4. 金属离子的不同价态

金属离子的价态不同，与壳聚糖结合能力也不同。例如，亚铁离子和铁离子与甲壳素的结合，差别很大（表 2-6），后者的吸附率远大于前者[1]。

表 2-6　同一金属离子不同价态的吸附率（%）

金属离子	1h	2h	6h	12h
Fe^{2+}	30	32	31	36
Fe^{3+}	88	92	96	96

5. 溶液中的阴离子

壳聚糖对过渡金属离子的螯合受到阴离子的影响，氯离子会抑制金属离子的吸附量，硫酸根离子会促进螯合。壳聚糖的乙酸酯是可溶性的，因此溶液中乙酸根的存在会改变壳聚糖颗粒的表面性质，而碳酸根本身就具有络合金属离子的能力，因此也会抑制壳聚糖对金属离子的螯合。

一些VIB族的金属会形成含氧阴离子，与碱金属或碱土金属离子形成盐，如偏钒酸钠、重铬酸钾、钼酸钠、高钼酸铵和钨酸钠等。这些金属形成含氧阴离子后，与壳聚糖结合的性质也发生变化。把这些盐溶于稀甲酸或稀乙酸中，然后把壳聚糖的甲酸溶液或乙酸溶液滴加进去，同时强烈搅拌，立即就产生了壳聚糖的无机衍生物。

为了检验钼酸盐或钨酸盐与壳聚糖的结合能力，配制一系列浓度的这两种盐的溶液，然后滴加壳聚糖的甲酸溶液（该溶液为50mL，含200mg壳聚糖），搅拌15min，pH=3.0～4.0，得到的结果列于表2-7。结果表明，在不同浓度下，钼酸根大部分被壳聚糖结合，而钨酸根则相对较差，壳聚糖钼酸盐的红外光谱也表明，壳聚糖确实能够吸附钼酸根离子[1]。

表 2-7　壳聚糖对钼酸根和钨酸根的吸附率

钼酸根浓度/(μg/mL)		吸附率/%	钨酸根浓度/(μg/mL)		吸附率/%
c_0	c_e		c_0	c_e	
2500	36.0	98.5	1000	270.0	73
1000	16.0	98.4	500	170.0	66
500	18.0	96.4	125	33.8	73
125	6.5	91.8	50	21.5	31

2.4　壳聚糖与几种金属离子的结合

2.4.1　碱金属离子、碱土金属离子和铵离子

碱金属离子、碱土金属离子和铵离子很少被壳聚糖吸附或螯合，利用这一特点，可以在三种场合被利用。

（1）使这些离子与重金属离子分离。因为许多重金属离子能被壳聚糖螯合，从而可通过过滤从重金属离子溶液中除去碱金属离子、碱土金属离子或铵离子；反之，用同样的方法可从溶液中除去重金属离子。

（2）从壳聚糖溶液中除去碱金属离子、碱土金属离子或铵离子。

（3）可将碱金属、碱土金属的盐或铵盐溶液作缓冲溶液。

Muzzarelli[4]用实验证明了碱金属离子和碱土金属离子与壳聚糖极难被结合的情况，他用 2g 100～200 目的壳聚糖装在 Φ1cm×10cm 的玻璃柱中，用碱金属和碱土金属盐溶液流经该柱。再用 700mL 水淋洗，每 20mL 淋洗一次，然后用原子吸收和发射光谱测定淋洗后的壳聚糖上残留的碱金属离子和碱土金属离子及最后一次淋洗液中离子的含量，其结果见表 2-8。

表 2-8　壳聚糖对碱金属和碱土金属盐的惰性

盐类	溶液体积/mL	盐含量 R	pH	淋洗后壳聚糖上残留的金属离子质量/mg	最后一次淋洗液中的金属离子浓度/(mg/L)
LiCl	100	0.0032	6.2	0	0
NaCl	60	15.00	5.3	0.2	0.8
NaNO$_3$	60	15.00	4.5	0.3	0.3
KCl	100	21.00	6.0	0.02	1.0
KNO$_3$	100	10.00	5.5	0.02	0.2
CsCl	100	0.009	6.0	0.5	0
MgCl$_2$	60	15.00	4.5	3.6	4.0
Mg(NO$_3$)$_2$	60	50.00	7.0	1.0	3.0
CaCl$_2$	100	35.40	6.0	2.7	3.2
Ca(NO$_3$)$_2$·4H$_2$O	100	98.73	6.2	1.2	4.5
BaCl$_2$	100	0.021	5.5	0.0004	0

从表 2-8 所列结果来看，经 700mL 水洗涤之后，LiCl 在壳聚糖上无残留，而且在最后一次淋洗液中也不存在 LiCl。

BaCl$_2$ 也类似于 LiCl、NaCl、NaNO$_3$、Ca(NO$_3$)$_2$·4H$_2$O、CaCl$_2$ 和 Mg(NO$_3$)$_2$，在壳聚糖上的残留都不到万分之一；而 KCl 和 KNO$_3$ 则不到百万分之二；CsCl 残留较多，为百分之六。值得注意的是，其最后一个淋洗液中未检出相应的铯离子，这说明 CsCl 确实在壳聚糖上有少量残留，不能全部洗脱。其他几种盐的最后一次淋洗液中尚有少量相应的金属离子，说明用 700mL 水淋洗还不够，继续淋洗，则壳聚糖上几乎无相应金属离子残留。

2.4.2　过渡金属

Muzzarelli 于 1973 年推测[35]，壳聚糖与金属离子通过三种形式发生结合：离子交换、吸附和螯合。这个推测被以后的许多研究者所接受和证实。例如，钙的离子交换是占优势过程，而其他金属离子则是以吸附或螯合为主。

过渡金属离子与甲壳素和壳聚糖的作用，常伴随着颜色的改变。例如，与钛离子作用呈现红色，与偏钒酸盐作用呈现橘黄色，与三价铬作用呈现绿色，而与六价铬作用呈现橙色，与二价铁作用呈现黄棕色，与三价铁作用呈现黄绿色，与钴离子作用呈现粉红色，与镍离子作用呈现绿色，与铜离子作用呈现蓝色。这些金属离子与壳聚糖作用呈现的颜色要比甲壳素产生的更深一些，例如，与铜离子作用，即使浓度很低，也会呈现明显的蓝色。

壳聚糖对过渡金属离子具有螯合作用，这种作用具有很重要的应用价值，如可以制造药品、保健品、农药、催化剂、重金属废水处理、海水提铀和金等。

壳聚糖对过渡金属离子的螯合容量大致按如下顺序递降：$Pd^{2+} > Au^{3+} > Hg^{2+} > Pt^{4+} > Pb^{2+} > Mo^{6+} > Zn^{2+} > Ag^+ > Ni^{2+} > Cu^{2+} > Cd^{2+} > Co^{2+} > Mn^{2+} > Fe^{2+} > Cr^{3+}$。

因此，壳聚糖可用作盐溶液、天然水、海水、含盐废水等富集过渡金属离子的螯合剂，其使用效果要比合成螯合树脂，如 Dowex A-1 优越得多。但是，每一种金属离子又随溶液的 pH、浓度、温度、时间等因素制约而在壳聚糖上有不同的吸附量。

壳聚糖和 5 种过渡元素金属离子（Fe^{3+}、Co^{2+}、Ni^{2+}、Cu^{2+}、Zn^{2+}）盐形成不同壳聚糖金属配合物变化的特征[36]表明，由于壳聚糖分子中含有大量的—NH_2 和—OH，与金属离子发生配位作用后，吸热峰和放热峰均发生了较大的位移，在 $3400cm^{-1}$ 处羟基和氨基、$1654.11cm^{-1}$ 处酰胺的红外吸收峰均发生了相应变化；而位于 $1379cm^{-1}$ 处 C—H 弯曲和—CH_3 对称变形振动吸收峰保持不变，这表明壳聚糖与金属离子发生配位后稳定空间构象发生变化。当壳聚糖（1g）与金属离子为 4:1（质量比）时，5 种金属离子-壳聚糖配合物的产率及部分物理性质见表 2-9。

表 2-9　5 种过渡金属离子-壳聚糖配合物物理性质

无机盐/g	产量/g	产率/%	产品颜色物态
$FeCl_3 \cdot 6H_2O$	1.0171	85.68	乳白色固体
$CoCl_2 \cdot 6H_2O$	1.0184	81.47	紫红色固体
$NiCl_2 \cdot 6H_2O$	1.0467	83.74	淡蓝色固体
$CuCl_2 \cdot 2H_2O$	1.2884	103.07	深蓝色固体
$ZnCl_2$	1.0328	82.62	乳白色固体

王爱勤等[11]认为，可能是氯离子的离子半径较大，不利于壳聚糖活性配位基团的配位反应，才造成锌的盐酸盐的吸附量较小（表 2-10），这种情况在有机酸反应介质中表现得更为明显，即随着碳原子数的增加，壳聚糖对 Zn^{2+} 的平衡吸附量减少，只有苯甲酸作介质时不符合这个规律。

表 2-10　反应介质对壳聚糖吸附能力的影响

介质	HCl	HCOOH	CH_3COOH	CH_3CH_2COOH	$CH_3CH(OH)COOH$	C_6H_5COOH
w_{Zn}/%	6.36	11.48	9.85	8.55	8.04	8.94
λ/nm	218.5	242.0	211.5	246.5	246.5，218.0	363.0
	211.0	—	211.0	218.0	206.5	230.5

在壳聚糖溶液中与 Zn^{2+} 的螯合，随着物质的量比不同，平衡吸附量比粉状壳聚糖明显增加。在甲酸介质中壳聚糖与 Zn^{2+} 的配合物的红外光谱研究表明，位于 $1599.1cm^{-1}$ 和 $655.8cm^{-1}$ 处的壳聚糖—NH_2 的振动吸收峰分别向低频和高频方向移动，$1423.6cm^{-1}$ 处 ν_{C-N} 峰变弱以至完全消失，说明—NH_2 参与了配位。位于 $1637.0cm^{-1}$ 处的碳基峰消失，以及 $1259.6cm^{-1}$ 处的峰向低波数位移，说明乙酰氯基参与了配位；位于 $1086.0cm^{-1}$ 处的二级—OH 峰，先是向高波数位移，后又向低波数位移，也说明参与了配位反应；在 $3422.0cm^{-1}$ 处的 ν_{O-H} 和 ν_{N-H} 随着配位比的增大有规律地向低波数位移，在 $738\sim769cm^{-1}$ 处和 $447\sim461cm^{-1}$ 处出现 N—H 及其新的吸收峰，并呈现规律性变化。这些结果说明壳聚糖与 Zn^{2+} 确实发生了配位作用，且随着锌离子溶液起始浓度的变化具有一定的规律性。

Nieto 等[37]认为，壳聚糖与 Fe^{3+} 的配合物，是一个 Fe^{3+} 与壳聚糖的两个糖残基配位，还带有 3 分子 H_2O。这种壳聚糖-Fe(III)配合物的红外光谱，壳聚糖的 $1650cm^{-1}$ 和 $1555cm^{-1}$ 的两个特征谱带分别移向了低频区，变为 $1620cm^{-1}$ 和 $1520cm^{-1}$，在 $400cm^{-1}$ 出现了 Fe(III)特征峰。

溶液起始浓度和 pH 不同，形成的配合物中钴的含量随起始浓度的增加而增加，说明在一定浓度范围内，金属离子与壳聚糖有较强的配位作用。壳聚糖与氯化钴的螯合情况见表 2-11[38]。

表 2-11　壳聚糖对氯化钴的吸附率（%）

氯化钴初始浓度/($\mu g/mL$)	吸附率/%		pH	吸附率/%	
	10min	20min		10min	20min
5	4.0	3.8	6.6	20	24
	3.4	3.2	7.0	32	36
	3.0	2.9	7.5	40	42
10	6.0	6.0	6.6	40	50
	5.1	5.1	7.0	49	49
	5.0	4.8	7.5	50	52
50	22.0	22.0	6.6	56	56
	20.5	20.5	7.0	59	59
	19.0	19.0	7.5	62	62

采用经过氧化降解的相对分子质量为 5500～6000 的壳聚糖（CTS′），相对分子质量较小，水溶性较好，分别合成金属离子 Fe(II)、Ni(II)、Cu(II)、Cr(III)的配合物，将金属离子的盐与其配合物分别溶解于 0.1mol/L 盐酸溶液中，在 190～700nm 范围进行紫外光-可见谱扫描，得到的最大吸收峰 λ_{max} 列于表 2-12[39]。

表 2-12 溶液的最大吸收峰 λ_{max}（nm）

Fe(II)	200.0	Ni(II)	200.1	Cu(II)	205.3	Cr(III)	205.0
CTS′-Fe(II)	201.1	CTS′-Ni(II)	203.0	CTS′-Cu(II)	210.0	CTS′-Cr(III)	202.2

由表可知，Fe(II)、Ni(II)和 Cu(II)配合物的 λ_{max} 较二价金属离子的 λ_{max} 略有增加，而 Cr(III)与 CTS′的配位使最大吸收波长出现蓝移现象，可以认为 Cr(III)的 d 轨道晶体场分裂能随 CTS′配体的引入而增大。Cr(III)轨道上的电子 d-d 跃迁随分裂能增大，λ_{max} 减小。

壳聚糖对不同金属离子有不同的吸附能力，有时具有比较明显的选择性。向 pH=6.5 的离子溶液中，分别加入 1%的壳聚糖 0.02mL、0.05mL、0.1mL、0.2mL、0.5mL、0.8mL，进行吸附实验，分离液经原子吸收光谱分析的结果见表 2-13[40]。

表 2-13 不同壳聚糖用量对应各离子的吸附率（%）

用量/mL	Zn^{2+}	Cu^{2+}	Fe^{2+}	Mn^{2+}
0.02	6.8	13.9	2.5	2.0
0.05	42.3	54.8	35.0	33.2
0.1	95.8	96.4	89.6	91.4
0.2	98.2	99.3	98.7	99.3
0.5	100	99.6	100	99.9
0.8	100	100	100	100

由表 2-13 可以看出，壳聚糖对 Mn^{2+}、Zn^{2+}、Fe^{2+}、Cu^{2+}有极强的吸附性。当壳聚糖用量小于 0.1mL 时，对离子有较明显的选择性，其选择性次序为：Cu^{2+}＞Zn^{2+}＞Fe^{2+}＞Mn^{2+}。据络合方程：

$$[M(NH_3)_{n-1}]^{m+} + NH_3 \Longrightarrow [M(NH_3)_n]^{m+}$$

式中，M 为金属离子，4 个离子的络合形成常数[5]分别为：

Cu(II)：$\lg\beta_1$=4.31，$\lg\beta_2$=7.98，$\lg\beta_3$=11.02，$\lg\beta_4$=13.32，$\lg\beta_5$=12.86；

Fe(II)：$\lg\beta_1$=1.4，$\lg\beta_2$=2.2；

Mn(II)：$\lg\beta_1$=0.8，$\lg\beta_2$=1.3；

Zn(II)：$\lg\beta_1$=2.37，$\lg\beta_2$=4.81，$\lg\beta_3$=7.31，$\lg\beta_4$=9.46。

可见，离子的选择性为 $Cu^{2+}>Zn^{2+}>Fe^{2+}>Mn^{2+}$，这与表 2-13 显示的结果是一致的。离子的这种选择性主要是由于壳聚糖分子上的—NH_2 作为配体而产生的。

2.4.3　超铀元素、锕系和镧系元素

壳聚糖对超铀元素、锕系和镧系元素的吸附是特别有意义的，壳聚糖膜或纤维从海水中提取同位素铀是很有发展前景的技术。

壳聚糖对镧系金属离子均具有一定的吸附性。壳聚糖分子中含有—NH_2 和—OH，易与高价态的稀土金属离子形成螯合物，pH 为 6.0 的条件下，壳聚糖对镧等九种金属离子的吸附率测定结果见表 2-14。由表可知，壳聚糖对镧系金属离子均具有一定的吸附性。吸附能力为：$Nd^{3+}>La^{3+}>Sm^{3+}>Lu^{3+}>Pr^{3+}>Yb^{3+}>Eu^{3+}>Dy^{3+}>Ce^{3+}$，其中对 Nd^{3+}、La^{3+}、Sm^{3+} 的吸附率较高[41]。

表 2-14　壳聚糖对镧系金属离子的吸附率

金属离子	c_0/(mg/L)	c_e/(mg/L)	吸附率/%
La^{3+}	138.80	36.08	74.01
Pr^{3+}	140.60	80.20	42.96
Sm^{3+}	151.00	48.90	67.64
Dy^{3+}	161.91	105.9	34.62
Lu^{3+}	174.82	80.00	54.24
Ce^{3+}	140.42	47.76	13.66
Nd^3	145.00	34.90	75.93
Yb^{3+}	173.53	100.55	40.33
Eu^{3+}	153.00	98.80	35.72

以低相对分子质量壳聚糖（CTS'）与稀土金属离子 La(III)、Sm(III) 在 pH 为 4～5 的条件下制备低相对分子质量壳聚糖稀土金属离子配合物[42]。

表 2-15 表明，硝酸镧在紫外区基本没有明显的吸收峰，配体 CTS' 的最大吸收峰在 276.5nm 处，形成 CTS'-La(III) 配合物后，最大吸收峰位置蓝移 2nm，且峰形略有变宽，是由于配合物中分子内电子跃迁所需能量较高引起的，表明 La(III) 与配体 CTS' 之间可能有电子的转移，存在配位键。CTS'-Sm(III) 在 302.5nm 处有一宽而强的吸收峰，是由于在配位作用的影响下，CTS'-Sm(III) 配合物中分子内电子跃迁所需能量较未配位的 CTS' 低，使 CTS' 在 276.5nm 处的吸收峰红移了 26nm，同时峰形明显变宽，表明 Sm(III) 与 CTS' 发生了配位作用。稀土金属离子和 CTS' 之间以氨基和羟基进行配位，配合物的热稳定性低于 CTS'。最低抑菌浓度（MIC）试验表明，CTS' 及其配合物对革兰氏阳性球菌和革兰氏阴性杆菌的最低抑菌浓度

分别为 4g/L 和 5g/L。

表 2-15 RE(Ⅲ)、CTS′及 CTS′-RE(Ⅲ)的最大吸收波长和吸光度

样品	λ_{max}/nm	A
La(NO₃)₃	301.0	0.0265
Sm(NO₃)₃	301.5	0.0269
CTS′	276.5	0.2516
CTS′-La(Ⅲ)	274.5	0.3213
CTS′-Sm(Ⅲ)	302.5	0.2760

溶液 pH 为 5.5 时，壳聚糖 1min 可富集 85%的钪，1h 富集 92%的钪，同样在 pH 为 5.5 的溶液中，壳聚糖只能富集 20%的镧。实验表明，壳聚糖对镧系元素的吸附速度很慢（表 2-16）。根据红外光谱、光电子能谱和电导率的研究结果，推定 1 个 La^{3+} 与壳聚糖的 5 个氨基葡萄核残基的氨基 N 和 C_3 羟基的 O 形成 10 个配位键的配位聚合物[43]。

表 2-16 壳聚糖对镧系元素的吸附率

镧系元素	温度/℃	吸附时间/min			
		15	60	120	240
¹⁵²,¹⁵⁴Eu	25	30	33	37	45
	40	26	30	34	38
¹⁷⁰Tm	25	31	35	37	38
	40	40	42	42	43
¹⁶⁰Tb	25	32	36	39	43

2.5 壳聚糖吸附金属离子的应用

2.5.1 重金属废水的处理

目前，因越来越多的重金属排放到天然水体中并对人体造成许多危害，致使环境中存在的重金属污染源备受关注。可以从水溶液中除去有害金属离子的方法有离子交换法、反渗透法、吸附法、螯合作用法和沉淀法等。其中，吸附法是最有效和最广泛使用的方法。与其他技术相比，活性炭和螯合离子交换树脂已经成为越来越受欢迎的技术在水处理及工业"三废"处理中广泛使用，但活性炭和商业螯合树脂材料昂贵，成本太高。因此，低成本的替代品已经成为这个领域研究的焦点。生物吸附或来源于生物材料的吸附被认为是处理含有重金属废水的新兴技术。

壳聚糖链上具有可作为螯合金属离子位点的氨基和羟基，因此，它被认为是适合回收金属离子的天然聚合物。但是，壳聚糖容易溶解在酸性溶液中，稳定性差，限制在固定床中的应用。如果将壳聚糖改性、交联制成树脂产品，对提高壳聚糖的应用价值是十分有意义的。经过改性得到的壳聚糖微球树脂具有较大的孔隙度、机械强度、化学稳定性、亲水性和生物相容性，并增加抵抗酸、碱和有机试剂的能力。另外，交联也能改变壳聚糖的天然晶体结构从而增加吸附能力。

重金属离子废水的污染问题，一直是世界的难题。目前常用的处理方法有化学沉淀法、离子交换法、电解法等，但都存在工艺复杂、成本费用高或产生二次污染等问题，所以寻求高效廉价的重金属离子水处理剂成为人们迫切的要求。通过大量的研究工作，发现壳聚糖及其衍生物是重金属离子的良好吸附剂。

袁彦超等[44]以壳聚糖为原料，甲醛为预交联剂，环氧氯丙烷为交联剂，通过反相悬浮交联法制备出性能好的微球状壳聚糖树脂（AECTS），其结构如图 2-11 所示，解决了壳聚糖耐酸性能差、吸附能力弱等缺点，并可循环使用。其首先考察了操作条件对合成树脂性能的影响，即甲醛用量、环氧氯丙烷用量、乳化剂用量、搅拌速度、壳聚糖浓度、酸处理条件对树脂性能的影响，并得出最佳合成条件，制备出耐酸性能好、吸附能力强（对 Cu^{2+} 的饱和吸附量达 2.983mmol/g）、力学强度好、孔隙率较高（77.38%）的壳聚糖树脂。

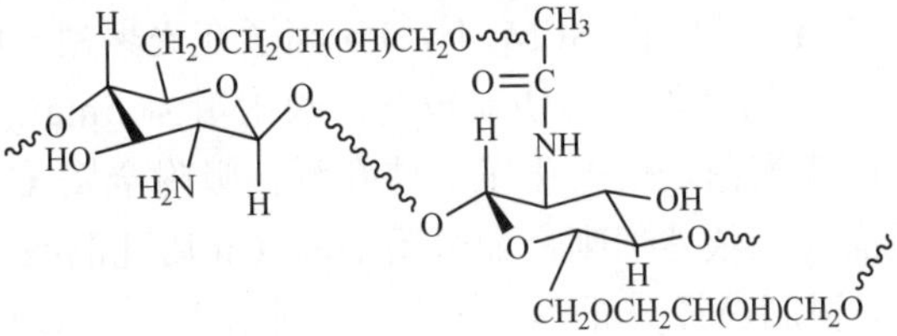

图 2-11　AECTS 的结构

随后，袁彦超又进一步研究了 AECTS 对 Cu^{2+} 的吸附热力学行为[45]，用 FTIR 对吸附产物进行了结构表征，并研究了溶液中介质种类的不同对 Cu^{2+} 吸附量的影响。结果表明：AECTS 主要以配位形式吸附 Cu^{2+}；AECTS 对 Cu^{2+} 的吸附符合 Langmuir 等温方程，属于单分子层吸附；吸附为自发的、吸热的熵增加过程；同时不同介质对树脂吸附 Cu^{2+} 的影响大小顺序为：$HCl>CdCl_2>MgCl_2>NaCl$，并对其作用机理进行了探讨。

　　除 Cu^{2+} 外，袁彦超所在团队还研究了 AECTS 对 Co^{2+}、Hg^{2+}、Ni^{2+}、Zn^{2+} 的吸附过程[46-49]。结果表明，AECTS 对金属离子的吸附作用主要包括：配位吸附和物理吸附。配位主要发生在壳聚糖分子中的氨基及羟基上；吸附金属离子后，树脂的结晶度下降，总体上热稳定性变差；金属离子对 AECTS 的主链分解具有明显的催化功能，离子配位后，AECTS 的表面形态发生了改变；另外，AECTS 对 Co^{2+} 的吸附行为同时符合 Freundlich 模型和 Langmuir 模型；吸附为自发的、放热的熵减小过程。Ni^{2+} 对 AECTS 的主链分解具有明显的催化功能，而空气气氛中对 AECTS 在 500℃ 附近的分解表现出火焰缓蚀作用。AECTS 对 Ni^{2+} 的吸附行为符合 Langmuir 模型，属于单分子层吸附，所有吸附位对 Ni^{2+} 的作用近似相同。台湾大学[50]通过均相反应以环氧氯丙烷为交联剂合成了交联壳聚糖，并研究了交联壳聚糖树脂（CCTS）对水溶液中 Cu(Ⅱ)、Zn(Ⅱ) 和 Pb(Ⅱ) 的吸附。动力学研究表明吸附过程符合二级动力学方程。三种金属离子吸附量的顺序为：$Cu^{2+} > Pb^{2+} > Zn^{2+}$；物理吸附现象显示树脂对三种金属离子的吸附属于单分子层吸附。

　　Vasconcelos 等[51]采用 N-N'-[双（2-羟基-3-甲酰-5-苯甲基-二甲基）]-乙二胺作为交联剂。这种新型的螯合树脂可用于水体中 Cu(Ⅱ) 的吸附。吸附平衡数据符合 Langmuir 等温线（$R=0.999$），树脂对 Cu(Ⅱ) 的最大吸附量为 113.6mg/g（1.79mmol/g）；最大吸附量发生在 pH=6 时，吸附动力学数据与准二级动力学模型相符合，相关系数为 0.999。

　　Trimukhe 等[52]研究了壳聚糖、交联壳聚糖与 Hg、Cu、Cd、Pb、Zn 和 Mn 盐形成的金属络合物的组成和微观结构，结果发现壳聚糖上的氨基基团与金属离子有很强的吸引力，其中 Hg 离子与壳聚糖形成的络合物具有光滑的表面形貌，其在壳聚糖上的吸附量为 372mg/g。壳聚糖吸附金属离子的能力排列如下：Hg>Cu>Cd>Zn>Pb>Mn。其中在 SEM 下，Pb 离子在壳聚糖表面上的存在尤为清晰。壳聚糖对 Mn 离子的吸附能力明显较弱，吸附量为 5mg/g。壳聚糖具有较为光滑的表面，而交联壳聚糖表面产生了一些孔洞；吸附金属 Cd、Pb、Zn 和 Mn 后，交联壳聚糖表面孔洞依然清晰，而吸附 Hg、Cu 后孔洞减少。

　　在实际应用中，树脂粒径分布不均匀，在填料塔中会产生压降而降低效率[53]，且树脂很难再生利用，致使其成本较高，同时还会产生二次环境污染。

　　为此，贺小进等[54]采用滴加成球法，也就是将壳聚糖酸溶液在一定条件下滴加到碱溶液中，得到的颗粒球形均匀，粒径可控，且分布窄，易于工业放大。并以戊二醛、环氧氯丙烷、乙二醇环氧丙基醚为交联剂，对溶液 pH、吸附时间、溶液中金属离子浓度、颗粒粒径、离子强度等对 Ni^{2+}、Cu^{2+}、Zn^{2+} 吸附容量的影响进行了研究，得到了吸附容量较高的壳聚糖树脂。

　　随着树脂颗粒粒径的减小，树脂的表面积增大，树脂与金属离子接触作用的机会增加，吸附容量也应该随之增加，表 2-17 中所显示的结果符合此观点。

表 2-17　粒径对树脂吸附容量的影响

颗粒粒径/mm	3.0 交联	3.0 未交联	1.0 交联	1.0 未交联	0.5 未交联
对 Ni^{2+} 吸附容量/(mg/g)	10.49	14.30	18.75	28.23	46.72

注：交联剂为戊二醛

树脂交联后，分子里的—NH_2 数目减少，其吸附容量也应该减少；不同的交联剂与树脂交联后得到的树脂结构不同，对金属离子的位阻也可能不同，而有的交联剂由于本身含有—OH 等配位基团，可与—NH_2 形成螯合结构以便与金属离子螯合，有可能提高树脂的吸附容量。

由表 2-18 可以看出，用戊二醛作交联剂交联后吸附容量明显减少，而用乙二醇环氧丙基醚与环氧氯丙烷作交联剂交联后，1.0mm 树脂吸附容量变化不大，3.0mm 树脂的吸附容量有明显提高。这可能是使用不同的交联剂得到的树脂结构不同及交联度不同所致。

表 2-18　不同交联剂对树脂吸附容量的影响

交联剂种类		未交联	戊二醛	乙二醇环氧丙基醚	环氧氯丙烷
对 Ni^{2+} 吸附容量 /（mg/g）	1.0mm 树脂	28.23	18.75	29.25	25.86
	3.0mm 树脂	14.30	0.49	23.07	22.41

于丽娜等[55]将壳聚糖交联制成了微米级球状壳聚糖树脂（RCM）。当 RCM 制备时的搅拌转速为 350r/min、反应液的 pH 为 7.5、壳聚糖脱乙酰度为 85.3%、黏均相对分子质量为 5.9×10^5 时，制得的 RCM 为表面光滑的圆球状，粒径较为均一，平均粒径为 500μm，且表面致密多孔，其含水量为 51.982%，树脂骨架密度为 $1.212g/cm^3$，堆砌密度为 0.862g/mL，孔度值为 0.554，交联度为 13.581%。RCM 的交联性质为其提供一定的骨架结构，使其具有一定的立体构象和刚性特点。而 RCM 的多孔性质，为其吸水和吸附金属离子提供了一定的条件。同时，由于 RCM 的交联性质，其不致过度吸水膨胀而破坏它的立体结构。RCM 对 Cu^{2+} 饱和吸附量为 0.993mmol/g。吸附等温线符合 Langmuir 等温曲线，其 Langmuir 等温式为：$c_e/Q=11.614+1.0075c_e$（313K），表明其对 Cu^{2+} 属于单分子层吸附。吸附热力学研究表明：吸附是自发的、吸热的、熵增加的过程。通过吸附势值可知，在相同的温度下，随着溶液中 Cu^{2+} 浓度的增加，吸附势逐渐降低；当初始浓度相同时，随着实验温度的升高，吸附势升高。

交联反应多耗时较长，因此有研究人员[56]利用微波辐射法合成了甲醛交联壳聚糖香草醛希夫碱（CCTS-V），交联时间仅为 14min。吸附实验表明，CCTS-V 对 Cu^{2+} 具有良好的吸附选择性，从图 2-12 中可以看到它对 Cu^{2+} 的吸附量可达到

178.6mg/g，大于 Zn^{2+}、Pb^{2+} 的吸附。并且在酸性环境中几乎不溶解，因此可用作 Cu^{2+} 的选择性吸附剂。这种选择性吸附机理可能与产物的空间结构和吸附离子半径有关。Cu^{2+}、Co^{2+}、Zn^{2+}、Pb^{2+} 的离子半径分别为 72pm、74pm、74pm、120pm（$1pm=10^{-12}m$），Cu^{2+} 较小的离子半径可能比较有利于具有这种特殊空间结构产物的吸附，所以其吸附量相对较大且选择性较好。

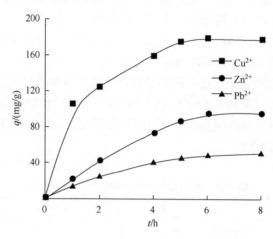

图 2-12　CCTS-V 对金属离子吸附的动力学曲线

Ramnani 等[57]创新性地在四氯化碳存在下通过伽马辐射合成了交联壳聚糖树脂，比较了交联壳聚糖与壳聚糖原料对水中 Cr^{6+} 的吸附行为。结果表明，辐射交联壳聚糖能有效吸附废水的 Cr^{6+}，当 pH=3 时，交联壳聚糖可达到最大吸附量；交联壳聚糖通过洗提后可重复使用。

选择 Cr^{6+} 在一般的工业废水中的浓度范围进行实验，废水和模拟液中 Cr^{6+} 的浓度在通过圆柱后的结果见表 2-19。美国环境保护局（EPA）规定，工业废水中 Cr^{6+} 的最大含量为 0.25mg/L。从表 2-19 中可以看出，Cr^{6+} 的浓度在 EPA 规定的控制范围内。Cr^{6+} 浓度大于 30mg/L 的模拟液和较高浓度的污水可以通过增加微型柱来解决。

表 2-19　交联壳聚糖对水溶液中 Cr^{6+} 的去除效果

序号	模拟液中的 Cr^{6+}/(mg/L)	污水中的 Cr^{6+}/(mg/L)	简缩因数
1	75.0	1.3	57.7
2	34.2	0.56	61.1
3	29.6	0.33	89.7
4	23.5	0.24	97.9

　　想要集中回收和吸附一种金属离子，就必须提高吸附剂的选择性和专一性。采用模板法制备交联壳聚糖，可有效提高交联壳聚糖对模板离子的吸附选择性。

　　Mochizuki 等[58]研究了模板交联壳聚糖对过渡金属离子的吸附性能，结果表明，该法合成的树脂对 Zn^{2+} 具有较强的"记忆"能力，且对同族的 Cd^{2+}、Hg^{2+} 也有较高的吸附量，在酸性条件下再生，不会发生软化和溶解，重复使用性能良好。

　　此外，曹佐英等[59]也根据模板法原理，用环氧氯丙烷作交联剂交联壳聚糖 Cu^{2+} 配合物，制备了具有 Cu^{2+} 模板孔穴的交联壳聚糖树脂。该树脂对 Cu^{2+} 比对 Ni^{2+}、Co^{2+} 具有较高的吸附量，有一定的选择吸附性，并且该树脂有良好的物理性能和重复使用性能。为进一步研究模板法合成对树脂吸附性能的影响并探讨影响树脂吸附性能的因素，用 Zn^{2+} 作模板离子，用乙二醇双环氧丙基醚作交联剂，在微波辐射下合成了另一种交联壳聚糖树脂（CTCTS）[60]。

　　CTCTS 既不溶于水，也不溶于稀酸或稀碱。经多次实验，该树脂在酸性溶液中不流失，难溶胀，能多次重复使用。用 CTCTS 作吸附剂，考察其对 Cu^{2+}、Ni^{2+}、Co^{2+} 的饱和吸附量，结果见表 2-20。

表 2-20　CTCTS 对金属离子的饱和吸附量（mmol/g）

金属离子	CTS	CTCTS
Zn^{2+}	2.36	2.34
Cu^{2+}	2.58	2.31
Ni^{2+}	2.12	0.02
Co^{2+}	1.86	0.45

注：金属离子的起始浓度均为 $4.0 \times 10^{-2} mol/L$；pH=6.0；阴离子为 SO_4^{2-}；吸附时间为 8h

　　Sun 等[61]首先制备了 N-琥珀酰壳聚糖（NSC），并使用 NSC 对 Cu^{2+} 进行吸附，其饱和吸附量为 2.74mmol/g。随后其将 NSC 进行交联，Cu^{2+} 为模板，合成了一种新型交联 NSC 模板树脂，吸附实验表明，采用这种树脂对 Cu^{2+}、Zn^{2+}、Co^{2+} 和 Ni^{2+} 进行吸附，树脂能优先选择 Cu^{2+} 吸附，而且树脂也有很好的再生性。

2.5.2　贵金属的回收

　　贵金属在多种领域中广泛使用，包括多种化学过程、电气和电子工业、医学和珠宝，其在环境中的大量使用也得到了环保界的极大关注。随着贵金属在现代工业中的加速使用，在地球上矿物资源逐渐减少的今天，从冶金废水和矿浆中回收贵金属成为世界经济节约的一个方向。现有的回收贵金属的方法有离子交换、液液萃取、过滤膜和吸附，这些方法在理论上均能够有效地回收废水中的贵金属。相对而言，吸附似乎更适合低浓度贵金属的回收，其具有低消耗、低价位、高效率等优势。从经济技术的观点出发，越来越多的研究人员聚焦壳聚糖这种廉价吸附剂，使用壳聚糖吸附和回收贵金属离子已经成为全世界的热门课题。

Ramesh 等[62]制备了氨基乙酸改性的交联壳聚糖树脂（GMCCR），并研究了 GMCCR 对三种贵金属 Au^{3+}、Pt^{4+}和 Pd^{2+}的吸附。结果表明，MCCR 吸附 Au^{3+}、Pt^{4+}和 Pd^{2+}的最佳 pH 为 1.0～4.0，pH=2.0 时，得到 Au^{3+}、Pt^{4+}和 Pd^{2+}最大吸附量分别为 169.98mg/g、122.47mg/g 和 120.39mg/g。分别采用 HCl、硫脲和硫脲-HCl 作解吸剂，结果显示，0.7mol/L 硫脲-2mol/L HCl 能达到最好的解吸效果。

Fujiwara 等[63]采用 l-赖氨酸改性的交联壳聚糖树脂同样对上述三种金属进行吸附，其中 pH=1.0，Pt^{4+}达到最大吸附量；pH=2.0，Au^{3+}和 Pd^{2+}达到最大吸附量；吸附平衡实验表明，树脂的吸附属于 Langmuir 吸附，树脂对 Pt^{4+}、Pd^{2+}和 Au^{3+}的最大吸附量分别为 129.26mg/g、109.47mg/g 和 70.34mg/g。

刘芳等[64]制备了带希夫碱基团的交联壳聚糖螯合树脂（CTSA）和带有酰肼基团的交联型螯合树脂（CTH），并使其分别吸附 Au^{3+}、Pd^{2+}、Ag^+、Hg^{2+}、Cu^{2+}、Zn^{2+}、Pb^{2+}、Cd^{2+}、Pt^{4+} 9 种贵重金属离子，结果发现，CTSA 对这 9 种贵重金属离子的吸附能力大小为：$Au^{3+}>Hg^{2+}>Pb^{2+}>Ag^+≈Pt^{4+}>Cu^{2+}>Zn^{2+}>Cd^{2+}≥Pb^{2+}$；而 CTH 则为：$Pd^{2+}≈Hg^{2+}>Cu^{2+}>Ag^+>Au^{3+}>Zn^{2+}>Pt^{4+}>Cd^{2+}≥Pb^{2+}$。计算后可知，CTSA 树脂对 Au^{3+}具有较强的吸附能力，其吸附容量高达 5.37mmol/g，而 CTH 树脂则对 Pd^{2+}的吸附能力较强，吸附容量达 6.14mmol/g，且两者几乎均不吸附 Pb^{2+}，这无疑为贵金属离子的分离和富集等提供了帮助。

为了将壳聚糖广泛地应用在冶金工业中，张廷安等[65, 66]制备了一种新型的吸附贵金属的交联壳聚糖树脂。为了提高吸附性能，其首先采用 Cu^{2+}将壳聚糖螯合基团保护后，再用戊二醛交联，制得螯合基团得到保护的戊二醛-壳聚糖树脂，并利用该树脂对 Pt^{2+}和 Au^{3+}的酸性溶液在不同酸度、溶液浓度及树脂用量条件下进行了静态吸附实验（图 2-13）。结果表明：在 pH=1、树脂用量为 20mg 和 Pt^{2+}浓度 100mg/L 时，该树脂对 Pt^{2+}的吸附容量达到 54.7mg Pt/g 干树脂；该树脂对 Au^{3+}吸附快，在 30min 内吸附率可达 80%，吸附容量为 88mg Au/g 干树脂，超过了公认有较高吸附容量 XAD-7 的干树脂。

壳聚糖分子中接入巯基将更有利于其对 Au^{3+}的选择吸附性能。党明岩等[67]分别以环硫氯丙烷和环氧氯丙烷作为交联剂，合成交联壳聚糖树脂，测定其对 Au^{3+}

的静态吸附性能。并采用正交试验法全面考察了环硫氯丙烷交联壳聚糖（CCCS）树脂和环氧氯丙烷交联壳聚糖（ECCS）树脂吸附 Au^{3+} 过程中，各主要因素对吸附性能的影响。结果表明，环硫氯丙烷交联壳聚糖树脂比环氧氯丙烷交联壳聚糖树脂所能适应的 pH、温度、初始离子浓度等条件范围更广，且在同样吸附条件下，环硫氯丙烷交联壳聚糖树脂比环氧氯丙烷交联壳聚糖树脂有更优良的吸附性能。环硫氯丙烷交联壳聚糖树脂对 Au^{3+} 的吸附量可达 296.67μg/mg，吸附率可达 98.1%。

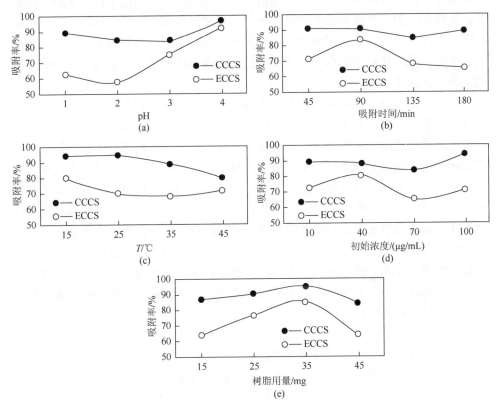

图 2-13　各因素对 CCCS 和 ECCS 树脂吸附率的影响

　　将 CCCS 应用于铂的吸附同样有较好的效果[68]，而且采用盐酸-硫脲溶液作为树脂的解吸剂，解吸过程在 20min 可趋近平衡，解吸率可达 99%以上，证明 CCCS 可以反复使用，节省资源。

　　可以认为利用壳聚糖树脂回收贵金属是行之有效的办法。但是，贵金属在冶金过程中常存在于碱性溶液中，因此关于壳聚糖树脂在碱性条件下对金属的吸附有待进一步研究。

2.5.3　金属的防腐

金属的腐蚀是指金属由于与环境相互作用，在界面处发生化学反应、电化学反应和（或）生化反应而损坏的现象[69]。金属腐蚀问题普遍存在于各个领域，从日常生活到工农业生产，从尖端科学技术到国防工业，几乎所有材料和它们制成的设备、工具、车船、建筑等使用金属材料的地方，在自然环境和工业生产中都可能遭受不同程度的腐蚀，导致资源浪费、环境污染，给国民经济带来巨大的损失。据统计，由于金属腐蚀给国民经济发展带来的损失约占当年国民生产总值的1.5%～2.4%。腐蚀不仅会造成经济上的损失，也经常对安全构成威胁。在航空航天、船舶、舰艇和机械结构方面因腐蚀造成的事故屡屡发生。腐蚀对安全和环境的危害不容忽视。

目前，防腐蚀方法有表面涂装、表面处理、电化学保护等，而添加缓蚀剂是一种工艺简便、成本低廉、适用性强的方法，在保护资源、减少材料损失方面大有作为，被广泛用于多种领域。壳聚糖是一种对环境友好的高分子聚合物，其含有未配对电子的元素或基团，如氨基（—NH₂）、羟基（—OH）等，而这些含有孤对电子的元素基团可直接与金属元素上的空轨道形成配位键，使有机分子牢固吸附在金属表面，形成保护膜，从而抑制金属腐蚀。壳聚糖缓蚀剂以其独特的优越性在金属缓蚀中起着日益重要的作用。我国具有丰富的壳聚糖生产原料，发展壳聚糖缓蚀剂产业具有得天独厚的优势条件，市场潜力大，前景较被看好。壳聚糖缓蚀性能方面的整体研究成果不多，实验多以性能测试为主，实验体系以酸性体系和海水体系为主。实验结果不够深入严谨，对壳聚糖及衍生物的缓蚀性能研究方面还存在很多空白。

碳钢因其低廉的成本、良好的力学性能及实用性，广泛应用于工业中。其在海水中容易被腐蚀，添加缓蚀剂可对碳钢起一定的保护作用，羧甲基壳聚糖、壳聚糖季铵盐和壳聚糖磷酸酯均可作为海水中碳钢的缓蚀剂使用。

羧甲基壳聚糖是一种水溶性壳聚糖衍生物，有许多特性，如抗菌性强、具有保鲜作用，是一种两性聚电解质。杨小刚等[70]通过失重试验测定了在海水体系中，不同浓度羧甲基壳聚糖及其降解产物对低碳钢的缓蚀效率。羧甲基壳聚糖是抑制阴极过程为主的混合型缓蚀剂。它平铺在碳钢表面发生多层吸附。产品相对分子质量越小，空间位阻越小，在碳钢表面形成的缓蚀膜越厚；但相对分子质量越大，吸附点越多，形成的缓蚀膜比较稳定，当碳钢表面电荷发生变化时，不容易脱附。羧甲基壳聚糖的缓蚀效率随其浓度的增加而提高，但相对分子质量大小的改变对缓蚀效率的影响不大。当缓蚀剂浓度达到 800mg/L 时，使用 25mL 的 30% H₂O₂对羧甲基壳聚糖进行氧化降解所得到的降解产物，对 Q235 低碳钢的缓蚀效率达到最大值 63.68%。

壳聚糖季铵盐是壳聚糖的一种季铵化衍生物，具有季铵阳离子，因此可作为阳离子表面活性剂，壳聚糖季铵盐的亲水基所带正电荷通过静电引力吸附在金属表面，改变双电层的结构，提高金属离子化过程的活化能，从而可有效地阻止 H^+ 在阴极区放电而阳极溶解的过程。杨晓红等[71]研究了在硫酸介质中壳聚糖季铵盐浓度、温度、时间、特性黏度计取代度等因素对碳钢的缓蚀性能的影响。结果表明，壳聚糖季铵盐的缓蚀率最高可达 88%，发生单分子层吸附；在 5～15h 内缓蚀效果最佳，其缓蚀率受温度的影响很大，并且随着黏度和取代度的增加而升高。

对壳聚糖进行磷酸酯化改性可得到可溶性衍生物，即壳聚糖磷酸酯。壳聚糖磷酸酯分子中含有氨基（—NH_2）、羟基（—OH）和磷酸酯基（—H_2PO_4），在碳钢表面能发生吸附形成保护膜，将碳钢与海水介质隔开，从而抑制腐蚀。吴茂涛等[72]对水溶性壳聚糖进行磷酸酯化改性。采用静态失重实验与电化学测试相结合，研究了水溶性壳聚糖及其磷酸酯对 Q235 低碳钢在海水中的腐蚀抑制作用，并探讨了缓蚀机理。结果表明，水溶性壳聚糖对碳钢具有一定的缓蚀作用，随其浓度的增加，缓蚀率升高；壳聚糖磷酸酯在 300mg/L 时缓蚀率达到 88.71%，高温下仍保持较高的缓蚀效率，且持久保持高效。壳聚糖磷酸酯为抑制阴极型缓蚀剂。

在冶金工业生产过程中，工作介质中杂质的沉积使设备表面常被积垢覆盖，严重影响换热效率，浪费大量能源，必须及时对设备的积垢进行清洗。酸洗方法广泛用于工业除锈及废弃金属除去附着物，盐酸作为一种强酸洗剂，其清洗效果显著，但由于其腐蚀性大，除垢的同时会腐蚀金属及合金基底，带来的损失不可忽略。为了防止酸洗过程中金属及合金基底产生不必要的损失，以及酸洗剂的过量消耗，常常添加缓蚀剂对服役金属采取一定的保护。研究铝在盐酸介质中的缓蚀剂具有实际意义。由于 Al 的高丰度、高塑性和高导电导热性能，且其相对密度仅为钢铁的 1/3，表面氧化膜层具有一定的耐蚀性，铝及其合金被广泛地应用于工业生产和日常生活中，它们的优良性能使其在国防、航空、汽车制造、食品包装、水利工程等方面起到不可替代的作用。相应地，对其在各行业的腐蚀与防腐研究也成为近年来腐蚀与防腐的研究热点之一。Lundvall 等[73]检验了壳聚糖膜作为缓蚀剂对铝合金 AA-2024-T3 的抗腐蚀作用。先将样品在壳聚糖乙酸溶液中浸渍涂膜。为增大壳聚糖膜的缓蚀能力，涂膜后的样品再置于铜离子溶液中 24h（使用的铜盐为硫酸盐和乙酸盐）。结果经铜离子溶液中浸泡后的壳聚糖膜，显示出了更好的防渗透性，而且在溶液中的稳定性也增强，这是由于壳聚糖与铜离子发生了交联作用。

锌由于具有活性高、比能量大、成本低、储量丰富及毒性小等优点，被广泛用作电池的负极材料，如锌锰电池、锌空气电池、锌镍电池、锌银电池。但正是由于锌的高活性，锌在碱性溶液中很容易被腐蚀，Zn 的腐蚀是由电化学反应引起的，Zn 发生腐蚀是 Zn 阳极溶解和氢的阴极析出共轭反应的结果。陈惠等[74]合成了一种壳聚糖衍生物 GTCC，并首次采用壳聚糖衍生物 GTCC 作碱性锌锰电池的代汞缓蚀剂，研究了锌在碱溶液中的腐蚀行为和 GTCC 对锌的缓蚀行为，结果表明，GTCC 为阴极型缓蚀剂，能减缓锌在 40wt%（质量分数）KOH 溶液中的腐蚀，对电池阴极反应过程中的析氢有明显的抑制作用，提高了析氢过电位，GTCC 的缓蚀效果与其加入量有关，在实验范围内以 0.05wt%为最佳。这也是壳聚糖的又一新的应用，壳聚糖衍生物的分子结构复杂，通过分子设计来寻找其他类型物质进行复配，效果可能更显著。这方面的研究有更深远的意义，将会对无汞电池的开发作出更大的贡献。

2.5.4　化学形态分析

化学形态是指元素以某种离子或分子存在的实际形式。研究表明，元素的形态不同，其毒性和化学特性差别很大，如有机汞的毒性约为无机汞的 200 倍，六价铬的毒性约为三价铬的 100 倍，并且六价铬有致癌性；硒是对人体有用的微量元素，不同形态的硒的生理功能和毒性也与其形态密切相关。可以看出，元素形态影响生物活性，进而影响环境与人类健康。化学形态分析在环境科学、生命科学及其他学科领域中均有着重要的意义，引起了国内外学者的高度重视，同时也是生命科学、环境科学对分析化学提出的挑战性新课题[75, 76]。

环境溶液中痕量元素的赋有形态比较复杂，直接测定十分困难，所以研究污染物在环境中存在的形态及其分析方法已成为现代分析化学领域中的热门课题。环境样品中"目标成分"的含量低、干扰因素多，一般分析方法难以达到要求，故通常需要在分析前采用适当的富集分离技术除去干扰，从而实现对痕量和超痕量"目标成分"的分析。交联壳聚糖就是新近研制的一种高效有选择性的富集分离试剂。

壳聚糖是一种具有广泛应用前景的天然高分子材料。它通过分子中的羟基、氨基与 Cu^{2+}、Hg^{2+}、Cd^{2+}、Ni^{2+}、Pb^{2+}、Zn^{2+}、Au^{2+}、Ag^{2+}等重金属离子形成稳定的螯合物，但由于壳聚糖分子中氨基质子化后溶于水，造成流失，且选择性较差，在形态分析中受到限制，于是人们通过对其进行交联、接枝、酯化、醚化等方法改性，制备出具有不同理化特性的壳聚糖衍生物，应用于金属离子的富集分离和去除，且提高了选择性。

壳聚糖是直链型高分子，因此交联作用可发生在同一直链的不同链节之间，也可在不同直链间进行，形成网状结构的高分子聚合物，网孔结构的大小不同有利于提高其离子选择性和富集分离的效果。

1. 汞的分析

汞在工业中的应用十分广泛，在自然界分布也极为广泛，特别是自 20 世纪 60 年代以来汞的化合物大量用作生物杀虫剂，有机汞化合物的滥用给生态系统带来了极大的灾难。汞的各种化合物进入环境后经过环境中微生物的作用，可形成各种形态的汞，其中短链烷基汞易为生物体所积累且代谢缓慢；烷基汞不仅对生物体有直接毒性，其代谢所产生的无机汞可引起生物体二次中毒；烷基汞对巯基有高度亲和性，能使含有半胱氨酸的蛋白质中毒，产生中枢神经系统感觉和运动功能上的病症。在天然水中，汞的浓度是痕量的，难以直接测定。因此，必须采用合适的富集方法，将待测物的浓度提高，降低检出限，提高分析结果的精密度和准确度，并可扩大测定技术的应用范围。

胡桂莲[77]采用 H_2SO_4-$KMnO_4$ 消解法；李顺兴等[78]以绿茶为吸附分离载体测定；殷学锋等[79]研究了与二乙基二硫代氨基甲酸盐形成络合物，经 $CHCl_3$ 萃取后分离测定；Ahmed 等[80]用 $NaBH_4$ 将各种汞的形态衍生后，以液氮制成冷阱捕集，再依次使各种形态的汞解吸测定，效果一般，且这些方法步骤比较烦琐，试剂会造成二次污染。

王梅林等[81]采用交联壳聚糖树脂并以 EDTA 为络合剂，选择性富集分离后，采用冷原子吸收分光光度法直接测定环境水样中痕量无机汞，该法富集倍数高，灵敏度好，而且富集无机汞后的 CCTS 不需洗脱，即可直接用 KBH_4 在冷原子吸收测汞仪反应瓶中进行还原测定，从而简化了操作；在此基础上进一步研究了以 KI 为络合剂，将甲基汞、乙基汞、苯基汞等转化成阴离子形式，从而被 CCTS 选择性富集分离，再用不同浓度的 NaOH 分别定量洗脱，洗脱的有机汞用 $K_2Cr_2O_7$/$CdCl_2$ 氧化及 KBH_4 还原后，用冷原子吸收光谱法测定，该法不需要进行衍生化操作，同时还提高了方法的精密度和准确度[82]。

宋吉英等[83]用戊二醛将可溶性的羧甲基壳聚糖进行交联，制得了不溶性的交联羧甲基壳聚糖，并结合流动注射-氢化物发生石英管冷原子吸收系统测定溶液中的 Hg^{2+}，建立了一个可用于天然水中 Hg^{2+}富集和测定的新方法。交联产物不但改善了其耐酸碱及化学品的腐蚀性，并且提高了颗粒的机械强度。吸附实验表明，在合适条件下交联羧甲基壳聚糖对 Hg^{2+}的吸附性能很好，使用过程中基本上没有溶解和流失现象，使用后经过 2%硫脲溶液脱附后吸附率仍能达到 90%以上。加入 Mg^{2+}、Cd^{2+}、Pb^{2+}、Cu^{2+}、Zn^{2+}、Mn^{2+}、Ca^{2+}、Al^{3+}、Fe^{3+}等干扰离子后吸附率和洗脱率略有降低，但对 Hg^{2+}的吸附基本没有影响，可以对其干扰不予考虑。

在水面下 0.3～0.5m 处采集水样，将水样立即进行消解处理（按照每升水样加入 50mL HNO_3 和 0.5g $K_2Cr_2O_7$），然后取 200mL 水样，按照相同步骤，重复测定 6 次，同时做相应的标准加入回收实验，水样中汞含量及回收情况见表 2-21。

表 2-21　水样回收的分析结果

测定次数	测定值/(μg/L)	加标量/μg	测定总量/(μg/L)	回收率/%
1	0.1201	0.15	0.8120	92.3
2	0.1104	0.15	0.8302	96.0
3	0.1035	0.15	0.859	100.7
4	0.0995	0.15	0.8200	96.1
5	0.1103	0.15	0.8621	100.2
6	0.0984	0.15	0.8106	95.0
平均值	0.1070	—	0.8320	96.7

2. 铬的分析

铬分布广泛，主要应用于制造各种优质合金，也广泛用于皮革、印染、电镀等工业，受腐蚀后以各种排放液进入环境。铬是一种毒性与价态明显相关的元素。铬表现为必需元素还是有毒元素，其价态是决定性因素，$Cr(III)$是人体正常糖脂代谢所不可缺少的物质，而 $Cr(VI)$ 则是公认的致癌物质，一般认为其毒性约为$Cr(III)$的 100 倍。它们在天然条件下又可相互转化，因而铬形态分析比测总铬要困难得多[84]。

元素的价态分析在环境监测分析中显得尤为重要，但是天然水体中铬含量很低，很难直接用单一仪器测定，而需要结合其他仪器或者有效的预富集手段进行化学处理。目前，铬的形态分析方法主要有有机溶剂萃取法、离子交换树脂分离法和氢氧化物共沉淀法。但是这些分离测定手段需要进行的衍生化操作过于烦琐，且分析时间长、分析成本较高。

姜建生等[85]采用以环氧氯丙烷为交联剂制备的 CCTS 作为吸附剂，二苯碳酰二肼（DPCI）分光光度法为 $Cr(VI)$ 的检测手段，在 pH=3 时达最大吸附率，为 97%，且可用 0.1mol/L NaOH 定量洗脱，检出限（3σ）为 0.015μg/L，变异系数 3.6%，吸附过程符合 Langmuir 物理吸附。另外，海水中 Na^+、Mg^{2+}、Ca^{2+}、Cl^-等主要元素不干扰 Cr^{6+}的富集分离，检测过程具有选择性好、抗干扰能力强、灵敏度高等特点，且操作简便、快速，是测定环境水样中痕量 Cr^{3+}和 Cr^{6+}的新方法。

张淑琴等[86]以 4, 4′-二溴二苯并 18-冠-6 醚为交联剂，合成了一种新型冠醚交联壳聚糖（DCTS）。它兼有冠醚和壳聚糖两类化合物的优点，具有同时测定不同形态化学组分，不需要化学分离和引入过多试剂，可以进行直接富集，且具有操作简便等特点，避免了上述方法中需要引入 DPCI，进行显色分析之后再进行分别测定的烦琐操作。由于这种吸附剂既具有冠醚化合物特有的络合性能和选择性，又具有高分子壳聚糖低毒性和易于加工成粉状、颗粒状等特点，一次性投资费用少，便于推广应用，不会造成二次污染。作为一类高效有选择性的富集剂，在环境样品的痕量、超痕量分析及形态分析中有广阔的应用前景。研究结果表明，采用 DCTS 作吸附剂，石墨炉原子吸收光谱法富集分离南极水样中痕量 Cr(III, VI)，其富集倍数达 50~100 倍，甚至更高，极大地降低了石墨炉原子吸收对铬的检出限（0.004μg/L）；DCTS 富集不同价态铬后易于洗脱直接进行测定，简化了操作步骤，缩短了分析时间，同时提高了方法的精密度和准确度，且在 Na^+、K^+、Mg^{2+}、Ca^{2+}、Cu^{2+}、Mn^{2+}、Zn^{2+}、Fe^{3+}、Al^{3+}、Co^{2+}、Ni^{2+}、Cl^-、SO_4^{2-}、NO_3^- 浓度较高条件下，也不干扰铬元素的测定。因此，该法适合于环境水中痕量和超痕量元素铬的价态监测分析，并可以推广应用到水质常规检测工作中去。

3. 其他元素的分析

姜建生等[87]以 CCTS 为吸附剂采用氢化物发生—原子吸收测定法为检测手段，建立了环境中痕量 Se^{4+}、Se(VI)和有机硒的检测方法。在 pH=4 时，Se(VI)的吸附率达 95%，而对 Se^{4+}几乎无吸附，Se(VI)又可用 1mol/L HCl 定量解吸，建立了等温 Langmuir 吸附平衡曲线。在检测样品中，CCTS 虽对 $Cr_2O_7^-$ 吸附能力较强，但可用二苯卡巴肼加以掩蔽；另外，试剂中允许 Na^+、Mg^{2+}、Ca^{2+}、K^+、Cl^-以较高浓度存在，而不对 Se(VI)的分离富集检测产生干扰，检出限达 20ng/L，变异系数为 4.8%。该法具有选择性好、灵敏度高等优点，适合于复杂样品中痕量 Se^{4+}/Se(VI)的分析，有机硒经 HNO_3-$HClO_4$ 消解后测总量，再经差减法计算得有机硒的检测结果。

王梅林等[88]利用CCTS在不同pH分别富集三丁基锡（TBT）、四丁基锡（TeBT）和单丁基锡（MBT），加入吡咯啶二硫代甲酸铵（APDC）后，在 pH=2.5 时富集锡，富集后各种形态锡用不同浓度 HCl 即可进行洗脱，再以流动注射-火焰石英管原子吸收进行各种形态锡的测定。这是一个完全不同于经典色谱分离手段的方法，其分离不需依靠色谱技术，因而也避免了色谱分离技术所需烦琐的衍生操作及严格的实验条件，也不需配备如色谱与检测仪器联用时一些复杂的接口技术，另外此法富集倍数较高，检出限相对较低，抗干扰能力很强，操作也相对简单，分析时间短，非常适合于环境样品中锡形态的分析检测。

姜建生等[89]研究了 CCTS 对 Sb(III)-APDC 和 Sb(V)-APDC 的吸附行为，在 pH=2 时二者吸附率分别达 96%和 98%，利用 Sb(III)和 Sb(V)形成氢化物的不同条件分别进行测定，从而建立了氢化物发生原子吸收法测定水中痕量 Sb(III)和 Sb(V)的方法，该法选择性好，灵敏度高，富集分离不需要其他衍生化操作，检测过程简便、快捷。

Oshita 等[90]以丝氨酸改性壳聚糖为原料，制备了一种新型的交联壳聚糖树脂。以这种树脂作吸附剂，采用电感耦合等离子体质谱（ICP-MS）测定污水中痕量元素。当 pH 在中性至碱性这一范围时，树脂能够吸附多种金属阳离子，当 pH 为酸性时，根据阴离子交换机理，树脂也能吸附几种金属阴离子。根据螯合机理，当 pH 处于从酸到碱这段区域时，铀和铜均可被选择吸附；当 pH=3～4 时，铀能被大量吸附。吸附到树脂上的铀易被 1mol/L 的硝酸洗提，从而达到预富集的目的。此检测手段还可对自然界中河、海和自来水中的铀进行测试，检测重复性（R.S.D）分别为 2.63%、1.13%和 1.37%。通过 10 倍预富集自来水中的铀也能被检测，检测结果铀含量为（1.46 ± 0.02）ppt（$ppt=10^{-12}$）。树脂还可对海水中的铀进行回收，人工海水和天然海水中的铀的回收率分别为 97.1%和 93.0%。

Hakim 等[91]进一步使用丝氨酸和乙酰乙酸对壳聚糖进行改性，并制备了一种新型的功能化壳聚糖树脂，以树脂为吸附剂应用于环境水样品中痕量元素的回收和富集，并使用电感耦合等离子体原子发射光谱法（ICP-AES）进行测试。合成的树脂——交联壳聚糖缩氨酸乙酰乙酸（CCTS-SDA）在很宽的 pH 范围内对 Cd、Pb、Cu、Ni、V、Ga、Sc、In 和 Th 等痕量元素具有很好的吸附特性。另外，在中性溶液中稀土元素也可被 CCTS-SDA 吸附。痕量元素的解吸可使用 1mol/L 的硝酸，解析率可达 90%～100%。将 CCTS-SDA 填充到微型柱中，然后安装到计算机控制的自动预处理系统上，采用 ICP-AES 对痕量元素进行即时检测，优化参数，使得检测系统更加灵敏和具有重复性，13 种元素的检出限可达 ppb（$ppb=10^{-9}$）级。结果表明，使用 CCTS-SDA 能成功检测河水中痕量元素。

Katarina 等[92]制备了一种以乙二胺改性壳聚糖为原料的螯合树脂，并将其应用在环境水样品中超示踪量元素银的回收和富集，通过 ICP-MS 对吸附银的树脂进行洗提和测定。将树脂填满一个 1mL 的微型柱，并在较宽的 pH 范围下（1～8）以 2mL/min 选择和定量银离子。pH=5 时，银离子的吸附达到最大，为 0.37mmol/mL，吸附时间 $t_{1/2}$ 小于 5min。实验中，还研究了氯离子浓度（10^{-4}～0.75mol/L）对银离子吸附的影响。结果表明，壳聚糖树脂能够很好地吸附中性自然水和海水中的超示踪量元素银的回收和富集，为确保此系统的准确性，作者从加拿大国家科学研究委员会（NRCC）取得近海岸海水 CASS-4 参考材料进行分析，这里并没有关于 Ag 的记录，但已经有几组团队用 Ag 的来比较，他们报道的结果与此相近。当进行 50 倍富集时，此系统的检出限为 0.7pg/mL。这个系统已经成功地应用于各种天然水中超示踪元素的测定。

Carletto 等[93]采用 8-羟基喹啉改性壳聚糖，并制备了壳聚糖螯合树脂用于水样中 Zn(Ⅱ)的测定和预富集。在重氮化作用下分析物被截留在填充壳聚糖树脂的微型柱内，系统的流动与化学变量和潜在的干扰离子都通过变量分析被优化，其中包括水样的 pH，洗提液（HNO_3）浓度和洗提液流速。此预富集系统在 2.5～75μg/L 呈线性，回归系数为 0.9995；富集因子为 17.6；检测限和量化限分别为 0.8μg/L、2.5μg/L；可重复性和分析频率分别为 2.7（25.0μg/L，$n=8$）和每小时 18

个样品。对矿泉水样中 Zn^{2+} 的回收率可达到 85%～93%。

从图 2-14 中可以看到，潜在伴随离子对 Zn^{2+} 吸附影响的分析结果，每种杂质离子的浓度均为 $10^{-4}mol/L$。研究表明，Ca^{2+}、Mg^{2+}、Na^+、K^+、Cu^{2+} 和 Fe^{3+} 对 Zn^{2+} 的预富集没有明显干扰，系统准确度为 95%；而 Al^{3+} 却在预富集过程中明显减少。但是，在实际样品中 Al^{3+} 的浓度要远低于实验中的浓度，因此，可以对此忽略不计。

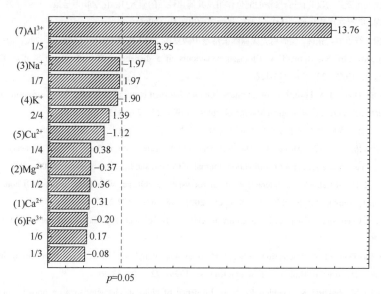

图 2-14 预富集系统中杂质离子对 Zn(Ⅱ)吸附影响的 Pareto 图

参 考 文 献

[1] 蒋挺大. 甲壳素[M]. 北京：化学工业出版社，1996.

[2] Ciardelli F，Tsuchida E，Wöhrle D，et al. 高分子金属络合物[M]. 北京：北京大学出版社，1999.

[3] 王贤保，陈正国，程时远. 高分子金属络合物的性能及应用进展[J]. 高分子材料科学与工程，2000，4：8-12.

[4] Muzzarelli R A A. Chitin[M]. Oxford，UK：Pergamon Press，1977.

[5] 季君晖. 壳聚糖对 Cu^{2+} 吸附行为及机理研究[J]. 离子交换与吸附，1999，6：511-517.

[6] Zhao F，Yu B，Yue Z，et al. Preparation of porous chitosan gel beads for copper（Ⅱ）ion adsorption[J]. Journal of Hazardous Materials，2007，147（1）：67-73.

[7] Domard A. pH and cd measurements on a fully deacetylated chitosan：application to Cu(Ⅱ)—polymer interactions[J]. International Journal of Biological Macromolecules，1987，9（2）：98-104.

[8] Monteiro Jr O A C，Airoldi C. Some thermodynamic data on copper-chitin and copper-chitosan biopolymer interactions[J]. Journal of Colloid and Interface Science，1999，212（2）：212-219.

[9] Braier N C，Jishi R A. Density functional studies of Cu^{2+} and Ni^{2+} binding to chitosan[J]. Journal of Molecular Structure：Theochem，2000，499（1）：51-55.

[10] 王爱勤, 邵士俊, 周金芳, 等. 甲壳胺与 Cu(Ⅱ)配合物的合成与表征[J]. 高分子学报, 2000, 3: 297-300.

[11] 王爱勤, 周金芳, 俞贤达. 完全脱乙酰化壳聚糖与 Zn(Ⅱ)的配位作用[J]. 高分子学报, 2000, 6: 688-691.

[12] Wang X, Du Y, Liu H. Preparation, characterization and antimicrobial activity of chitosan-Zn complex[J]. Carbohydrate Polymers, 2004, 56 (1): 21-26.

[13] Ding P, Huang K L, Li G Y, et al. Mechanisms and kinetics of chelating reaction between novel chitosan derivatives and Zn(Ⅱ)[J]. Journal of Hazardous Materials, 2007, 146 (1): 58-64.

[14] 周元臻, 魏永锋, 张维平, 等. 壳聚糖-Ca(Ⅱ)配位聚合物的合成及其性能表征[J]. 食品科学, 2003, 1: 36-39.

[15] 关怀民, 童跃进. Ni(Ⅱ)与壳聚糖的配位作用及其催化性质的研究[J]. 化学物理学报, 1997, 2: 79-85.

[16] 赵振国. 吸附作用应用原理[M]. 北京: 化学工业出版社, 2005.

[17] 唐兰模, 符迈群, 张萍, 等. 用壳聚糖除去溶液中微量铬（Ⅵ）的研究[J]. 化学世界, 2001, 2: 59-62, 92.

[18] Demarger-Andre S, Domard A. Chitosan behaviours in a dispersion of undecylenic acid[J]. Carbohydrate Polymers, 1993, 22 (2): 117-126.

[19] Piron E, Domard A. Formation of a ternary complex between chitosan and ion pairs of strontium carbonate[J]. International Journal of Biological Macromolecules, 1998, 23 (2): 113-120.

[20] 黄达卿. 壳聚糖吸附处理重金属废水的研究[D]. 上海: 华东大学硕士学位论文, 2005.

[21] Monteiro Jr O A C, Airoldi C. The influence of chitosans with defined degrees of acetylation on the thermodynamic data for copper coordination. Journal of Colloid and Interface Science, 2005, 282 (1): 32-37.

[22] Bodek K H, Kufelnicki A. Interaction of microcrystalline chitosan with Ni(Ⅱ)and Mn(Ⅱ)ions in aqueous solution[J]. Journal of Applied Polymer Science, 2005, 98 (6): 2572-2577.

[23] Kurita K. Chemistry and application of chitin and chitosan[J]. Polymer Degradation and Stability, 1998, 59 (1): 117-120.

[24] Piron E, Domard A. Interaction between chitosan and uranyl ions. Part 2. Mechanism of interaction[J]. International Journal of Biological Macromolecules, 1998, 22 (1): 33-40.

[25] Jaworska M, Sakurai K, Gaudon P, et al. Influence of chitosan characteristics on polymer properties. I: Crystallographic properties[J]. Polymer International, 2003, 52 (2): 198-205.

[26] Chang Y C, Chen D H. Preparation and adsorption properties of monodisperse chitosan-bound Fe_3O_4 magnetic nanoparticles for removal of Cu(Ⅱ)ions[J]. Journal of Colloid and Interface Science, 2005, 283 (2): 446-451.

[27] McKay G, Blair H S, Findon A. Sorption of metal ions by chitosan[J]. Immobilization of Ions by Biosorption. Ellis Horwood Ltd., Chichester, 1986: 59-69.

[28] Babel S, Kurniawan T A. Low-cost adsorbents for heavy metals uptake from contaminated water: A review[J]. Journal of Hazardous Materials, 2003, 97 (1): 219-243.

[29] Krajewska B. Diffusion of metal ions through gel chitosan membranes[J]. Reactive and Functional Polymers, 2001, 47 (1): 37-47.

[30] Guibal E. Interactions of metal ions with chitosan-based sorbents: A review[J]. Separation and Purification Technology, 2004, 38 (1): 43-74.

[31] 张苏敏, 魏永锋, 郎惠云. 壳聚糖银（Ⅰ）配合物的合成及吸附动力学[J]. 化学通报, 2005, 4: 296-300.

[32] 陈天, 汪士新. 壳聚糖对铬离子（Ⅲ）的吸附研究[J]. 离子交换与吸附, 1997, 13 (5): 466-471.

[33] 傅民, 陈妹, 金鑫荣. 壳聚糖对亚铁离子吸附作用的研究[J]. 化学世界, 1998, 2: 23-26.

[34] Muzzarelli R A A. Selective collection of trace metal ions by precipitation of chitosan, and new derivatives of chitosan[J]. Analytica Chimica Acta, 1971, 54 (1): 133-142.

[35] Muzzarelli R A A. Natural Chelating Polymers: Alginic Acid, Chitin and Chitosan[M]. Oxford, New York: Pergamon Press, 1973.

[36] 张海容, 郭祀远, 李琳, 等. 壳聚糖与五种过渡金属离子形成配合物的研究[J]. 光谱实验室, 2006, 23 (5): 1035-1038.

[37] Nieto J M, Peniche-Covas C, Del Bosque J. Preparation and characterization of a chitosan-Fe(Ⅲ)complex[J]. Carbohydrate Polymers, 1992, 18 (3): 221-224.

[38] 徐文峰. 分子印迹技术改性壳聚糖吸附废水中钴 (Ⅱ)[J]. 理化检验 (化学分册), 2010, 7: 829-831.

[39] 丁德润. 低分子量壳聚糖及其衍生物与金属离子配合物研究[J]. 无机化学学报, 2005, 21 (8): 1249-1252+1113.

[40] 刘维俊. 高分子壳聚糖对微量金属离子的螯合作用研究[J]. 应用化工, 2002, 31 (4): 16-18.

[41] 李继平, 邢巍巍, 杨德君, 等. 壳聚糖对镧系金属离子吸附性的研究[J]. 辽宁师范大学学报 (自然科学版), 2001, 24 (1): 54-56.

[42] 张爱迪, 丁德润, 陈燕青. La(Ⅲ)、Sm(Ⅲ)与低分子量壳聚糖配合物的合成及性质[J]. 中国稀土学报, 2009, 27 (5): 592-596.

[43] 关怀民, 童跃进. 壳聚糖镍和壳聚糖镧配位聚合物的配位数研究[J]. 功能高分子学报, 1999, 12 (4): 431-435.

[44] 袁彦超, 陈炳稔, 王瑞香. 甲醛、环氧氯丙烷交联壳聚糖树脂的制备及性能[J]. 高分子材料科学与工程, 2004, 20 (1): 53-57.

[45] 袁彦超, 石光, 陈炳稔, 等. 交联壳聚糖树脂吸附 Cu^{2+} 的机理研究[J]. 离子交换与吸附, 2004, 20 (3): 223-230.

[46] 袁彦超, 朱再盛, 章明秋. 交联壳聚糖树脂吸附 Co^{2+} 的机理研究[J]. 离子交换与吸附, 2005, 21 (5): 452-460.

[47] 朱再盛, 袁彦超, 陈炳稔. Hg^{2+}-交联壳聚糖配合物的合成与表征[J]. 化学通报, 2007, (5): 388-391.

[48] 石光, 袁彦超, 章明秋. 吸附 Ni(Ⅱ)对 AECTS 热分解行为的影响[J]. 中山大学学报 (自然科学版), 2005, 44 (4): 75-78.

[49] 朱再盛, 袁彦超, 陈炳稔. 交联壳聚糖树脂与 Zn^{2+} 的配位作用[J]. 离子交换与吸附, 2007, 23 (5): 469-474.

[50] Chen A, Liu S, Chen C, et al. Comparative adsorption of Cu(Ⅱ), Zn(Ⅱ), and Pb(Ⅱ)ions in aqueous solution on the crosslinked chitosan with epichlorohydrin[J]. Journal of Hazardous Materials, 2008, 154 (1): 184-191.

[51] Vasconcelos H L, Camargo T P, Gonçalves N S, et al. Chitosan crosslinked with a metal complexing agent: Synthesis, characterization and copper (Ⅱ) ions adsorption[J]. Reactive and Functional Polymers, 2008, 68 (2): 572-579.

[52] Trimukhe K D, Varma A J. A morphological study of heavy metal complexes of chitosan and crosslinked chitosans by SEM and WAXRD[J]. Carbohydrate Polymers, 2008, 71 (4): 698-702.

[53] Kawamura Y, Mitsuhashi M, Tanibe H, et al. Adsorption of metal ions on polyaminated highly porous chitosan chelating resin[J]. Industrial and Engineering Chemistry Research, 1993, 32 (2): 386-391.

[54] 贺小进, 谭天伟, 戚以政, 等. 球形壳聚糖树脂制备方法及吸附性能研究[J]. 离子交换与吸附, 2000, 16 (1): 47-53.

[55] 于丽娜, 汪东风, 胡维胜, 等. 球状壳聚糖树脂的制备及其吸附热力学研究[J]. 中国海洋大学学报, 2008, 38 (1): 27-32.

[56] 葛华才, 马志民, 郑大锋, 等. 微波辐射下甲醛交联壳聚糖香草醛希夫碱的制备及吸附性能[J]. 华南理工大学学报 (自然科学版), 2006, 34 (10): 40-43.

[57] Ramnani S P, Sabharwal S. Adsorption behavior of Cr(Ⅵ)onto radiation crosslinked chitosan and its possible application for the treatment of wastewater containing Cr(Ⅵ)[J]. Reactive and Functional Polymers, 2006,

66（9）：902-909.

[58] Mochizuki A，Amiya S，Sato Y，et al. Pervaporation separation of water-ethanol mixtures through polysaccharide membranes：The permselectivity neutralized chitosan membrane and the relationships between its permselectivity and solid state structure[J]. Journal Applied Polymer Science，1989，37（12）：3385-3398.

[59] 曹佐英，葛华才，赖声礼. 微波辐射下壳聚糖的化学改性及其应用研究（Ⅱ）[J]. 华南理工大学学报（自然科学版），2000，28（10）：15-19.

[60] 曹佐英，张启修，赖声礼. 微波辐射下模板法乙二醇双缩水甘油醚交联壳聚糖树脂的制备及吸附性能的研究[J]. 湿法冶金，2001，20（4）：199-204.

[61] Sun S，Wang Q，Wang A. Adsorption properties of Cu（Ⅱ）ions onto N-succinyl-chitosanand crosslinked N-succinyl-chitosan template resin[J]. Biochemical Engineering Journal，2007，36（2）：131-138.

[62] Ramesh A，Hasegawa H，Sugimoto W，et al. Adsorption of gold（Ⅲ），platinum（Ⅳ）and palladium（Ⅱ）onto glycine modified crosslinked chitosan resin[J]. Bioresource Technology，2008，99（9）：3801-3809.

[63] Fujiwara K，Ramesh A，Maki T，et al. Adsorption of platinum（Ⅳ），palladium（Ⅱ）and gold（Ⅲ）from aqueous solutions onto l-lysine modified crosslinked chitosan resin[J]. Journal of Hazardous Materials，2007，146（1）：39-50.

[64] 刘芳，董世华，徐羽梧. 带希夫碱和酰肼基团的壳聚糖螯合树脂的合成及其吸附性能[J]. 环境化学，1996，15（3）：207-213.

[65] 张廷安，张亮，王娟，等. 戊二醛-壳聚糖树脂对铂（Ⅱ）的吸附性能[J]. 有色金属，1997，（4）：35-39.

[66] 张廷安，王延玲，王娟，等. 壳聚糖-戊二醛树脂对金（Ⅲ）的吸附性能及动力学研究[J]. 有色金属：冶炼部分，1999，（2）：27-29.

[67] 党明岩，张廷安，王娉，等. CCCS与ECCS树脂对Au(Ⅲ)吸附性能的比较[J]. 东北大学学报（自然科学版）2005，26（11）：1103-1106.

[68] 党明岩，张廷安，王娉，等. 环硫氯丙烷交联壳聚糖树脂对铂的吸附性能[J]. 有色金属（冶炼部分），2008，（1）：30-33.

[69] 张天胜. 缓蚀剂[M]. 北京：化学工业出版社，2002.

[70] 杨小刚，邵丽艳，周玉波，等. 海水中羧甲基壳聚糖及其降解产物对低碳钢的缓蚀作用[J]. 材料保护，2008，41（6）：1-4.

[71] 杨晓红，廖双泉，廖建和. 壳聚糖季铵盐在硫酸介质中的缓蚀性能研究[J]. 腐蚀科学与防护技术，2007，19（4）：255-258.

[72] 吴茂涛，李言涛，李再峰，等. 水溶性壳聚糖及其磷酸酯在海水中对碳钢的缓蚀作用[J]. 中国腐蚀与防护学报，2010，30（3）：193-196.

[73] Lundvall O，Gulppi M，Paez M A，et al. Copper modified chitosan for protection of AA-2024[J]. Surface and Coatings Technology，2007，201（12）：5973-5978.

[74] 陈惠，唐有根，蒋金枝，等. 碱锰电池代汞缓蚀剂的研究[J]. 电源技术，2002，26（6）：451-453.

[75] 戴树桂. 环境分析化学的一个重要方向——形态分析的发展[J]. 上海环境科学，1992，11（11）：20-27.

[76] 袁东星，王小如，杨芄原，等. 化学形态分析[J]. 分析测试通报，1992，11（4）：1-9.

[77] 胡桂莲. 过氧化氢还原高锰酸钾冷原子吸收法测定水中汞[J]. 理化检验（化学分册），1995，31（6）：46.

[78] 李顺兴. 环境试样中痕量重金属的形态分析方法研究[D]. 武汉：武汉大学硕士学位论文，1995.

[79] 殷学锋，徐青，徐秀珠. 汞的形态分析研究（Ⅰ）. 萃取-液相色谱分离测定不同形态汞[J]. 分析化学，1995，23（10）：1168-1171.

[80]　Ahmed R，May K，Stoeppler M. Ultratrace analysis of mercury and methylmercury（MM）in rain water using cold vapour atomic absotption spectrometry[J]. Fresenius' Zeitschrift für Analytische Chemie，1987，326（6）：510-516.

[81]　王梅林，黄淦泉，钱沙华，等. 交联壳聚糖富集分离冷原子吸收分光光度法测定环境水样中的痕量无机汞[J]. 分析化学，1997，25（8）：893-897.

[82]　王梅林，黄淦泉，钱沙华，等. 交联壳聚糖在汞形态分析中的应用[J]. 分析化学，1998，26（1）：12-16.

[83]　宋吉英，李军德，王东强，等. 交联羧甲基壳聚糖吸附痕量汞研究[J]. 离子交换与吸附，2008，24（2）：175-182.

[84]　李绥荣，林守麟. 铬的化学形态分析进展[J]. 理化检验（化学分册），1998，34（2）：88-92.

[85]　姜建生，黄淦泉，钱沙华，等. 水中痕量铬（Ⅲ）和铬（Ⅵ）交联壳聚糖吸附光度法测定[J]. 环境科学，1997，18（4）：69-71.

[86]　张淑琴，汪玉庭，唐玉蓉. 冠醚交联壳聚糖在 Cr（Ⅲ、Ⅵ）分析中的应用[J]. 上海环境科学，2003，22（1）：39-41.

[87]　姜建生，黄淦泉，钱沙华，等. 交联壳聚糖在硒的形态分析中的应用研究[J]. 光谱学与光谱分析，1999，19（1）：75-77.

[88]　王梅林. 交联壳聚糖在有机金属化合物形态分析中的应用研究[D]. 武汉：武汉大学，1998.

[89]　姜建生，黄淦泉，钱沙华，等. 交联壳聚糖在锑的形态分析中的应用研究[J]. 分析测试学报，1998，17（4）：1-4.

[90]　Oshita K，Oshima M，Gao Y，et al. Synthesis of novel chitosan resin derivatized with serine moiety for the column collection/concentration of uranium and the determination of uranium by ICP-MS[J]. Analytica Chimica Acta，2003，480（2）：239-249.

[91]　Hakim L，Sabarudin A，Oshima M，et al. Synthesis of novel chitosan resin derivatized with serine diacetic acid moiety and its application to on-line collection/concentration of trace elements and their determination using inductively coupled plasma-atomic emission spectrometry[J]. Analytica Chimica Acta，2007，588（1）：73-81.

[92]　Katarina R K，Takayanagi T，Oshima M，et al. Synthesis of a chitosan-based chelating resin and its application to the selective concentration and ultratrace determination of silver in environmental water samples[J]. Analytica Chimica Acta，2006，558（1-2）：246-253.

[93]　Carletto J S，Roux K C D P，Maltez H F，et al. Use of 8-hydroxyquinoline-chitosan chelating resin in an automated on-line preconcentration system for determination of zinc（Ⅱ）by FAAS[J]. Journal of Hazardous Materials，2008，157（1）：88-93.

第 3 章　壳聚糖絮凝剂

液体中常常含有用自然沉降法或直接过滤法不能除去的细微悬浮物和胶体物质。对于这类难以澄清或过滤的液体，常常投加助剂来破坏胶体和细微悬浮颗粒在液相中形成的稳定分散体，使其聚集为絮凝体，然后用重力沉降法或过滤法予以分离。这种助剂就是絮凝剂。

胶体和微粒之所以在液相中能形成稳定分散体，主要是由于胶体带有同号电荷，做布朗运动，具有强烈的吸附性能和水化作用等。为了破坏这种稳定性，可使用合适的絮凝剂发挥其压缩双电层、吸附和电性中和作用、网捕作用、吸附桥连作用而使之脱稳，达到絮凝的目的[1]。

现在用的絮凝剂可分两大类：第一类是无机絮凝剂，又可分低分子絮凝剂和高分子絮凝剂两类；第二类是有机高分子絮凝剂（主要是聚丙烯酰胺及其衍生物）。一般来说，有机高分子絮凝剂效果优于无机高分子絮凝剂（主要是聚合铝和聚合铁），无机高分子絮凝剂又优于无机多价金属盐类（主要是铝盐和铁盐）[2, 3]。

壳聚糖由甲壳质脱去乙酰基而制得，是一种白色无定形、半透明的片状固体，不溶于水和有机溶剂，可溶于多种稀酸（如甲酸、乙酸、盐酸和苯甲酸等），在强酸中也可溶解，但是会发生剧烈的降解，使相对分子质量明显降低。因壳聚糖中含有的游离氨基能与质子结合形成阳离子高聚物，具有阳离子型聚电解质性质，作为絮凝剂使用，它显示出了优良的絮凝性能，具有无毒、易于生物降解、用量少、污泥量少、处理效果好等优点，被广泛应用于有效分离废水中的胶体和分散剂、回收蛋白质、净化饮用水、处理饮料、回收金属等领域。此外，壳聚糖可以通过改性变为水溶性物质，这既提高了它的适用范围，也增加了阳离子絮凝剂的种类[4]。壳聚糖是一种天然高分子化合物，原料来源广泛，价格低廉，与其他絮凝剂相比，达到相同效果的费用更低，具有很好的经济效益，因此得到了国内外研究学者们的广泛关注。

3.1　壳聚糖絮凝剂的种类

3.1.1　壳聚糖直接作絮凝剂

壳聚糖分子中含有大量的活泼氨基和羟基，且脱乙酰度完全的壳聚糖分子中几乎每一个单元均有一个氨基，因此在 pH<6.5 时，有一个高电荷密度，使它不仅能吸附在水中的负电荷表面而且还能与许多金属离子螯合、吸附或者发生离子交换作用，因此，可直接作为絮凝剂使用。

壳聚糖直接作絮凝剂可与多种重金属离子，如 Hg^{2+}、Ni^{2+}、Pb^{2+}、Cd^{2+}、Cr^{2+}、Mg^{2+}、Zn^{2+}、Cu^{2+}、Fe^{2+} 等发生作用[5-7]。Muzzarelli 曾推测[8]，壳聚糖与金属离子通过三种形式发生结合：离子交换、吸附和螯合。该推测被以后的许多研究者接受和证实，如 Ca^{2+}，离子交换是占优势的过程，而其他金属离子则是以吸附或螯合为主[9, 10]。

Wan Ngah 等[11]比较了壳聚糖和离子交换树脂 DowexA-1 及 Zerolit 225 三者对铜离子的吸附性能，讨论了 pH 及铜离子原始浓度对吸附的影响，发现与其他二者相比，壳聚糖对铜离子具有非常好的吸附能力。

壳聚糖除了可以与重金属作用外，还能与贵重金属、主族金属、过渡金属和放射性金属发生作用。

Gamblin 提出壳聚糖和它的衍生物可以和绝大多数主族金属和过渡金属结合，包括 Fe 和 Sn，而且它有多个金属结合位点，并具有吸附高浓度 Fe 的能力[12]。Gorovoj 研究了壳聚糖的絮凝和吸附性能，特别是过渡 U 元素（U、Pu、Am、Gm）和 Cs 的同位素，可以净化水体底部的沉积物，还可除去重金属离子和放射性核素，对受重金属污染的水体进行修复[12]。Piron 等研究了壳聚糖和三种放射性核素 238Pu、241Am、85Sr 之间的反应，并用 TOT 软件分析了每种物质的最佳反应条件[12]。除此以外，壳聚糖对与原子反应堆有联系的元素，如钛、锆、铌、钌等也有较强的吸附能力；利用壳聚糖处理含锕系金属及其裂变产物的废水，废水中 80%以上的钚可被去除；壳聚糖膜或纤维从海水中提取同位素铀是很有发展前景的技术。由此看来，壳聚糖在水质净化和资源回收等方面都有着极其深远的意义。

3.1.2 改性壳聚糖絮凝剂

壳聚糖是一种阳离子聚电解质，与传统的化学絮凝剂相比，具有投加量少、沉降速度快、去除效率高、污泥易处理、无二次污染等特点，它对降低污水的 COD（chemical oxygen demand，化学需氧量，是以化学方法测量水样中需要被氧化的还原性物质的量），SS（suspended solid 的缩写，指固体悬浮物）浓度以及去除重金属离子等均有较好的作用，所以可作为絮凝剂在纺织、印染、造纸、生化、食品、医疗、日用化工、农业和环境保护等方面得到广泛应用[13]。但是，壳聚糖也存在相对分子质量小、架桥能力差、消耗大等缺点。另外，壳聚糖只溶于酸性水溶液，在中性或碱性溶液中的使用受到限制；

当被处理溶液的 pH 过低或在处理后在酸性溶液中进行解吸附时，往往会因分子中—NH_2 质子化为— NH_3^+ 而溶于水造成絮凝剂的流失。此外，单一的壳聚糖对金属离子的絮凝效果有限，改性壳聚糖作为絮凝剂则引起人们极大的兴趣[14, 15]。

由于壳聚糖分子中含有氨基和羟基，化学性质活泼，其改性可通过化学修饰形成不同结构的衍生物，从而提高溶解性能，扩展其应用范围。壳聚糖的改性可通过酰化、羧基化、卤化、磺酰化、羧甲基化等反应进行，或通过接枝共聚使其活性基团增加，从而使其物理化学性质得到改善。

1. 羧甲基改性壳聚糖

羧甲基化是一种研究较早且效果相对较好的方法。壳聚糖羧甲基化产物主要有 N-羧甲基化壳聚糖、O-羧甲基化壳聚糖、N, O-羧甲基化壳聚糖，而羧甲基化试剂有乙醛酸和氯乙酸[16]。蔡照胜等[17]在碱性条件下以氯乙酸为羧甲基化剂对壳聚糖进行改性，实验发现，改性后壳聚糖的水溶性大大提高；用此改性羧甲基壳聚糖处理含 Cd^{2+} 的废水，其最大去除率可达 99.7%。田澍等[18]以异丙醇为介质在碱性条件下用氯乙烯将壳聚糖改性为 N-羧甲基壳聚糖，并作为处理中药液的絮凝剂使用。在 45℃，浓度为 0.3%时絮凝效果好，作用明显。改性壳聚糖絮凝法与传统的水提醇沉法比较具有很大的优越性。刘斌等[19]发现羧甲基壳聚糖比壳聚糖具有更强的螯合 Cu^{2+} 的能力，亲水性强，处理水中的 Cu^{2+}，絮体良好，去除率高，在海水中也能保持絮凝状态，有利于对赤潮生物的去除。

2. 香草醛改性壳聚糖

壳聚糖可与醛、酮反应生成亚胺，选择香草醛（3-甲氧基-4-羟基苯）作为接枝单体在水溶液中与甲醛浸泡过溶胀的壳聚糖反应，可制得结构稳定的香草醛改性壳聚糖（VCG）。用此絮凝剂处理废水发现，VCG 是一种很好的絮凝剂，在相同投加量下对化学需氧物质的去除率最高，远大于聚合硫酸铁（PFS）、聚硅硫酸铁（PFSS）。当 pH 为 5，絮凝时间为 2.5h，投加量为 0.1%时，化学需氧物质去除率可达 90%，SS 去除率达 70%[20]。

3. 季铵盐改性壳聚糖

用 N-烷基化反应将壳聚糖上的—NH_2 转化为季铵盐基团，可提高其水溶性，大大扩展壳聚糖的应用范围。但此法存在工艺复杂、成本较高等缺点。孙多先等[21]利用环氧类季铵盐的反应活性向壳聚糖的—NH_2 上引入亲水性强的季铵盐基团，制备了 N-羧丙基三甲基季铵化壳聚糖，在改善水溶性的同时，还提高了阳离子强度，使其絮凝性能大大增强。实验考察了此改性壳聚糖对中药水提液的澄清效果。发现季铵盐改性壳聚糖絮凝产生的絮体呈团状、紧密、滤饼含水率低，而壳聚糖产生的絮体呈絮状、松散、滤饼含水率高，过滤较慢。在季铵盐改性壳聚糖投加量为 0.05～0.25g/L 时，均可取得良好的絮凝效果及很好的抑菌效果。同时，以壳聚糖季铵盐为絮凝剂处理造纸厂废水比聚丙烯酰胺的去除效果好且费用低。化学需氧物质的去除率在 75% 以上，pH 为 8 时效果最好，去除率可达 80%。添加助凝剂有助于絮凝反应的进行，$Al_2(SO_4)_3$ 为较合适的助凝剂[22]。

4. 壳聚糖-丙烯酰胺的接枝共聚

由于壳聚糖具有相对分子质量小、架桥能力差、成本高等缺点，可用丙烯酰胺与壳聚糖接枝共聚从而改善其架桥能力，同时可降低成本[23]。在一定温度，N_2 保护下向壳聚糖乙酸溶液中加入丙烯酰胺进行接枝共聚。此共聚产物为阳离子型高分子絮凝剂，通过红外谱图发现，共聚后产物引入了酰氨基，羧基在样品中含量增大，且共聚产物比壳聚糖的峰强度大。在接枝共聚过程中可加入硝酸铈，硝酸铈为壳聚糖与丙烯酰胺接枝共聚反应的高效引发剂，使反应条件变得温和。

张光华等[24]用壳聚糖-丙烯酰胺接枝共聚物处理含重金属废水和造纸废水，结果发现，壳聚糖接枝共聚后对 Pb^{2+} 和 Cd^{2+} 的絮凝效果大大改善，当丙烯酰胺的质量分数为 92% 时，去除率分别为 83.3% 和 43.1%，远大于纯壳聚糖的 13.9% 和 8.70%。当丙烯酰胺质量分数为 80% 时，接枝共聚物处理造纸废水的效果最好，SS 去除率为 87%，化学需氧物质 88%。王峰等[25]用壳聚糖-丙烯酰胺接枝共聚物处理高岭土模拟水样和焦化废水，发现其浓度为 8mg/L 时，高岭土水样剩余浊度接近于 6NTU，去除率达到 92%。当接枝共聚壳聚糖质量浓度为 20mg/L 时，焦化废水的色度去除率可以达到 60%，而 F^- 的去除率可以达到 90%。

3.1.3　壳聚糖复合絮凝剂

污水是一种复杂、稳定的分散体系，单一的絮凝剂往往无法满足处理的需要。近年来，研究人员开始了对复合絮凝剂的研究。

目前，复合絮凝剂有两种定义：一种是，在一个水溶液中，使用两种或两种以上的物质使其产生絮状沉淀时，可把这两种或者两种以上的物质称为复合絮凝剂；另一种是，将两种或两种以上的物质经过改性或在特定的条件下进行一系列的化学反应后生成新的物质再进行水处理，这样的絮凝剂称为复合絮凝剂[3]。

从化学组成来看，复合絮凝剂大致可以分为无机-无机类复合絮凝剂、有机-有机类复合絮凝剂和无机-有机类复合絮凝剂。值得一提的是，有机絮凝剂中多糖类、壳聚糖类、木质素、纤维素和微生物等天然生物资源，虽然在有的方面比无机和人工合成的高分子絮凝剂有着意想不到的更好效果，但受外界条件影响较大，其絮凝效果不稳定，因而天然高分子之间互补形成新的絮凝剂的可能性也不太大。所以在有机-有机类复合絮凝剂中，难以形成天然有机-天然有机复合絮凝剂。

实践证明，复合絮凝剂表现出优于单一絮凝剂的效果，其中无机-有机复合絮凝剂的絮凝效果最佳，有望成为新生代的高效混凝剂。

无机-有机复合絮凝剂的絮凝机理主要与其协同作用有关。一方面污水杂质被无机絮凝剂吸附，发生电中和作用而凝聚；另一方面又通过有机高分子的桥连作用，吸附在壳聚糖的活性基团上，从而网捕其他的杂质颗粒一同下沉，起到优于单一絮凝剂的絮凝效果。

无机-有机絮凝剂适用范围广，对低浓度或高浓度水质、有色废水、多种工业废水都有良好的净水效果，而且污泥脱水性好。pH 适应性大：在原水 pH 为 0～12 范围内都有良好的絮凝剂作用，pH 在 8～12 时效果最佳。对原水中悬浮物、耗氧量有明显的去除作用，特别对高浓度含铁废水有较好的去除效果。主要用于印染、造纸、化工等工业污水的净化处理。

无机-壳聚糖类复合絮凝剂是一种典型的无机-有机类复合絮凝剂。壳聚糖分子链上分布着大量的游离氨基，在稀酸溶液中质子化，从而使壳聚糖分子链上带有大量的正电荷，成为一种典型的阳离子絮凝剂。壳聚糖复合絮凝剂有聚合铝-壳聚糖、聚合铁-壳聚糖、聚合铝/聚丙烯酰胺-壳聚糖等[25]。

王莉等[26]制备了聚合氯化铝-壳聚糖（PAC-CTS）复合絮凝剂，将它用于城市废水处理，当 pH 为 8，复合絮凝剂投加量为 80mg/L 时，废水的色度、浊度和化学需氧物质的去除率分别达到了 94%、99% 和 68%。李丽等[27]制备了 PFS-CTS 复合絮凝剂，对取自东营地区三个水库的混合水样做应用性研究。加入量为 10mg/L 时，除浊率和除色率分别达到 99.40% 和 97.39%，已达到饮用水标准。去除化学需氧物质的效力不如前两项指标明显，但也能达到 70% 以上的去除率。

曾德芳等[28]制备的壳聚糖复合絮凝剂用于制革废水的处理，在 pH 为 6～7 时，对化学需氧物质、SS 及重金属离子的去除率比使用聚合氯化铝（PAC）、聚丙烯酰胺（PAM）时提高了 10%～20%，成本降低了 40%～60%。杨润昌等[29]研制了含壳聚糖的三元复合固体絮凝剂，用来处理含 Zn^{2+}、Cu^{2+} 的废水。对含 Cu^{2+} 30mg/L、Zn^{2+} 15mg/L 的混合废水，处理后均能达标排放，其中 Cu^{2+} 的去除率大于 98%，Zn^{2+} 的去除率大于 95%。

采用 PAC、PAM、PAC+PAM（质量比为 50∶1）和壳聚糖复合絮凝剂分别对工业废水进行处理。当 pH 为 6～7 时，絮凝效果最好。与其他絮凝剂相比，壳聚糖复合絮凝剂对化学需氧物质、SS 及重金属离子的去除率高 10%～20%，成本下降 30%～50%，主要经济指标均明显优于传统的絮凝剂（表 3-1）[30]。

表 3-1　与传统絮凝剂的成本相比较

样品	絮凝剂	单价/(元/g)	用量/(g/kg)	成本/(元/kg)
1	PAM	10	0.8	8.0
2	PAC	2.0	1.5	3.0
3	PAM+PAC	2.2	1.2	2.64
4	壳聚糖复合絮凝剂	1.8	1.0	1.8

目前绝大多数城市污水处理厂都采用阳离子聚丙烯酰胺处理污泥，实践表明此药剂絮凝效果好，易于污泥脱水。但其残留物，特别是丙烯酰胺单体是很强的致癌物质，因此寻求其替代物是一项很有意义的工作。邹鹏等[31]将壳聚糖与氯化铝复合，用两段法应用于污泥调理，研究这种复合絮凝剂的脱水性能。实验表明壳聚糖和三氯化铝复合，能大大提高污泥的脱水性能。

需要特别指出的是，壳聚糖与无机类絮凝剂复合后，除絮凝效果提高外，壳聚糖的用量也大大减少，同时残留的 Fe^{3+} 和 Al^{3+} 的浓度也大大降低，这样在降低成本的同时也减少了二次污染的可能性。清华大学已着手壳聚糖作絮凝剂的中试生产研究[32]，并获得了一套适合我国国情的工业化生产的最佳工艺，所获得的产品生产成本下降了 22%，生产周期缩短了 66%，乳度、脱乙酰度等主要性能指标均达到或超过国内外同类产品的水平，同时日本和美国已将壳聚糖、甲壳素用于水处理方面，这些无疑都会加快其无机类复合絮凝剂的工业化进程。所以，无机-壳聚糖类复合絮凝剂应该是一类具有很广阔的市场前景的环保型水处理剂。

3.2　壳聚糖的絮凝机理

各种水都是以液体为分散介质的分散系，按分散相粒度的大小，可将水分为：粗分散系（浊液，其分散相粒度大于 100nm）、胶体分散系（胶体溶液，其分散相粒度为 1～100nm）、分子-离子分散系（真溶液，其分散相粒度为 0.1～1nm）等三类分散系。其中，粒度在 100nm 以上的浊液可采用自然重力沉淀或过滤处理，粒度在 0.1～1nm 的真溶液可采用吸附法处理，粒度在 1～100nm 的部分浊液和胶体溶液可采用絮凝沉降法处理。凡是能使水溶液中的溶质、胶体或者悬浮物产生絮状物沉淀的物质都称为絮凝剂。絮凝剂的作用是使水中胶体体系相互接触、碰撞脱稳而凝集成一定粒径的聚集体，该聚集体进一步经碰撞、化学黏结、网捕卷扫、共同沉淀等作用而聚集成絮状体（矾花），最终借助重力的作用而沉降下来，达到固液分离的目的。壳聚糖絮凝剂之所以能有效去除水中的重金属离子、SS、NH_3-N 等污染物微粒，并能降低水体的 COD 和 BOD（生化需氧量），主要是通过螯合、吸附电中和及吸附架桥这三种絮凝机理将水中这些微粒聚集或凝聚起来然后再沉降下去，最后达到净化水质目的。现就壳聚糖的絮凝机理及其影响因素分别叙述如下[1]。

3.2.1　螯合作用

用壳聚糖处理金属离子废水时，由于分子中含有大量游离—NH$_2$，且—NH$_2$的邻位是—OH，可借氢键，也可借盐键形成具有类似网状结构的笼形分子，从而对金属离子有着稳定的配位作用。分子中的氨基、羟基与金属离子形成稳定螯合物。

曲荣君等[33]用傅里叶变换红外光谱法（FTIR）研究了非完全脱乙酰甲壳质与 Cu^{2+}、Cd^{2+}、Co^{2+}、Zn^{2+}、Hg^{2+}、Ag^+、Pb^{2+}、Ni^{2+} 等八种金属离子形成的配合物的结构及机理（表 3-2）。

表 3-2　壳聚糖的官能团对金属离子的吸附

金属离子	参与基团
Cu^{2+}	—NH$_2$ 和 C_3—OH，羧基或酰氨基有可能参与配位
Cd^{2+}	C_6—OH 和部分—NH$_2$
Co^{2+}	C_3—OH 和—NH$_2$，酰氨基中的—OH，而 C_6—OH 未参与配位
Ni^{2+}	—OH、—NH$_2$，羧基参与配位
Zn^{2+}	C_3—OH 参与配位，而—NH$_2$ 很少参与配位
Pb^{2+}	—OH 和—NH$_2$ 均参与配位，羧基和酰氨基在不同程度上参与配位
Ag^+	—OH、—NH$_2$ 参与配位，羧基有可能参与配位
Hg^{2+}	—NH$_2$ 参与配位，C_3—OH、C_6—OH 的谱带均发生了变化，不确定是否参与配位

3.2.2　电中和作用

吸附电中和作用是指胶粒表面对异号离子、异号胶粒或链状高分子带异号电荷的部位有强烈的吸附作用。水中含有的粒子多呈胶体或悬浮态，它们一般都带有电荷，当它们互相接触时，组成了异号电荷的反应体系，由于电中和作用和部分吸附架桥作用而凝聚，形成较大的絮体后在重力作用下沉降下来。

壳聚糖是一种阳离子高分子絮凝剂。废水含有的物质，多呈胶体或悬浮态，且多带负电，它们互相接触时，组成了异种电荷的反应体系，由于电中和作用和部分吸附架桥作用而凝聚，形成体积较大的絮体而沉降。因壳聚糖为弱阳离子型絮凝剂，其絮凝性能有限，可以考虑把壳聚糖改性以获得更强的正电性，如将壳聚糖季铵盐化，使其带有更多季铵根离子，表现出更强的正电性，更容易发生电中和作用而使胶体脱稳沉降。而且壳聚糖季铵盐的相对分子质量大约是壳聚糖的两倍左右，增大相对分子质量有利于絮体的形成。

3.2.3　吸附架桥作用

吸附架桥作用主要是指高分子物质与胶粒相互吸附，但胶粒与胶粒本身并不直接接触，而使胶粒凝聚在一起形成絮凝体；还可以理解为两个大的同号胶粒中间由于有一个异号胶粒而连接在一起。高分子絮凝剂一般具有线状或分枝状长链结构，它们具有能与胶粒表面某些部位起作用的化学基团，当高聚合物与胶粒接触时，基团能与胶粒表面产生特殊的反应而相互吸附，而高聚合分子其余部分则伸展在溶液中可以与另一个表面有空位的胶粒吸附，这样聚合物就起了架桥连接的作用。

壳聚糖絮凝能力和其本身的长链特性有密切的关系，这可用架桥机理来解释。长链的高分子一部分被吸附在胶体颗粒表面上，而另一部分被吸附在另一个颗粒表面，并可能有更多的胶体颗粒吸附在一个高分子的长链上，就好像架桥一样把这些胶体颗粒连接起来，从而容易发生絮凝。这种絮凝通常需要高分子絮凝剂的浓度保持在较窄的范围内才能发生。如果浓度过高，胶体颗粒表面吸附了大量的高分子，就会在表面形成空间保护层，阻止了架桥结构的形成，反而比较稳定，使得絮凝不易发生。絮凝剂的加入量具有一个最佳值，此时的絮凝效果最好；超过此值絮凝效果会下降，若超过很多，反而起到稳定的保护作用。壳聚糖在某种废水处理中的应用，并不是某单一机理在起作用。而是以某种机理为主，与其他机理共同作用的结果。

3.3　影响壳聚糖絮凝剂絮凝效果的因素

絮凝作用是复杂的物理和化学过程，絮凝效果是多种因素综合作用的结果。影响因素也是复杂和多样的，处理工程中的任何一个环节都很重要，任一方面的操作失误都会导致絮凝效果不佳。因此，研究絮凝过程的影响因素是有必要的。

3.3.1　相对分子质量

一般地，壳聚糖相对分子质量越大，黏度也越大，絮凝效率也越高。林志艳等[34, 35]通过壳聚糖对皂土絮凝的研究认为，壳聚糖相对分子质量影响稳态絮体大小，壳聚糖相对分子质量越大，稳态絮体直径越大，越利于絮凝效率提高。另外，其进一步研究发现，相对分子质量和最佳投加量间存在双曲线关系，并据此建立了相对分子质量与絮凝剂投加量间的关系模型。对某水厂原水用不同相对分子质量壳聚糖进行絮凝处理，实际最佳投加量与模型拟合出的最佳投加量的相关系数为 0.9818，说明模型能够较准确地预测最佳投加量，并可用于指导实践。在壳聚糖用于给水处理的研究中，随着相对分子质量的提高，最佳投加量也随之减少。然而，低相对分子质量的最佳投加浓度范围较宽，随着相对分子质量的增加，此范围变窄。壳聚糖去除水中蛋白质的研究表明，去除率并没有随着相对分子质量的增大而提高。这可能与絮凝中吸附架桥不占主导作用有关。

3.3.2　壳聚糖投加量

絮凝剂的投加量是影响絮凝过程的重要控制因素，絮凝剂过量投加将会产生絮凝恶化现象，低于和高于最佳投加量均会使絮凝效果下降。因此，考察壳聚糖浓度的影响十分必要。从表 3-3 可见[30]，当壳聚糖质量浓度在 1.0%～2.0%时，除镉率在 99.96%以上，残余镉含量小于 0.02mg/L，远低于国家水质排放标准。实验观察到，当壳聚糖浓度增大时，沉积物体积庞大，吸附大量水分，经过滤分析，絮凝物含水量达 96%以上，同时水质也发生变化。

表 3-3　壳聚糖浓度对除镉率的影响

壳聚糖质量分数/%	0.5	1.0	1.5	2.0
残镉量/(mg/L)	0.102	0.0108	0.010	0.010
除镉率/%	99.75	99.96	99.98	99.98

3.3.3　水体 pH

水体 pH 对絮凝剂的作用和影响也是比较明显的，每一种絮凝剂都有其特定的 pH 使用范围，超出这一范围，则该絮凝剂非但不能发挥正常的絮凝作用，甚至还可能产生二次污染。所以水体 pH 对絮凝剂的性质及其絮凝效果都会产生很大的影响。此外，水体 pH 还会影响水解反应的进行，对有机高分子絮凝剂而言，pH 会影响聚合物在水溶液中的伸展性及聚合物分子与胶体颗粒间的吸附作用。一般来说，有机高分子絮凝剂受 pH 的影响要小于无机絮凝剂，铝盐、铁盐等无机絮凝剂适合于中性和偏碱性的环境下使用，阳离子型的有机高分子絮凝剂适合于中性和偏酸性的环境下使用，阴离子型的有机高分子絮凝剂适合于中性和偏碱性的环境下使用，而非离子型的有机高分子絮凝剂适合于从酸性到碱性的环境下使用。因此，性质不同的絮凝剂都有一定的 pH 使用范围，被絮凝处理的水必须调到该絮凝剂的 pH 使用范围内，絮凝剂才能充分发挥有效功能。

在实际溶液中，存在着壳聚糖分子、胶粒和金属离子等多种成分，相互间存在着离解平衡，pH 影响着这种平衡。当 pH 降低时，阳性溶液由于吸附大量的 H^+，而使高分子胶粒表面的电荷增加，电泳速度加快；pH 增大时则相反。Muzzarelli[36]发现，溶液 pH 对于壳聚糖吸附溶液中的重金属离子有较大影响，溶液的 pH 过高或过低都不利于壳聚糖对重金属离子的吸附。不同金属离子有不同的最佳 pH 吸附范围[37]。pH=5.1 附近，Co^{2+} 与壳聚糖的配位能力随 pH 升高而增大，而 Cd^{2+} 和 Ni^{2+} 却有所下降[38]。壳聚糖吸附行为的研究表明：在 pH=6.0 时，壳聚糖对 Zn^{2+} 的吸附量最大[39]；壳聚糖吸附 Co^{2+} 的 pH 范围是 5.0～9.0，最佳 pH 是 8.0[40]；壳聚糖对溶液中 Ag^+ 和部分 $Ag(NH_3)_2^+$ 的吸附有较宽的 pH 范围，当 pH=6 时，壳聚糖对流动相中的 Ag^+ 吸附量可以达到 42mg/g[41]。

我们用 40mg/L 的含镉水样，考察了不同 pH 下壳聚糖的絮凝除镉效果，结果见表 3-4[30]。随着 pH 的增大，除镉效果明显增加，这与壳聚糖本身的结构有关。壳聚糖除镉是通过分子中的氨基、羟基与镉离子形成稳定的螯合物，以及壳聚糖与同时生成的 $Cd(OH)_2$ 发生絮凝作用。在上述溶液中，存在着壳聚糖分子胶粒、CH_3COOH、SO_4^{2-}、Cd^{2+} 等多种成分，相互间存在着离解平衡。当 pH 降低时，壳聚糖胶粒吸附 H^+ 带正电，与 Cd^{2+} 斥力增大，使 Cd^{2+} 与氨基、羟基螯合能力降低，所以在酸性条件下去除镉的效果差；当 pH 增大，高分子胶粒表面的正电荷减少，Cd^{2+} 较易扩散进入胶粒，与氨基、羟基螯合。同时氢氧根离子增多，生成的 $Cd(OH)_2$ 凝聚到壳聚糖粒子的孔隙内。因此碱性条件下除镉效果好。选择适当的 pH，可以节省大量的絮凝剂，降低成本。因此研究絮凝作用，就必须研究 pH 对絮凝作用的影响。

表 3-4　pH 对除镉率的影响

pH	4.6	5.3	6.6	7.6	8.4	9.7	10.7
残镉量/(mg/L)	0.140	0.208	0.140	0.128	0.004	0.020	0.040
除镉率/%	99.4	99.50	99.65	99.68	99.99	99.95	99.90

注：pH<6 时，溶液为胶体状，镉经离心分离后测得

3.3.4　水体温度

水温是絮凝反应、絮体成长、沉降分离等的重要控制因素。当水温较低时，絮凝剂的水解反应速率较慢，絮体的生成速率就会降低。同时，水温低时水的黏

度变大，使胶体运动的阻力也就增大，不利于絮体下沉。此外，水温低时布朗运动也会减弱，胶粒间的碰撞机会减小，不利于脱稳胶粒的相互聚集，影响絮体的形成和成长。因此，水温低的时候，絮凝效果会明显变差。一般而言，水温的升高会提高絮凝效果。但是水温过高时，无机絮凝剂的水解速率过快，所形成的絮体大而轻，沉降速率慢，絮凝效果也会明显下降。所以水温过高或过低，对絮凝作用皆不利，应用中应根据所使用的絮凝剂和处理废水的情况选择合适的温度，先以试验的方式来摸索出该絮凝剂在该水质下的最佳絮凝温度，然后用此最佳絮凝温度来处理该水，方能达到最佳絮凝效果。

实际工业应用中，水体温度变化不大，使大量水体升温的可能性不大，因此，研究温度对絮凝效果影响的实用价值不高。

3.3.5　水体中金属离子浓度

在处理金属离子溶液时，水体中金属离子浓度对絮凝效果也有影响，原理与上面相似。分别取含镉（Cd^{2+}）质量浓度为 10mg/L、20mg/L、40mg/L、60mg/L、80mg/L 的水样，进行 12h 沉降实验，结果见表 3-5[30]。可以看出，含镉量在 10～20mg/L 时，去除率 100%；含镉量在 20～40mg/L 时，去除率高达 99.98%以上。随着含镉量的增加，可适当增加壳聚糖，或通过二级絮凝处理。

表 3-5　含镉量对除镉率的影响

镉质量浓度/(mg/L)	10	20	40	60	80
残镉量/(mg/L)	—	—	0.01	2.75	4.15
除镉率/%	100	100	99.98	95.42	94.81

3.3.6　搅拌速度和时间

碰撞和摩擦都会提高絮凝效果，为了增加颗粒碰撞频率、增加颗粒与絮凝剂接触的机会，加絮凝剂后通常要进行搅拌，搅拌速度和时间选择得恰当，可以加速絮凝作用，有利于提高絮凝剂的絮凝效果。搅拌速度不宜过快，时间不宜过长。否则，将把大颗粒的絮团搅碎，变成小颗粒。能够沉淀的絮团被搅碎后，变成不能沉淀的细小颗粒，降低了絮凝效果。搅拌速度过慢，时间过短，絮凝剂和固体颗粒不能充分接触，不利于絮凝剂捕集胶体颗粒；而且絮凝剂的浓度分布也不均匀，更不利于絮凝剂作用的发挥。一般地，在絮凝剂溶解阶段，为了加快溶解速率，促进其在水中均匀分散，增加与粒子间的接触，此时以快搅拌为好，并至少搅拌 1～2min；在絮体成长阶段，要求缓速搅拌，可慢搅拌 8～10min。快搅拌有助于碰撞吸附，慢搅拌有利于形成大颗粒而易于沉淀。所以一般采取先快后慢的搅拌方式，这样更有利于絮凝剂的分散与絮体的成长和沉淀。

适当选择絮凝时间，可提高处理速率。我们取 100mg/L 的汞溶液 100mL，加入 10mL 壳聚糖溶液，调整 pH=7 后每隔数分钟移取 1mL 上清液，测其含汞量，结果见表 3-6[34]。絮凝 2min 时，去除率即达 97%以上，汞离子浓度由 100mg/L 降至 3mg/L 以下，絮凝迅速。此后絮凝缓慢，这是细小絮凝颗粒沉降速度小造成的。采用离心沉降或过滤可大大缩短絮凝时间[42]。

表 3-6　时间对除汞率的影响

时间/min	1	2	3	5	12	18
残液浓度/(mg/L)	26.87	2.985	1.710	1.547	0.814	0.651
去除率/%	73.13	97.12	98.29	98.45	99.19	99.35

对于不同的金属离子，壳聚糖能达到最大絮凝效果所需的时间也不同，Cr^{2+} 约需 2h，Pb^{2+} 和 Zn^{2+} 约需 4h，Cu^{2+} 和 Ni^{2+} 约需 8h，当吸附时间超过平衡时间后，吸附量将不再发生变化[43]。

3.3.7　其他

除上述因素外，壳聚糖的脱乙酰度、固体壳聚糖颗粒的空隙度和比表面积、水体中杂质成分、壳聚糖复合絮凝剂的投加顺序也对絮凝效果有一定影响。

脱乙酰度是壳聚糖的一个重要的结构参数，随着壳聚糖的脱乙酰度的增加，浊度去除率呈缓慢地提高。但是由于壳聚糖的脱乙酰度升高，其价格相应地有所提高，所以，在选择壳聚糖进行絮凝应用时，应考虑合理的成本与效益的关系进行选取。

壳聚糖对金属离子的吸附遵循吸附等温式 Freundlich 关系，与颗粒尺寸大小无关，而与颗粒中的空隙度有关。例如，壳聚糖先对镉具有高吸收率，然后吸收率降低，这表明存在颗粒内的扩散具体过程：①由溶液向壳聚糖边界层扩散；②颗粒间的扩散；③在内部场所的吸附。①的边界层阻力，是由溶液的水力条件决定的，即湍流的程度。在某些情况下，可通过加强搅拌，使①不成为限制因素。壳聚糖絮凝条件的调节，主要是针对离子被吸附后，如何向颗粒内部扩散。

较大粒径的壳聚糖总是展现出一个慢的吸收率，小颗粒有更大的比表面积，所以吸收得更快。另外，大颗粒壳聚糖有更长的扩散路径，需要更多的平衡时间。

所以，自组装和多孔珠状壳聚糖展现了更好的吸附性。多孔的壳聚糖是铝盐吸收的 5 倍，是无孔壳聚糖的 2 倍。

　　水中的杂质成分及其性质和浓度等对絮凝效果有明显的影响。例如，水中存在二价以上的正离子，对天然水的压缩双电层有利；杂质颗粒越单一均匀、越细小，则越不利于絮体沉降。天然水中若以含黏土类杂质为主，则需要投加的絮凝剂量较少；而废水中含大量的有机物时，其对胶体有保护作用，需要投加较多的絮凝剂才有絮凝效果。因此，水中杂质的化学组成、性质和浓度等因素对絮凝的影响比较复杂，目前还缺乏系统和深入的研究，理论上只限于做些定性推断和估计，在生产实践中主要依靠絮凝实验来确定合适的絮凝剂品种和最佳投加量。

　　此外，对于壳聚糖复合絮凝剂来说，投加顺序对絮凝效果也有一定影响。通常先加无机絮凝剂、后加壳聚糖，这样可使无机絮凝剂先形成较小的絮团胶粒，然后再在壳聚糖的吸附架桥作用下将其凝聚成更大的絮体迅速沉降下来，达到事半功倍的效果。

3.4　壳聚糖对有价金属的絮凝

3.4.1　银

　　壳聚糖是自然界存在的唯一碱性多糖，它的氨基极易形成四级胺正离子，有弱碱性阴离子交换作用，对过渡金属有良好的螯合作用，是一种很有发展前景的天然高分子絮凝剂，它可除去工业废水中的铅、镉、铬等重金属离子[43-46]。日本等国家已将它用于城市生活废水和工业废水的处理。

　　Ag 是一种很重要的贵金属，应用范围极广，具有重要的用途。因此，回收金属 Ag 和去除废水中的 Ag 显得十分必要，本书研究了壳聚糖絮凝剂在不同酸度、离子溶液浓度、絮凝剂用量及絮凝时间等因素对絮凝效果的影响[47]。

　　1. 实验

　　1）仪器和试剂

　　原子吸收分光光度计；PHS-2 型酸度计；银粒纯度为 99.999%，上海化学试剂厂；壳聚糖，自制；其他试剂均为分析纯。

　　2）壳聚糖的制备及脱乙酰度的测定

　　将甲壳质浸入 40%氢氧化钠溶液中煮沸 1.5h，清洗，晾干，研磨成粉末即得壳聚糖。用电位滴定法测定脱乙酰度。将壳聚糖分子的—NH_2 可定量与 HCl 结合，称取一定量的壳聚糖，加入过量的盐酸，待反应完全后用氢氧化钠滴定剩余的盐酸。脱乙酰度 $\eta(\%)$ 可根据式（3-1）计算：

$$\eta(\%) = \frac{m_1(c_1V_1 - c_2V_2)}{m_k + m_2(c_1V_1 - c_2V_2)} \times 100\% \tag{3-1}$$

式中，c_1、c_2 分别为标准 HCl 和 NaOH 的物质的量浓度，mol/L；V_1、V_2 分别为加入的标准 HCl 和滴加的 NaOH 的体积，L；m_1 为壳聚糖的单体分子质量，kg；m_2 为 NaOH 的质量，kg；m_k 为壳聚糖的质量，kg。本实验所用壳聚糖为浓碱处理甲壳质所得的产物，电位滴定测得其脱乙酰度为 70.65%。

3）银标准曲线的绘制

称取 0.7870g 无水 AgNO$_3$ 溶于 100mL 去离子水中，转移到 500mL 的容量瓶，稀释至刻度，此溶液即为 1000mg/L 的银标准储备液。吸取 10.00mL Ag 标准储备液于 100mL 的容量瓶，用无银水稀释至刻度，此溶液即为 10mg/L 的银标准溶液。

分别移取银标准溶液 0mL、0.25mL、0.50mL、0.75mL、1.00mL 于一组 25mL 的比色管，稀释至刻度。此系列溶液中银的质量浓度分别为 0mg/L、0.1mg/L、0.2mg/L、0.3mg/L、0.4mg/L。向各管中分别加 10 滴浓 HNO$_3$ 酸化。以试剂空白作参比，在 328.07nm 处，用 1cm 比色皿测定吸光度 A，结果如图 3-1 所示。

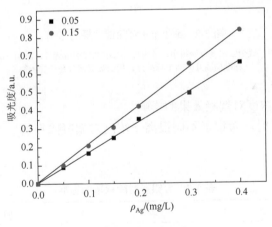

图 3-1　Ag 标准曲线

本实验使用标准曲线 I

4）除银实验

称取一定量的壳聚糖，配制成质量浓度为 1%的溶液；取一定量的含银水样，加入一定量配制好的壳聚糖，加入 0.1mol/L 的 Na$_2$SO$_4$ 溶液 5~15mL；调整 pH 为 7~8，进行絮凝沉降实验，反应 12h 后，取其上清液，用原子吸收分光光度法测定其含银量[3]。

2. 结果与讨论

1）酸度对除银效果的影响

考察了不同酸度条件下的絮凝除银效果，结果如图 3-2 所示。实验发现当 pH<6 时，溶液呈胶体状态，含银量较高。由图 3-2 可以看出，随着 pH 增大，去除率（r）显著提高；当 pH>7 时，银残余量（ρ）已经很低，去除率达 99.90%以上。根据工业废水的排放酸碱度的要求，可选 pH=7～8。

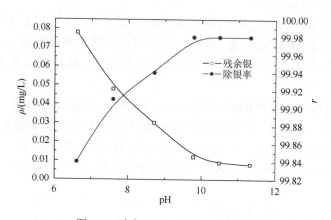

图 3-2　酸度 pH 对除银效果的影响

含银废水经壳聚糖处理后，残余银浓度可能很小，故为保证标准曲线的准确性，添加 0.05（标准曲线Ⅰ）和 0.15（标准曲线Ⅱ）两个标准点。后面数据部分是计算所得

2）银的原始浓度对絮凝效果的影响

在 pH=7～8 时，考察了不同银离子浓度对絮凝除银的影响，结果如表 3-7 所示。

表 3-7　含银量对除银率的影响

Ag$^+$浓度/(mg/L)	10	20	40	60	80
吸光度	—	—	0.016	0.024	0.038
残余银/(mg/L)	0	0	0.008	0.012	0.019
去除率/%	100	100	99.98	99.98	99.98

注：本实验使用标准曲线Ⅱ

由表 3-7 可以看出，当银离子浓度<20mg/L 时，壳聚糖对其捕集率达 100%。对高浓度含银水样也能充分捕集，去除率可达 99.90%以上，这与壳聚糖对银的络合能力大有关。而且在碱性条件下，银能以 AgOH、Ag$_2$SO$_4$ 的形式

存在，两种沉淀物溶度积都很小。银的絮凝物初始时为白色絮状，随着时间的延长及浓度的增大而逐渐变为灰色。对高浓度的水样（＞60mg/L），沉降 0.5h 后即变为灰黑色，原因可能是壳聚糖高分子胶粒表面吸附的银沉淀物 AgOH、Ag_2SO_4 长期见光分解析出单质银，同时溶液中的一价银也可氧化为二价银，以 Ag_2O、AgO 的形式析出。另外，壳聚糖与银离子的螯合物稳定性小，在光照条件下脱银致使溶液中絮凝物变色。利用壳聚糖对银捕集量大、易解析的特点，可回收絮凝物中的 Ag。

3）时间对絮凝除银效果的影响

（1）沉降速度、残余银含量与时间的关系。

取 50mg/L 的水样 500mL，加入 1%壳聚糖 30mL、0.1mg/L Na_2SO_4 15mL，调节 pH=7～8。将水样倾入 500mL 量筒，进行沉降实验，记录时间及沉降面高度的变化，同时取上清液分析残余 Ag 含量。

图 3-3 是沉降速率与时间的关系曲线。实验发现，沉积物在絮凝静置 15min 内，沉降速率缓慢，且沉积物出现分块现象。由图 3-3 知在 1h 内，速率逐渐增大，后又变慢。这是下部沉积物体积压缩密度大的缘故。沉降时间大于 4h 时，基本沉降速率极慢，上层澄清，但有少量沉积物吸附于容器壁。极少量颗粒物悬浮于溶液中。

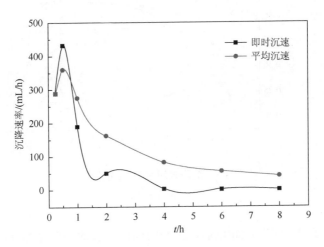

图 3-3　沉降速率与时间的关系曲线

本实验采用标准曲线 II

由图 3-4 可以看出，当沉降时间大于 4h 时，残余 Ag 质量浓度已经很小，去除率达到 99.98%，若再延长时间，对去除率影响不大，综合沉降速率与时间的关系，沉降时间选为 4h。

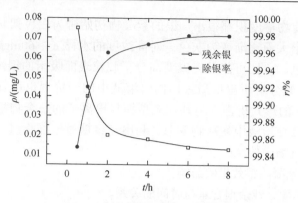

图 3-4　沉降时间对除 Ag 的影响

本实验使用的标准曲线 I

（2）离心沉降实验。

取 50mg/L 的水样 200mL，加入质量浓度 1%的壳聚糖 20mL、0.1mg/L Na$_2$SO$_4$ 15mL，调节 pH=7～8。做离心沉降实验，取离心管吸取清液分析残余银含量，结果如图 3-5 所示。

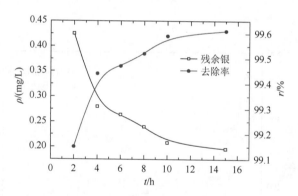

图 3-5　沉降时间对除 Ag 的影响

本实验使用的标准曲线 II

当离心沉降时间超过 6h 以后，离心时间的延长对去除率影响不大，可能是因为壳聚糖对银的螯合絮凝需要一定时间，在溶液中静置沉降时，银离子与壳聚糖胶粒接触面积大，接触时间长，能充分螯合，但当受离心力作用时，银离子没有充分螯合而残留在清液中，一部分螯合的银离子受力作用而脱解，致使去除率偏低。

4）壳聚糖用量对絮凝效果的影响

选择质量浓度为 1%的壳聚糖，考察了在 pH=7～8 时，不同壳聚糖加入量对絮凝除银效果的影响，结果如图 3-6 所示。

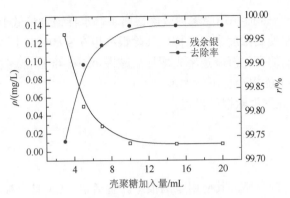

图 3-6　壳聚糖加入量对除银效果的影响

本实验使用标准曲线 I

实验发现，随着壳聚糖加入量的增加，沉积物体积变大，絮凝物颜色变暗，且有少量悬浮物在器壁上吸附。颜色的变化与壳聚糖螯合物具有一定光活性有关，光和温度对壳聚糖螯合物有同等的影响，是因为它能吸收一定波长的紫外线。银的絮凝物吸附能力比较强，这是与 Ag^+ 能在容器壁吸附分不开的。由图 3-6 可以看出，当加入量为 5mL 时，残余量已经较低（0.05mg/L），去除率达 99.90%。加入量增加到 10mL 时，水样中的银基本得到充分捕集（99.98%）。处理含银废水同时应考虑到回收问题，洗脱絮凝物即可回收银和再生壳聚糖得到重复利用，为使水中银得到充分捕集，提高回收率，本实验选用 1%壳聚糖（100mL 水样），加入量为 10mL。

由以上讨论可知，当水样 pH=7～8，壳聚糖加入量为 10mL 时，除银效果最好。这与壳聚糖本身的结构及银离子在水溶液中的形态有关，壳聚糖除银是通过分子中的氨基，羟基与重金属离子螯合成稳定的内络盐[3]。壳聚糖中活泼的—NH_2 又可与溶液中的 H^+ 质子化而形成带阳离子的聚电解质,所带电荷的程度与介质的 pH 有关。水溶液中的壳聚糖分子胶粒、CH_3COOH、Na_2SO_4、Ag^+ 存在着离解平衡，当水样中 H^+ 和 OH^- 浓度改变时，其平衡状态及壳聚糖胶粒带电状态随之变化，H^+ 大时，胶粒吸附 H^+ 后，NH_4^+ 增多带正电，与 Ag^+ 斥力增大，使 Ag^+ 与氨基、羟基络合能力降低，故在酸性条件下除银效果较差。pH 增大时，则 NH_4^+ 与 SO_4^{2-} 结合为稳定的铵盐，与 Ag^+ 络合程度提高，此条件下，电中性的胶粒也夹带 Ag^+ 沉降，除银效果明显。

另外，体系中少量的 SO_4^{2-} 起着胶体脱稳、加速絮凝的作用[3]。由于溶液中加入了 Na_2SO_4 且在弱碱性条件下絮凝，Ag 在絮凝物中以 Ag(OH)、Ag_2SO_4 及 Ag 的螯合物状态存在。壳聚糖除银是其对银的螯合及对 Ag_2SO_4、AgOH 吸附两者共同作用的结果。

3. 小结

（1）当 pH=7～8 时，用壳聚糖吸附银离子，水样银含量低于 20mg/L 时，除银率达 100%；即使高浓度含银水样，其除银率也在 99.9%以上。

（2）随着时间的变化沉降速率先增加后减慢，沉降 4h 后，除银率可达 99.98%。壳聚糖的加入量不能太少也不能太多。

（3）分析了壳聚糖除银的机理。

3.4.2　铜

Cu 是一种有价金属，其应用范围很广。生活中，Cu 具有极其重要的作用。天然水中含铜极少，水中的铜主要是工业废水的污染造成的。铜可以影响水的色、嗅、味等性状。此外，铜对水体的自净作用有严重的影响。同时，铜是很重要的有价金属，流失于污水中也是一种资源浪费，因此回收有价金属铜和去除废水中污染的铜显得十分必要。本节用自制的壳聚糖作为絮凝剂，处理回收铜[48]。

1. 实验

1）仪器和试剂

原子吸收分光光度计；PHS-2 型酸度计；铜粒纯度为 99.999%，上海化学试剂厂；壳聚糖，自制；其他试剂均为分析纯。

2）壳聚糖的制备及脱乙酰度的测定

将甲壳质浸入质量浓度为 40%氢氧化钠溶液中煮沸 1.5h，清洗，晾干，研磨成粉末即得壳聚糖。用电位滴定法测定脱乙酰度，将壳聚糖分子的—NH$_2$ 可定量与 HCl 结合，称取一定量的壳聚糖，加入过量的盐酸，待反应完全后用氢氧化钠滴定剩余的盐酸。脱乙酰度 η 可根据式（3-1）计算。

3）除铜实验

采用静态实验方法称取一定量的壳聚糖，在选定的条件下加入铜溶液，反应平衡后，静置 12h 以上，取上清液，用原子吸收分光光度法测定其含铜量。

2. 结果与讨论

1）氢氧化钠对铜离子脱除效果的影响

考查了絮凝过程中氢氧化钠的作用，配制 80mg/L、100mg/L 的铜液，分别移取 100mL 于两个 300mL 的烧杯中，各加入 10mL 壳聚糖溶液，调整其 pH=8，静置 24h 以上。分别移取 80mg/L、100mg/L 的铜液各 100mL 于 300mL 的烧杯中，加 NaOH 溶液至出现大量沉淀，测其 pH 约为 11。静置 24h 以上，测其上清液中的铜含量，结果见表 3-8。

表 3-8 氢氧化钠对絮凝的影响

铜离子质量浓度/(mg/L)	80	100	80	100
残液铜离子浓度/(mg/L)	0.486	0.625	0	0
去除率/%	99.39	99.38	100	100

注：未加壳聚糖溶液

从表 3-8 中可以看出：用壳聚糖溶液进行絮凝在 pH=8 时，去除率即可达到 99%以上，单独用碱进行沉淀，则需在 pH=11 时，才能完全沉淀下来。因此，用壳聚糖絮凝除 Cu^{2+} 有很大的经济价值。

2）pH 对絮凝效果的影响

配制 200mg/L 的铜液，分别移取 100mL 至 5 个 300mL 烧杯中，各加 10mL 壳聚糖溶液，调整其 pH=6、7、8、9、11，静置 12h，取其上清液，测其铜含量，结果如图 3-7 所示。由图可以看出，随着 pH 的增加，去除铜效果明显增加，这与壳聚糖本身结构有关。壳聚糖除铜是通过分子中的氨基、羟基与铜离子形成稳定的螯合物，以及壳聚糖与同时生成的 $Cu(OH)_2$ 的絮凝作用。在溶液中存在着壳聚糖分子胶粒，CH_3COOH、Cu^{2+}等多种成分，相互间存在离解平衡。pH 影响着这种平衡，当 pH 降低时，壳聚糖胶粒吸附 H^+带正电，与 Cu^{2+}斥力增大，使 Cu^{2+}与氨基及羟基的螯合能力降低，所以酸性条件下除铜效果差；pH 增大，减少高分子表面的正电荷，Cu^{2+}较易扩散进入胶粒，与氨基、羟基螯合的同时，氢氧根离子增多，生成氢氧化铜絮凝到壳聚糖粒子的孔隙中，因此碱性条件下除铜效果好。考虑废水排放标准，要求 pH=8～8.5 为适宜。

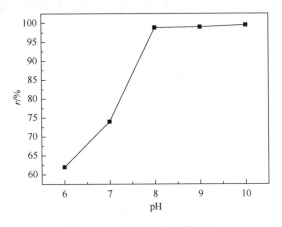

图 3-7 pH 对絮凝效果的影响

3）铜离子质量浓度对铜离子脱除效果的影响

移取 20mg/L、40mg/L、80mg/L、100mg/L、400mg/L 的铜液及 1000mg/L 铜液 100mL 于 6 个 300mL 烧杯中，各加 10mL 壳聚糖溶液，调节其 pH 为 8，静置 12h 以上。取其上清液测其含铜量，结果如图 3-8 所示。由图可以看出，铜离子质量浓度对去除率影响不大，去除率均在 99%以上。且残液浓度随原始浓度的增大而增大，即使铜离子原始质量浓度为 400mg/L 时，处理之后仍旧符合国家废水排放标准。

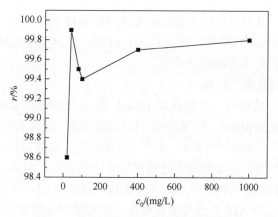

图 3-8　铜离子质量浓度对除铜率的影响

4）温度和时间对铜离子脱除的影响

移取 200mg/L 铜液 100mL 于 2 个 300mL 烧杯中，加入 10mL 壳聚糖溶液，用 NaOH 和乙酸溶液调整 pH=8，分别在 15℃和 25℃进行反应，每隔数分钟取上清液 1mL，测其铜含量，结果如图 3-9 所示。可以看出，随着时间的增加，去除率增大，25℃时，1min 即可达到 93%以上的去除率，反应速率很大，以后增加趋缓，温度对去除率有很大的影响，温度升高，反应速率加快，去除率增大。

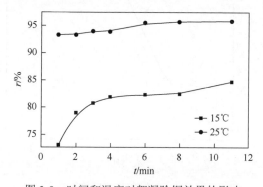

图 3-9　时间和温度对絮凝除铜效果的影响

3. 小结

（1）用碱絮凝沉淀，pH=11 时，除铜率达 100%，耗碱量很大，且不符合废水排放的酸度要求。

（2）采用壳聚糖絮凝剂絮凝除铜，当水溶液的 pH=8 时，除铜效果很理想。水样铜离子质量浓度低于 100mg/L 时，除铜率在 99%以上；即使铜离子原始质量浓度达到 400mg/L，残液铜离子质量浓度仍符合国家废水排放标准。

（3）时间和温度对去除铜离子效果影响很显著。温度升高反应速率加快，去除率增大。

3.5 壳聚糖对有害金属的絮凝

3.5.1 镉

镉元素是人体非必需的一种重金属元素，具有较大的生物毒性，能够通过食物链进行累积传递，一旦误食，会损害生物多个脏器的功能，具有较大的环境生态风险。正常环境中镉元素的含量很小，但近年来人类活动加剧，向环境中排放了大量的镉元素，对自然生态环境和人体身体健康造成了严重的危害。因此，去除水中镉离子也是当务之急的事情。

本节以甲壳质为原料，在浓碱中脱去乙酰基，得到脱乙酰度为 60.5%的壳聚糖。然后将壳聚糖配制成一定浓度的溶液，在不同的酸度、含镉质量浓度等条件下，与 Na_2SO_4 混用进行除镉率可达 99.5%以上，对取自冶炼厂的实际含镉废水，除镉率达 99.7%以上，残余镉质量浓度低于国家标准[49]。

1. 实验

1）仪器和试剂

原子吸收分光光度计；PHS-2 型酸度计；镉粒，纯度为 99.999%，上海化学试剂厂；壳聚糖，自制；其他试剂均为分析纯。

2）壳聚糖的制备及脱乙酰度的测定

将壳聚糖浸入 40%氢氧化钠溶液中煮沸腾 1.5h，清洗，晾干，研磨成粉末即得壳聚糖。用电位滴定法测定脱乙酰度[50]。壳聚糖分子的—NH_2 可定量与 HCl 结合，称取一定量的壳聚糖，加入过量的盐酸，待反应完全后用氢氧化钠滴定剩余的盐酸，脱乙酰度 η%可根据式（3-1）计算。

3）除镉实验

取 100mL 含镉水样（浓度不同），加入 1%壳聚糖溶液 10mL 及 0.1mol/L 的硫酸钠溶液 5mL，用浓氨水和 10%盐酸调节 pH，静置 6～12h，吸取上清液，用原子吸收分光光度法测定其镉含量。

2. 结果与讨论

1）溶液酸度对除镉率的影响

用含镉 40mg/L 的水样，考察了不同 pH 下的絮凝除镉试样，结果见表 3-9。由表 3-9 可见，随着 pH 的增大，去镉效果明显增加，这与壳聚糖本身的结构有关。壳聚糖除镉一般是通过分子中的氨基、羟基与镉离子形成稳定的螯合物，以及壳聚糖与同时生成的 $Cd(OH)_2$ 的絮凝作用。在上述溶液中，存在着壳聚糖分子胶粒，CH_3COOH、SO_4^{2-}、Cd^{2+} 等多种成分，相互间存在着离解平衡。pH 影响着这种平衡，当 pH 降低时，壳聚糖胶粒吸附 H^+ 带正电，与 Cd^{2+} 斥力增大，使 Cd^{2+} 与氨基、羟基螯合能力降低，所以在酸性条件下去除镉的效果差；pH 增大，减少高分子胶粒表面的正电荷，Cd^{2+} 较易扩散进入胶粒，与氨基、羟基螯合。同时氢氧根离子增多，生成的 $Cd(OH)_2$ 凝聚到壳聚糖粒子的孔隙内，因此碱性条件下除镉效果好。考虑废水排放 pH 的要求，选择 pH=8～9 较为合适。

表 3-9　酸度对除镉率的影响

pH	4.6	5.3	6.6	7.6	8.4	9.7	10.7
残镉量/(mg/L)	0.140	0.208	0.140	0.128	0.004	0.020	0.040
除镉率/%	99.4	99.50	99.65	99.68	99.99	99.95	99.90

根据 Schulze-Hardy 规则指出，使胶体脱稳的盐的能力取决于胶体上电荷符号相反的离子价数，即絮凝值是价数的函数。而强电解质 Na_2SO_4 电离出的 SO_4^{2-} 正是起到这种作用。高分子上的部分正电荷与 SO_4^{2-} 之间形成化学架桥，降低和中和了胶体微粒的表面电荷，并压缩了胶体微粒的扩散层，使胶体微粒凝聚脱稳，产生絮凝沉降。综上所述，壳聚糖絮凝剂具有螯合金属离子，电中和絮凝和黏结架桥絮凝的三重作用。

2）壳聚糖浓度对除镉率的影响

絮凝剂过量投加则会产生絮凝恶化现象。因此，考察壳聚糖浓度的影响十分必要。由表 3-10 可见，当壳聚糖质量浓度在 1.0%～2.0%时，除镉率在 99.96%以上，残余镉含量小于 0.02mg/L，远低于国家水质排放标准，当壳聚糖浓度增大时，沉积物体积庞大，吸附大量水分，经过滤分析，絮凝物含水量达 96%以上，同时水质也发生变化。故壳聚糖质量分数选 1%较为合适。

表 3-10　壳聚糖浓度对除镉率的影响

壳聚糖质量分数/%	0.5	1.0	1.5	20
残镉量/(mg/L)	0.102	0.0108	0.010	0.010
除镉率/%	99.75	99.96	99.98	99.98

3）含镉量对除镉率的影响

分别取含镉（Cd^{2+}）质量浓度为 10mg/L、20mg/L、40mg/L、60mg/L、80mg/L 的水样，进行 12h 沉降实验，结果见表 3-11。

表 3-11　含镉量对除镉率的影响

镉质量浓度/(mg/L)	10	20	40	60	80
残镉量/(mg/L)	—	—	0.01	2.75	4.15
除镉率/%	100	100	99.98	95.42	94.81

从表 3-11 中可以看出，含镉量在 10～20mg/L 时，去除率为 100%；含镉量在 20～40mg/L 时，去除率在 99.98%以上。随着含镉量的增加，可适当增加壳聚糖，或通过二级絮凝处理。

4）实际含镉废水的处理

实际含镉废水取自冶炼厂，除了 Cd^{2+}以外，还含有 Zn^{2+}、Cu^{2+}、Pb^{2+}等离子，絮凝实验结果见表 3-12。从表中可见，除镉率达 99.72%，残余镉远低于国家排放标准。Cu^{2+}、Zn^{2+}、Pb^{2+}等均符合国家排放标准。

表 3-12　实际含镉废水的处理

离子种类	Cd^{2+}	Cu^{2+}	Zn^{2+}	Pb^{2+}
原始质量浓度/(mg/L)	9.06	0.63	30.50	0.20
残余质量浓度/(mg/L)	0.025	0.053	0.58	0.01
去除率/%	99.72	91.27	98.10	100

3. 小结

（1）采用壳聚糖与硫酸钠混合絮凝的方法除镉，当水溶液呈弱碱性（pH=8～9）时，除镉率效果最为理想。对含镉质量浓度不大于 40mg/L 的水样，去除率可达 99.98%以上。对于大于 40mg/L 的水样，可采用二级处理的方法。

（2）对实际含镉废水具有良好的净化效果。所以，壳聚糖是一种具有实用价值的天然高分子絮凝剂，价格低廉，无毒害。若提高脱乙酰度可望降低其用量。

3.5.2　汞

汞在天然水中的浓度为 0.03～2.8μg/L。水中汞污染物的来源可追溯到含汞矿物的开采、冶炼、各种汞化合物的生产和应用领域。因此在冶金、化工、化学制药、仪表制造、电气、木材加工、造纸、油漆颜料、纺织、鞣革、炸药等工业的含汞生产废水都可能是环境水体中汞的污染源。

汞的毒性因其化学形态而有很大差别。经口摄入体内的元素汞基本上是无毒的，但通过呼吸道摄入的气态汞是高毒的；单价汞的盐类溶解度很小，基本上也是无毒的，但人体组织和血红细胞能将单价汞氧化为具有高度毒性的二价汞；有机汞化合物是高毒性的，例如，20 世纪 50 年代和 60 年代在日本的水俣市和新潟市分别出现的水俣病即是由甲基汞中毒引起的神经性疾病。这种疾病是由于工厂（如乙醛生产工厂）废液中甲基汞排入水系，又通过食物链浓集于鱼体内，最后为人经口摄取所致。水俣病在日本曾引起千余人死亡。因甲基汞致人死命的事件还曾在伊拉克、巴基斯坦等国发生过。壳聚糖也可用于水体中汞的絮凝。

本节以甲壳质为原料，首先制取了脱乙酰度高达 90% 的壳聚糖，再用乙酸溶液配制成一定浓度的壳聚糖溶液，在不同的酸度、含汞浓度、壳聚糖含汞量为 25～200mg/L 的水样进行絮凝试验，除汞率可达 99.80% 以上。本法操作简单，原料来源广，价格低廉[42]。

1. 实验

1）仪器与试剂

721 型分光光度计；PHS-2 型酸度计；氯化汞，分析纯；壳聚糖，自制；其他试剂均为分析纯。

2）壳聚糖的制备及脱乙酰度的测定

将甲壳质浸入钠溶液中，在 110℃ 左右煮沸 1.5h，然后用热水洗至中性、烘干。重复上述酰度的壳聚糖，用电位滴定法测定脱乙酰度。

3）除汞实验

取一定量的含汞合成水样，于 250mL 的烧杯中，加入 10mL，用硫酸和氢氧化钠调节溶液的pH。静置沉降 6～12h，吸取上清液用分光光度法测其吸光度。

2. 结果与讨论

1）溶液的 pH 对除汞率的影响

研究了酸度在 pH=5～9 的范围内对絮凝除汞的影响，结果见表 3-13。在

表 3-13 所示的条件下，壳聚糖具有良好的除汞效果，在 pH=7 时，除汞率达到100%。过大或过小的 pH 均不利于壳聚糖絮凝除汞，当 pH 低时，易形成稳定的胶体，絮凝能力下降。壳聚糖是碱性多糖，它与汞络合后，再与过量 OH⁻作用，会形成弱碱式盐，沉降时，由于絮凝颗粒体积增大，表面积减小，也会造成絮凝能力的降低。

表 3-13　酸度对除汞率的影响

pH	5	6	7	8
残汞量/(mg/L)	0.944	0.027	—	0.130
除汞率/%	99.06	99.97	100.0	99.87

注：未测出汞离子，原始汞含量为 100mg/L

2）原始浓度对除汞率的影响

在 pH=7 的条件下，考察了不同汞离子浓度絮凝除汞的效果。由表 3-14 可见，25～200mg/L 的范围内对去除率的影响不大，去除率均在 99.8%以上，200mg/L时，去除率略高，这可能是浓度较高易形成 $Hg(OH)_2$，增大能力。

表 3-14　含汞量对除汞率的影响

原始汞含量/(mg/L)	25	50	100	150
残汞量/(mg/L)	0.048	0.045	—	0.011
除汞率/%	99.81	99.91	100.0	99.99

3）壳聚糖用量对其除汞率的影响

絮凝剂的多寡对絮凝效果影响较大，如表 3-15 所示，壳聚糖用量多或少时均不利于絮凝，絮凝不完全，还有未被吸附的汞离子，太多时，絮凝恶化，沉淀物增加同时水质也发生变化。适宜条件应为壳聚糖与汞的物质的量比等于 1.13左右。

表 3-15　壳聚糖用量与去除率的关系

壳聚糖用量/mL	5	10	15
壳聚糖与汞的摩尔比	0.5681	1.136	1.705
残液浓度/(mg/L)	0.833	—	0.056
去除率/%	99.17	100.0	99.94

注：按壳聚糖中—NH_2 的百分数计算

　　4）絮凝时间对壳聚糖除汞率的影响

　　移取 100mg/L 的汞溶液 100mL，加入 10mL 壳聚糖溶液，调整 pH=7。取 1mL 上清液，测其含汞量，结果见表 3-16。从表中可知，絮凝 2min 时，汞离子浓度由 100mg/L 降至 3mg/L 以下，絮凝迅速。此后絮凝缓慢，是由絮凝颗粒沉降速度小所至。采用离心沉降或过滤可大大缩短絮凝时间。

表 3-16　时间对絮凝的影响

时间/min	1	2	3	5	12
残液浓度/(mg/L)	26.87	2.985	1.710	1.547	0.81
去除率/%	73.13	97.12	98.29	98.45	99.1

　　3. 机理分析

　　由以上结果与讨论可知，当水样 pH=7，壳聚糖与汞的物质的量比为 1.13 左右。这与壳聚糖本身的结构及汞离子在水溶液中的形态有关，壳聚糖去除汞基、羟基与重金属离子螯合成稳定的内络盐（—N—Hg—O—）[51]。壳聚糖加质子化而形成带阳离子的聚电解质，所带电荷的程度与介质中 Hg 的形态有关，Hg 在水样中的形态可以是 Hg^{2+}、$HgCl$（aq）、$HgCl_3^-$ 及 $HgCl_4^{2-}$，也可水解生成 HgO_2^- 和 $Hg(OH)^+$[52]，显然以何种形态存在取决于介质的 pH。除上述溶液以外，还有壳聚糖高分子胶粒、CH_3COOH、少量 SO_4^{2-} 等组分，在水溶液中处于平衡状态。当水样中氢离子浓度和氢氧根离子浓度改变时，体系中的离子颗粒的带电状态也随之发生变化。降低 pH，氢离子浓度增大，壳聚糖中—NH_2、未加质子的—NH_2 减少，不利于氨基和羟基与 Hg^{2+} 形成螯合物，同时 Hg^{2+} 之间的静电排斥力增大，也使 Hg^{2+} 与氨基、羟基的螯合能力降低，除汞效果差。当 pH 增大时，氢氧根离子浓度增加，壳聚糖的加质子 H^+ 减少，有 Hg^{2+} 螯合。同时生成的 $Hg(OH)_2$ 凝聚到壳聚糖孔隙内，在此条件下除汞效果进一步增大，生成的 $Hg(OH)^+$ 增多，由于带正电的胶粒之间的斥力影响下降。因此，合适的 pH 应为 7，这也符合废水处理时呈中性的要求。另外，体系中少量的 SO_4^{2-} 起着胶体脱稳、加速絮凝的作用。高分子之间形成化学架桥，中和并降低了胶体微粒的表面电荷，压缩了胶体微粒的凝聚脱稳，产生絮凝沉降。

　　4. 结论

　　（1）采用壳聚糖絮凝除汞，当 pH=7 时，对于不大于 200mg/L 的含量为最佳，去除率达 99.8%以上。

　　（2）壳聚糖用量过大时，容易引起水质变化，反而使除汞效果降低。

3.6 赤泥絮凝分离

在氧化铝生产中，铝土矿中的氧化铝转变为可溶性铝酸钠的过程中，产生了大量含有氧化铁、铝硅酸钠和其他不溶性残渣，被称为赤泥。赤泥沉降分离过程包括赤泥在沉降槽中的沉降和赤泥在各洗槽中的反向洗涤，不但在赤泥的沉降中加入絮凝剂，在各洗槽中也要加入絮凝剂[53]。

铝土矿的组成和化学成分是影响赤泥浆液沉降、压缩性能的主要因素。铝土矿中夹杂黄铁矿、胶黄铁矿、针铁矿、高岭石、蛋白石、金红石等矿物能降低赤泥沉降速率；而赤铁矿、菱铁矿、磁铁矿、水绿矾等矿物有利于沉降。针铁矿颗粒的存在影响赤泥沉降的主要原因是它具有较小的相对密度和较大的比表面积。Orban等[54]已经表明赤泥的沉降速率与赤泥中颗粒的比表面积有关系，铁矿物的比表面积越大沉降速率越小。L. Y. Li 通过实验得出赤泥的沉降速率与比表面积成反比。

拜耳过程中主要的步骤之一是通过絮凝沉降将赤泥固体从碱性铝酸盐溶液中分离，赤泥颗粒的表面化学特性是极其复杂的，像赤泥浆液的组成变化很大程度上依赖于铝土矿类型和溶出条件。

影响赤泥沉降速率的赤泥主要物理特性包括相对密度、粒度、比表面积；赤泥的主要化学特性包括非结晶质成分、pH、赤泥的阳离子交换能力[55]。

合成聚合物絮凝剂在氧化铝工业中正得到日益广泛的应用，尤其是聚丙烯酰胺系列，是强化液固两相分离的有效添加剂。但是，这类聚合物还存在着生物降解难、残留单体有毒、成本高等问题。因此，开发容易降解、无毒、价廉的天然聚合物絮凝剂是研发赤泥絮凝剂的一个重要方向。

3.6.1 壳聚糖对氧化铝烧结法赤泥的絮凝

壳聚糖和一般直链高分子絮凝剂不同，能在较低的摩尔质量下提供较强的絮凝能力。壳聚糖含有氨基和羟基，不仅自身可起絮凝作用，而且可通过对其进行修饰形成多种衍生物，从而提供了合成高效赤泥絮凝剂的可能。因此，我们首次将壳聚糖应用于烧结法赤泥的絮凝，并与两种合成高分子絮凝剂 A-2000 和 PAS-1 絮凝剂做了比较[56]。实验过程如下所述。

1. 实验方法

1）实验试剂

壳聚糖絮凝剂：所用壳聚糖由虾壳甲壳质经脱乙酰反应制取，采用碱量法[57]测得脱乙酰度为93%，相对分子质量用黏度法测得为 2.29×10^5，所用 Mark-Howink 公式为$[\eta]=KM\alpha$，式中 $K=8.53\times10^{-3}$g/(cm·s)，$\alpha=0.86$。壳聚糖溶于 $w(CH_3COOH)=1\%$ 的溶液，溶液酸度对赤泥碱度影响不大，可忽略稀乙酸对絮凝的影响。

合成高分子絮凝剂 A-2000 和 PAS-1 絮凝剂，均由郑州轻金属研究院提供，其相对分子质量范围分别为 6.0×10^6 和 7.0×10^6，适宜添加量分别为 3.0×10^{-3}g 絮凝剂/g 干赤泥和 7.0×10^{-3}g 絮凝剂/g 干赤泥。

氧化铝烧结熟料：氧化铝烧结熟料取自长城铝业公司。将烧结熟料置于球磨机中球磨，粒度要求为大于 0.208mm 的小于 20%，小于 0.108mm 的大于 30%。

其他试剂：Al(OH)$_3$、NaOH、Na$_2$CO$_3$、冰醋酸等，均为分析纯试剂。

2）实验装置

实验设备有小型球磨机（自制），LB801 型超级恒温水浴（辽阳市恒温仪器厂），72 型光电分光光度计（上海分析仪器厂）等。絮凝实验装置如图 3-10 所示，主要组成有玻璃水浴槽，TDA8002 电子式温度显示调节仪（上海精慧仪表公司），沉降管（内径 27mm，高 250mm）等。

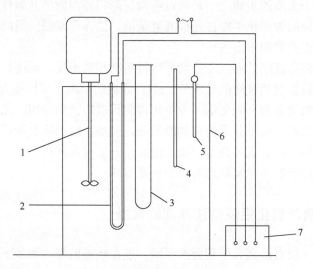

图 3-10　实验絮凝装置图

1. 搅拌器；2. 电热器；3. 沉降管；4. 温度计；5. 热电偶；6. 沉降槽；7. 温度控制仪

3）实验方法

赤泥洗液成分（质量浓度）为 $\rho(NaOH)=37$g/L，$\rho(Al_2O_3)=48$g/L，$\rho(Na_2CO_3)=9.0$g/L，碳分母液成分为 $\rho(NaOH)=14$g/L，$\rho(Al_2O_3)=10$g/L。以 1g 熟料对 3.5mL 赤泥洗液，0.4mL 碳分母液在 90℃下溶出 30min，取 120mL 溶出赤泥浆，用沸水稀释至 140mL，缓慢搅拌时加入絮凝剂，迅速倒入沉降管，倒置一次后，静置。同时计时，测定赤泥清液界面下降高度，计算出絮凝沉降速率。絮凝时水浴温度设定为 85℃。确定壳聚糖的最佳加入量，考察时间对壳聚糖絮凝能力的影响。用最佳加入量的 A-2000 和 PAS-1 两种絮凝剂做对比实验。

2. 实验结果及讨论

1）壳聚糖絮凝剂添加量对絮凝的影响

壳聚糖质量分数为 0.15%，稀乙酸的质量分数为 0.4%，其他情况下均为 0.3%。实验结果见表 3-17。从表 3-17 可以看出，壳聚糖对烧结法赤泥有一定的絮凝能力，其最佳添加量为干赤泥量的 0.025%，前两分钟平均沉降速率为 6.85cm/min。

表 3-17　壳聚糖絮凝效果[38]

（壳聚糖/干赤泥）/%	不同时间赤泥清液界面下降高度/cm								平均沉速/（cm/min）
	1min	2min	3min	4min	5min	6min	8min	10min	
0	4.0	8.1	12.0	14.5	15.7	16.3	17.0	17.2	4.05
0.0025	4.0	8.5	12.4	14.6	15.7	16.5	16.9	17.1	4.25
0.005	4.1	8.6	12.6	14.8	15.8	16.6	17.1	17.2	4.30
0.01	5.4	10.8	14.1	15.4	16.1	16.4	17.0	17.0	5.40
0.015	5.5	11.2	14.1	15.1	16.1	16.5	16.9	17.1	5.60
0.02	5.9	11.7	14.6	15.7	16.4	16.75	17.05	17.2	5.85
0.025	8.4	13.7	15.2	16.0	16.4	16.7	16.9	17.0	6.85
0.030	7.9	13.3	14.9	15.9	16.35	16.7	16.9	17.0	6.60
0.035	7.1	12.4	14.3	15.7	16.2	16.5	16·8	17.0	6.20
0.05	6.0	11.4	13.7	15.2	15.9	16.3	16.7	16.9	5.70
0.1	4.9	11.1	13.6	14.8	15.5	15.8	16.2	16.5	5.55
0.5	不清晰	不清晰	13.2	14.0	14.8	15.2	15.7	16.0	—

注：平均沉速是指沉降速率在 0～2min 时间内的平均值

2）壳聚糖溶液放置时间对絮凝能力的影响

由表 3-18，壳聚糖溶液放置 30h，其絮凝能力基本不变，说明壳聚糖溶液具有一定的稳定性，从而有利于生产中的配制、储存及运输，提高生产的稳定性。

表 3-18　壳聚糖溶液放置不同时间的絮凝效果[38]

（壳聚糖/干赤泥）/%	不同时间赤泥清液界面下降高度/cm								平均沉速/（cm/min）	备注
	1min	2min	3min	4min	5min	6min	8min	10min		
0.025	8.4	13.7	15.2	16.0	16.4	16.7	16.9	17.0	6.85	新配制
0.025	7.5	13.2	15.2	16.0	16.3	16.6	16.9	17.0	6.60	放置 15h
0.025	7.0	13.0	15.4	16.2	16.5	16.8	16.9	17.1	6.50	放置 30h

3）壳聚糖与工业絮凝剂絮凝能力的比较

将壳聚糖与两种合成高分子絮凝剂 A-2000 和 PAS-1 絮凝剂进行比较，结果见表 3-19。

表 3-19　不同絮凝剂的絮凝效果比较

絮凝剂种类	（絮凝剂/干赤泥）/%	不同时间赤泥清液界面下降高度/cm									平均沉速/（cm/min）
		0.5min	1min	2min	3min	4min	5min	6min	8min	10min	
壳聚糖	0.025	—	8.4	13.7	15.2	16.0	16.4	16.7	16.9	17.0	6.85
A-2000	0.015	—	12.0	14.8	15.8	16.1	16.5	16.8	16.9	16.9	7.40
PAS-1	0.035	14.6	16.0	16.7	17.1	17.2	17.2	17.2	17.2	17.2	8.35

由表 3-19 可见，壳聚糖絮凝剂与 A-2000，特别是 PAS-1 絮凝剂相比仍有差距。这主要是由于壳聚糖絮凝过程的诱导期较长，PAS-1 絮凝剂在 30s 内已经完成絮凝的 85%，絮凝 2min 之后，壳聚糖絮凝剂与 A-2000 絮凝剂沉降速率比较接近。

可以看出，壳聚糖作为赤泥絮凝剂是可行的，而且其絮凝效果与其他絮凝剂相比并不逊色。壳聚糖又是天然高分子聚合物，并可通过多种化学反应改善性能，具有其他絮凝剂不能比拟的优势。

3. 小结

（1）壳聚糖对烧结法赤泥有一定的絮凝能力，其最佳添加量为干赤泥量的 0.025%。壳聚糖絮凝诱导期较长，絮凝 2min 之后，壳聚糖絮凝剂与 A-2000 絮凝剂沉降速率接近。

（2）壳聚糖溶液放置 30h 对絮凝影响不大。

3.6.2　羧甲基壳聚糖对氧化铝烧结法赤泥的絮凝

壳聚糖作为絮凝剂有局限性，即在应用时需要溶于稀酸，这就使它的应用受到了限制，水溶性壳聚糖能够很好地溶于水，因此有望得到更广泛的应用。羧甲基壳聚糖是目前研究较多的水溶性壳聚糖之一。羧甲基壳聚糖的水溶性极好，而且无毒。本节制备了羧甲基壳聚糖，并研究了羧甲基壳聚糖对氧化铝赤泥的絮凝[58]。

1. 实验

1）实验试剂和仪器

所用壳聚糖为用碱量法测得脱乙酰度为 93% 的壳聚糖，相对分子质量用黏度法测得为 22.9×10⁴；一氯乙酸，分析纯；异丙醇，分析纯；甲醇，分析纯；NaOH，分析纯；冰醋酸，分析纯。氧化铝烧结法熟料；Al(OH)₃、NaOH、Na₂CO₃ 等均为分析纯。

LB801 型超级恒温水浴（辽阳市恒温仪器厂）；ZK82-B 型真空干燥箱（上海实验仪器厂）；电光天平（上海实验仪器厂）；电动马达；玻璃搅拌浆；500mL 三口烧瓶；汞封；冷凝器。

2）羧甲基壳聚糖的制备

配制 10mol/L NaOH 溶液，置于 250mL 容量瓶中。称取 10g 精制壳聚糖，随后将其放入三口烧瓶中，密闭。称取 12g 固体氯乙酸，在不断搅拌的情况下，分五次每隔 10min 加入。将三口烧瓶置于 60℃ 水浴中，恒温 4h 后加入 40mL 冷水，然后用冰醋酸调整 pH，直到 pH 为 7 时止，用双层纱布过滤，滤饼先用 150mL 70% 的甲醇水溶液洗涤，再用无水乙醇洗涤，最后放入真空干燥箱内 80℃ 真空干燥，即得白色羧甲基壳聚糖。

3）羧甲基壳聚糖对氧化铝赤泥的絮凝

分别将羧甲基壳聚糖溶于水配成万分之一、万分之二到万分之六的溶液。溶出熟料。取 10mL 羧甲基壳聚糖溶液，缓慢搅拌赤泥浆时加入，倒入絮凝管沉降，记录不同量的羧甲基壳聚糖对赤泥沉降过程的影响。

2. 结果及讨论

表 3-20 是羧甲基壳聚糖对赤泥絮凝的情况。由表 3-20 可以看出，在絮凝剂添加量较低时，羧甲基壳聚糖对絮凝基本无影响，当羧甲基壳聚糖的添加量达到万分之二时，赤泥的沉降速率已明显减慢。由此可见，羧甲基壳聚糖不适用于氧化铝烧结法赤泥的絮凝。

表 3-20　羧甲基壳聚糖的絮凝效果

（壳聚糖/干赤泥）/%	不同时间清液层高度/cm								平均沉速/(cm/min)
	1min	2min	3min	4min	5min	6min	8min	10min	
0	4.0	8.1	12.0	14.5	15.7	16.3	17.0	17.2	4.05
0.005	3.9	7.9	11.4	14.2	16.3	17.0	17.3	17.3	3.95
0.010	4.0	8.2	11.9	13.9	14.8	15.4	16.3	16.8	4.1
0.015	4.1	8.2	12.6	15.2	16.1	16.9	17.3	17.4	4.1
0.020	不清晰	6.4	9.9	13.6	16.4	17.15	17.3	17.4	3.2
0.025	不清晰	不清晰	8.5	11.6	14.4	15.7	16.9	17.3	—
0.030	不清晰	不清晰	8.6	11.6	14.5	15.6	16.8	17.2	—

注：平均沉速是指沉降速率在 0～2min 时间内的平均值

3. 小结

本节介绍了羧甲基壳聚糖的合成方法。在絮凝剂添加量较低时，羧甲基壳聚糖对郑州铝厂烧结法赤泥的絮凝基本无影响，当羧甲基壳聚糖的添加量达到干赤泥质量的万分之二时，赤泥的沉降速率已明显减慢。由此可见，羧甲基壳聚糖不适用于氧化铝烧结法赤泥的絮凝。

参 考 文 献

[1]　马青山，贾瑟，孙丽珉，等. 絮凝化学和絮凝剂[M]. 北京：中国环境科学出版社，1988.

[2]　陈元彩，肖锦. 天然有机高分子絮凝剂研究与应用[J]. 工业水处理，1999，19（4）：11-13.

[3]　马放，刘俊良，李淑更，等. 复合型微生物絮凝剂的开发[J]. 中国给水排水，2003，19（4）：1-4.

[4]　方忻兰. 高效絮凝剂壳聚糖螯合剂的研制及其絮凝效果的研究[J]. 环境污染与防治，1996，18（2）：5-6.

[5]　季君晖. Cu²⁺壳聚糖螯合物及壳聚糖吸附 Cu²⁺机理 XPS 研究[J]. 应用化学，2000，17（1）：115-116.

[6]　王纪孝，郝聚民，路国梁，等. 多孔壳聚糖膜对醇-水体系中醛的吸附性能[J]. 离子交换与吸附，2000，17（1）：16-22.

[7]　Chen J P，Yiacoumi S. Biosorption for metal ions from aqueous solutions[J]. Separation Science and Technology，1997，32（1-4）：51-69.

[8]　Muzzarelli R A A. Carboxymethylated chitins and chitosans[J]. Carbohydrate Polymers，1988，8（1）：1-21.

[9]　曹佐英，葛华才，赖声礼. 微波能促进壳聚糖钙离子配合物的制备研究[J]. 食品工业科技，2000，2：13-15.

[10]　蒋挺大. 甲壳素[M]. 北京：化学工业出版社，2003.

[11]　Wan Ngah W S，Hanafiah M A K M. Removal of heavy metal ions from wastewater by chemically modified plant wastes as adsorbents：A review[J]. Bioresource Technology，2008，99（10）：3935-3948.

[12]　刘娟. 壳聚糖改性及其吸附性能研究[D]. 太原：山西大学硕士学位论文，2003.

[13]　陈亮，陈东辉，李步祥. 壳聚糖吸附处理废水的研究进展[J]. 四川环境，2001，20（3）：19-23.

[14]　汪玉庭，唐玉蓉. 交联壳聚糖对重金属离子的吸附性能研究[J]. 环境污染与防治，1998，20（1）：1-3.

[15]　胡道道，房喻. 甲壳素/壳聚糖的配位化学和配合物应用的研究进展[J]. 无机化学学报，2000，16（3）：385-394.

[16]　Baumann H，Faust V. Concepts for improved regioselective placement of O-sulfo，N-sulfoN-acetll，and N-carboxymethyl groups in chitosan derivatives[J]. Carbohydrate Research，2001，（331）：43-57.

[17]　蔡照胜，王锦堂，杨春生，等. 羧甲基壳聚糖合成条件的油画及产物的结构表征[J]. 江苏化工，2004，32（2）：27-30.

[18]　田澍，顾学芳. 羧甲基壳聚糖的制备及应用研究[J]. 化工时刊，2004，18（4）：30-32.

[19]　刘斌，孙向英，徐金瑞. 改性壳聚糖絮凝螯合及释放 Cu²⁺的性能研究[J]. 2003，24（4）：364-368.

[20]　万里平，孟英峰，赵立志. 改性壳聚糖（VCG）的制备及其对油田酸化废水絮凝性能的研究[J]. 西华师范大学学报，2003，24（4）：415-417.

[21]　孙多先，徐正义，张晓行. 季铵盐改性壳聚糖的制备及其对红花水提液的澄清效果[J]. 石油化工，2003，32（10）：892-895.

[22]　张亚静，朱瑞芬，李颖. 壳聚糖季铵盐对造纸废水絮凝效果研究[J]. 宁波高等专科学校学报，2001，13（2）：42-45.

[23]　尹华，彭辉，肖锦. 天然高分子改性阳离子型絮凝剂的开发应用[J]. 工业水处理，1999，18（5）：1-3.

[24] 张光华, 谢曙辉, 郭炎, 等. 一类新型壳聚糖改性聚合物絮凝剂的制备与性能[J]. 西安交通大学学报, 2005, 36（5）: 541-544.

[25] 王峰, 李义久, 倪亚明. 丙烯酰胺接枝共聚壳聚糖絮凝剂的合成及絮凝性能研究[J]. 工业水处理, 2003, 23（12）: 45-47.

[26] 王莉. 复合絮凝剂 PAC-CTS 的性能探讨及絮凝效果研究[D]. 咸阳: 西北农林科技大学硕士学位论文, 2006.

[27] 李丽, 商宏涛, 孔浩. CTS-PFS 复合型絮凝剂的制备与应用研究[J]. 水处理技术, 2005, 9: 13-16.

[28] 曾德芳, 沈钢, 余刚, 等. 壳聚糖复合絮凝剂在城市生活污水处理中的应用[J]. 环境化学, 2002, 9（5）: 505-507.

[29] 杨润昌, 周书天, 朱云, 等. 复合型氨基葡聚糖絮凝剂的研制[J]. 湘潭大学自然科学学报, 1997, 19（2）: 68-71.

[30] 张廷安, 杨欢, 赵乃仁, 等. 用壳聚糖絮凝剂处理含镉（Ⅱ）废水[J]. 东北大学学报（自然科学版）, 2001, 5（22）: 547-549.

[31] 邹鹏, 宋碧玉, 王琼. 壳聚糖絮凝剂的投加量对污泥脱水性能的影响[J]. 工业水处理, 2005, 25（5）: 35-37.

[32] 周春琼, 邓先和, 刘海敏. 无机-有机高分子复合絮凝剂研究与应用[J]. 化工进展, 2004, 23（12）: 1277-1284.

[33] 曲荣君, 阮文举. FTIR 研究非完全脱乙酰甲壳质对金属离子的吸附机理[J]. 环境化学, 1997, 5: 435-441.

[34] 林志艳, 陈亮, 陈东辉. 壳聚糖分子量与絮凝剂投加量的关系模型[J]. 环境科学研究, 2003, 5: 45-47.

[35] 林志艳, 陈亮, 陈东辉. 壳聚糖絮凝动力学研究[J]. 化学世界, 2002, S1: 99-101.

[36] Muzzarelli RAA. Chitin[M]. NewYork: Pergamonpress, 1997.

[37] Guibal E, Roulph C, Cloirec P. Infrared spectroscopic study of uranyl biosorption by fungal biomass and materials of biological origin[J]. Environmental Science and Technology, 1995, 29: 2496-2503.

[38] 胡道道, 史启祯, 唐宗薰. 甲壳素/壳聚糖的配位化学和配合物的研究进展[J]. 无机化学学报, 2000, 16（3）: 85-94.

[39] 黄晓佳, 王爱勤, 袁光谱. 壳聚糖对 Zn^{2+} 的吸附性能研究[J]. 离子交换与吸附, 2000, 16（1）: 60-65.

[40] Minamisawa H, Iwanami H, Arai N, et al. Adsorption behavior of cobalt（Ⅱ）on its determination by tungsten metal furnace atomic absorption spectrometry[J]. Analytica Chimica Acta, 1999, 378（1-3）: 279-285.

[41] Lasko C L, Hurst M P. An investigation into the use of chitosan for the removal of soluble silver from industrial wastewater[J]. Environmental Science and Technology, 1999, 33: 3622-3626.

[42] 张廷安, 赵乃仁, 张继荣, 等. 用壳聚糖絮凝剂去除水中汞（Ⅱ）[J]. 东北大学学报（自然科学版）, 1997, 18（1）: 68-71.

[43] 李琼, 奚旦立. 壳聚糖吸附废水中铅离子的研究[J]. 化工环保, 2005, 25（5）: 350-352.

[44] 陈鹏, 谭天伟. 壳聚糖水处理剂对含 Cr^{3+} 废水的处理[J]. 工业水理, 2000, 20（6）: 16-19.

[45] 唐兰模, 沈敦瑜, 符迈群, 等. 用壳聚糖除去溶液中微量镉（Ⅱ）的研究[J]. 化学世界, 1998, （10）: 549-502.

[46] 何松裕. 甲壳素对有毒及放射性金属离子吸附作用的研究[J]. 化学世界, 1996, （5）: 252-254.

[47] 张廷安, 豆志河. 壳聚糖絮凝处理废水中的 Ag^+[J]. 东北大学学报, 2006, 1: 53-56.

[48] 张廷安, 豆志河. 用壳聚糖脱除废水中的铜离子[J]. 东北大学学报, 2006, 2: 203-205.

[49] 张廷安, 于淳荣, 赵乃仁. 壳聚糖絮凝剂处理含镉废水的研究[J]. 稀有金属与硬质合金, 1993, S1: 84-86.

[50] 陈盛, 陈祥旭, 黄丽梅, 等. 甲壳素脱乙酰度方法及测定比较[J]. 化学世界, 1996, 8: 419-422.

[51] 张祥麟. 络合物化学[M]. 北京: 冶金工业出版社, 1979.

[52] 钟竹前, 梅光贵. 化学位图在湿法冶金和废水净化中的应用[M]. 长沙: 中南工业大学出版社, 1986.

[53] 毕诗文. 氧化铝生产工艺[M]. 北京: 化学工业出版社, 2005.

[54] Orban M，Imre A，Stefaniai V. Complex mineralogical investigation and characterization of red mud and its components[J]. Travaux du Comite International Des Bauxites，De LAlumine et DAuminium（ICSOBA）N，1976，13：507-513.

[55] 杨绍文，李清. 氧化铝生产赤泥的综合利用现状及进展[J]. 矿产保护与利用，1999，（6）：46-49.

[56] 张廷安，张国悦，吕子剑. 用壳聚糖絮凝剂分离赤泥的比较研究[J]. 材料与冶金学报，2003，1：29-32.

[57] 吴小勇，曾庆孝，曾锋，等. 碱量法测定壳聚糖脱乙酰度计算公式中存在的一个问题的探讨[J]. 广州食品工业科技，2004，20（4）：96-97.

[58] 张国悦. 改性甲壳质絮凝分离赤泥的比较研究[D]. 沈阳：东北大学硕士学位论文，2002.

第4章　交联壳聚糖树脂

壳聚糖链上具有可作为螯合金属离子位点的氨基和羟基，因此，它被认为是适合回收金属的天然聚合物。但是，壳聚糖容易溶解在酸性溶液中，稳定性差，这限制了其在固定床中的应用。如果将壳聚糖交联制成树脂产品，对提高壳聚糖的应用价值是十分有意义的。经过交联得到的壳聚糖树脂具有更好的机械强度、化学稳定性和生物相容性，并增加抵抗酸、碱和有机试剂的能力。另外，交联也能改变壳聚糖的天然晶体结构从而增加吸附能力。

1）树脂

树脂一般认为是植物组织的正常代谢产物或分泌物，常与挥发油并存于植物的分泌细胞、树脂道或导管中，尤其是多年生木本植物心材部位的导管中。它是由多种成分组成的混合物，通常为无定形固体，表面微有光泽，质硬而脆，少数为半固体，不溶于水，也不吸水膨胀。

树脂有天然树脂和合成树脂之分。天然树脂是指由自然界中动植物分泌物所得的无定形有机物质，如松香、琥珀、虫胶等。合成树脂是指由简单有机物经化学合成或某些天然产物经化学反应而得到的产物，是由人工合成的一类高分子聚合物。

2）交联

交联是线形或支链形高分子链间以共价键连接成网状或体形高分子的过程。交联分为化学交联和物理交联。

化学交联一般通过缩聚反应和加聚反应来实现，主要以共价键结合作用为主，如橡胶的硫化、不饱和聚酯树脂的固化等；物理交联利用光、热等辐射使线形聚合物交联，如聚乙烯的辐射交联，通过氢键、极性键等弱相互作用结合而成。线形聚合物经适度交联后，其力学强度、弹性、尺寸稳定性、耐溶剂性等均有改善。交联常被用于聚合物的改性。

3）交联壳聚糖树脂

近年来，人们对壳聚糖及其衍生物的结构和性能进行了大量的研究，但是壳聚糖树脂的定义却始终未确定。我们认为，壳聚糖经过交联后物理和化学性能发生变化，交联产物不溶解，溶胀作用也很小，可形成网络结构，化学性质更稳定。大部分交联壳聚糖呈黄色，半透明，有光泽，且具有很好的韧性。这些性质都与树脂的性质相似，因此，我们将这种交联后具有稳定的物理化学性质，并且具有光泽感的黄色交联壳聚糖产物称为交联壳聚糖树脂。

本章主要阐述了几种交联壳聚糖树脂的制备方法，并研究了其对金属离子的吸附性能。

4.1　戊二醛交联壳聚糖树脂

壳聚糖是自然界存在的唯一碱性多糖。它的氨基极易形成季胺正离子，有弱碱性阴离子交换作用，而且它对过渡金属有良好的螯合作用，尤其是碱性金属的存在不影响壳聚糖对过渡金属的螯合作用，但壳聚糖是线形高聚物，不能直接作为螯合树脂使用。

Muzzarelli[1]用戊二醛交联壳聚糖，得到了在酸性及碱性条件下基本不溶胀的树脂，但其螯合容量及阴离子交换容量比交联前明显降低。有研究人员[2, 3]发现这是戊二醛与壳聚糖进行交联反应时占用了壳聚糖上一部分配位基团所造成的，因此他们改变了直接交联的方法，采取了先用 Cu^{2+} 与壳聚糖螯合，将其配位基团保护起来，然后用戊二醛进行交联，再用稀酸将 Cu^{2+} 洗脱下来，从而得到配位基团被大量保留的交联壳聚糖-戊二醛树脂，保持了对 d-过渡金属良好的吸附作用。但关于戊二醛-壳聚糖树脂吸附贵重金属的研究报道极少。本节采用静态实验研究了酸度、离子浓度、树脂用量等因素对壳聚糖-戊二醛树脂吸附性能的影响。该树脂在 pH=1、树脂用量为 20mg 和 Pt(Ⅱ)浓度为 100mg/L 的条件下，对 Pt(Ⅱ)的吸附容量为 54.7mg Pt/g 干树脂。该树脂对 Au(Ⅲ)吸附速率快，在 30min 内吸附率可达 80%，吸附容量为 88mg Au/g 干树脂，超过了公认有较高吸附容量 XAD-7[4]的70.80mg Au/g 干树脂。

4.1.1　实验方法

1. 仪器与试剂

721 型分光光度计；康氏振荡器；PHS-2 型酸度计。金为光谱纯，其他试剂均为分析纯。

2. 戊二醛交联壳聚糖树脂的制备

称取 15g 一次碱处理壳聚糖，搅拌并悬浮于 110mL10% $CuSO_4$ 溶液中，浸泡，在 40℃水浴中加热 4h，冷却至室温过夜，过滤，洗涤，洗至用 Na_2S 法检测不出Cu^{2+}，再用乙醇及乙醚洗涤，然后干燥得到壳聚糖-Cu^{2+}络合物 33.15g。称取 9.4442g壳聚糖-Cu^{2+}络合物，悬浮于 36mL 去离子水中，加入 18mL 25%戊二醛，在水浴

75℃下反应 1.5h，滤去液体，固体用乙醇、乙醚洗涤两遍，所得交联壳聚糖-Cu^{2+}络合物用 0.1mol/L HCl 溶液洗涤，将 Cu^{2+} 洗脱下来，洗液至用 Na_2S 检测不出 Cu^{2+}，然后用水洗至中性，用乙醇及乙醚洗涤，干燥得 11.9595g 橙色交联壳聚糖-戊二醛树脂，磨成粉末并用–0.147mm（100 目）筛分备用。

3. 吸附实验

采用静态实验法称取一定量树脂，在选定条件下加入金溶液，振荡至平衡，滤去树脂，用孔雀绿分光光度法测定残余水相金的浓度。计算其吸附率和树脂的吸附容量。

定时从反应器中取出一定的溶液，仍采用孔雀绿分光光度法测定金的浓度，从而确定树脂的交换速度。

采用静态实验法称取一定量树脂，在选定条件下加入铂溶液，振荡至平衡，滤去树脂，用双十二烷基二硫代乙二酰胺（DDO）分光光度法测定残余水相铂的浓度，计算其吸附率和树脂的吸附量。

4.1.2　结果与讨论

1. 树脂对金离子的吸附性能

1）酸度对树脂吸附性能的影响

每次移取 100μg/mL 金溶液 20.0mL 于 6 个 50mL 烧杯中，用 HCl 与 NaOH 溶液调节 c_{H^+} 分别为 2mol/L、1mol/L、0.1mol/L、0.01mol/L、0.001mol/L、0.0001mol/L，准确称量 25mg 树脂于烧杯中，盖上塞子，振荡 1h，静置 12h，取滤液测金含量，结果见表 4-1。从表 4-1 中可以看出，随着酸度的降低，吸附率有所增加。

表 4-1　酸度对树脂吸附性能的影响

c_{H^+}	2	1	0.1	0.01	0.001	0.0001
残液浓度/(mg/L)	31.0	29.3	31.0	26.3	23.7	22
吸附率/%	69.0	70.7	69.0	73.8	76.4	78
吸附量/(mg Au/g 干树脂)	55.2	56.5	55.2	59	61.1	62.4

2）初始浓度对树脂吸附性能的影响

配制浓度为 100μg/mL、75μg/mL、50μg/mL、30μg/mL、10μg/mL 的金溶液，每次移取 20mL，调节 pH=0，倒入装有 25mg 壳聚糖-戊二醛树脂的 50mL 三角烧杯中，振荡 1h，静置 12h，过滤，取滤液，结果见表 4-2。从表 4-2 中可知，提高金溶液的浓度，树脂的吸附率提高。

表 4-2 初始浓度对树脂吸附性能的影响

初始浓度/(mg/L)	10	30	50	75	100
残液浓度/(mg/L)	5.05	16.5	9.30	12.0	29.3
吸附率/%	49.5	45	81.4	84	70.7
吸附量/(mg Au/g 干树脂)	3.96	10.8	32.6	50.4	56.5

3）树脂用量对吸附性能的影响

准确称取 15mg、25mg、35mg、45mg、55mg 壳聚糖-戊二醛树脂于 5 个 50mL 三角烧杯中，移取 100μg/mL 金溶液（pH=0.52），振荡 1h，静置 12h 后过滤分析，结果见表 4-3。显然，增加树脂用量，树脂的吸附率明显提高，可达 93.1%。说明 Au^{3+} 与更多的—N—络合，吸附率提高，但吸附量却降低，其原因是平衡时该树脂未达其最大吸附量。另外还可以看出，在树脂用量为 15mg 时，树脂的吸附量达 88mg Au/g 干树脂。

表 4-3 树脂用量对吸附性能的影响

树脂用量/mg	15	25	35	45	55
残液浓度/(mg/L)	64	21.6	14	7.5	6.9
吸附率/%	66	78.4	86	92.5	93.1
吸附量/(mg Au/g 干树脂)	88	62.7	49.1	41.1	33.9

4）动力学性能测定

（1）温度对吸附速率的影响。吸取 100μg/mL 金溶液 50mL 于 100mL 烧杯中，15℃、25℃、35℃和 45℃下恒温水浴加入 50mg 壳聚糖-戊二醛树脂，搅拌器搅拌，定时吸取反应液，过滤，并取滤液分析测定其吸光度。结果如图 4-1 所示。由图 4-1

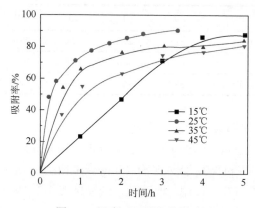

图 4-1 温度对吸附率的影响

可以看出树脂对金的吸附是比较快的，在 2h 以后吸附率变化不大，一般在 70%～80%缓慢变化，随着时间的增加，吸附率增大，在 25℃时吸附率随时间变化较快，随着温度的升高或降低，吸附率随时间的变化都较 25℃时有所降低。因此吸附温度控制在 15～25℃较好，在此区间温度升高，吸附速率增加，吸附率也增加。

（2）初始浓度对吸附速率的影响。配制浓度为 100μg/mL、75μg/mL、50μg/mL、30μg/mL、10μg/mL，各移取 20mL 放入称有 25mg 壳聚糖树脂的三角烧杯中，振荡并定时吸附溶液过滤分析，结果如图 4-2 所示。从图中可见，吸附反应进行得较快，30min 左右吸附率已达 80%。初始浓度对吸附速率的影响不大，说明吸附过程可能主要受内扩散控制。

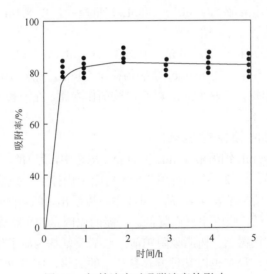

图 4-2　初始浓度对吸附速率的影响

5）吸附机理分析

交联壳聚糖-戊二醛树脂是一种弱碱性阴离子交换树脂。树脂吸附金前，羟基及氨基均质子化，吸附金时氨基与金络合，H^+脱离氨基，羟基也以某种方式参与金的络合，离子通过简单的阴离子交换机理附着在 N—N^+上形成离子对，H^+的浓度即酸度对吸附过程有以下两个方面的影响：①H^+和 Au^{3+}竞争与 N 配位成络；②H^+的浓度影响金在溶液中的存在形式（$AuCl_4^-$）。

H^+浓度大，与氨基上 N 配位质子化程度大，影响 Au^{3+}与 N 的配位络合，而且 Au 以阳离子形式存在的趋势增大，因而在酸度过大的情况下，吸附率较小。H^+浓度过小，即 pH 增加，会出现 $Au(OH)_3$沉淀，或是其他阳离子浓度增大，影响树脂的阴离子交换。壳聚糖-戊二醛树脂对金的吸附在一定温度范围，升高温度，溶液离子运动速度加快，树脂活性有所增加，与—N—结合的机会多，因此吸附速率加快，吸附率也相应增加。继续升高温度，吸附作用是放热反应过程（$\Delta H < 0$），根据平衡理论，温度升高不利于吸附，因此吸附率减小。

2. 树脂对铂离子的吸附性能

1）铂标准曲线的绘制

称取 0.1000g 纯铂丝置于 100mL 烧杯中，加 20mL 新配制王水，温热溶解，加 5mL 20%氯化钠溶液，温热蒸干，加 3～5mL 盐酸驱赶硝酸三次，用 50mL 盐酸溶解盐类于 1000mL 容量瓶中，加去离子水稀释至刻度，混匀，1mL 此溶液含 100μg 铂。移取上述溶液 5.00mL 于 50mL 容量瓶中，以 8.4mol 盐酸稀释至刻度混匀，1mL 此溶液含 10μg 铂。

移取 10μg/mL 铂标准溶液 0mL、0.5mL、1.0mL、1.5mL、2.0mL、2.5mL 于一组 60mL 分液漏斗中，用 8.4mol 盐酸稀释至 20mL，加入 1mL DDO 溶液，混匀，加 1mL 三氯甲烷，萃取 1min，以空白试剂作参比，在波长 510nm 处，用 1cm 比色皿测定吸光度 A。

2）酸度对树脂吸附性能的影响

每次移取 60μg/mL 铂溶液 15mL 于 50mL 烧杯中，用 HCl 与 NaOH 溶液调节 pH 分别为 0、0.66、1、2，准确称量 20mg 树脂于烧杯中，振荡 2.5h，静置 12h，取滤液测铂含量，结果见表 4-4。从表 4-4 中可以看出，随着酸度的降低，吸附率增加，酸度继续降低，吸附率反而降低。可能的原因是，交联壳聚糖-戊二醛树脂属弱碱性阴离子交换树脂，树脂吸附铂前，羟基及氨基均质子化，吸附铂时 N 与铂成络，H^+ 脱离铵，羟基也以某种方式参与铂的成络，H^+ 和 Pt^{3+} 竞争与 N 配位成络；Pt^{3+} 通过简单的阴离子（$PtCl_4^{2-}$）与质子化的氨基静电吸附；此外，H^+ 的浓度影响铂在溶液中络阴离子（$PtCl_4^{2-}$）的多寡。因此，H^+ 浓度大，与胺基上 N 配位质子化程度大，影响 Pt^{2+} 与 N 的配位成络，而且 Pt 以阳离子形式存在的趋势增大，因而在酸度过大的情况下，吸附率较小。H^+ 浓度过小，即 pH 增加，会出现 $Pt(OH)_2$ 沉淀，影响树脂的阴离子交换。

表 4-4　酸度对树脂吸附性能的影响

pH	0	0.66	1	2
液态度/(mg/L)	53.8	28.8	28.2	37.2
吸附率/%	10.3	52	53	38
吸附量/(mg Pt/g 干树脂)	7.75	39	39.8	28.5

3）初始浓度对树脂吸附性能的影响

配制浓度为 10μg/mL、25μg/mL、50μg/mL、75μg/mL、100μg/mL 的铂溶液，每次移取 15mL，调节 pH=1，加入盛有 20mg 戊二醛树脂的 50mL 三角烧杯中，振荡 2.5h，静置 12h，取滤液分析，结果见表 4-5。从表 4-5 中可知，当提高铂溶液浓度时，树脂的吸附率提高，吸附量达到 54.7mg Pt/g 干树脂。

表 4-5　初始浓度对树脂吸附性能的影响

初始浓度/(mg/L)	10	25	50	75	100
残液浓度/(mg/L)	1.39	3.90	14.8	19.5	23.9
吸附率/%	83.6	81.8	65.9	70.4	72.9
吸附量/(mg Pt/g 干树脂)	6.46	15.3	24.3	39.6	54.7

4）树脂用量对吸附性能的影响

分别称取 10mg、20mg、30mg、50mg 戊二醛树脂于 50mL 三角烧杯中，移取 100μg/mL 铂溶液，调整 pH=0.66，振荡 2.5h，静置 12h 后过滤分析结果如图 4-3 所示。显然，增加树脂用量，树脂的吸附率明显提高，达到约 85.2%。说明 Pt^{2+} 与更多的 N 络合，吸附率提高时，吸附量却降低，其原因是平衡时树脂未达到最大吸附量。

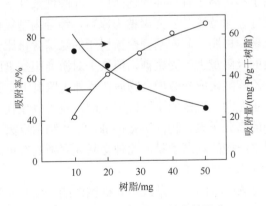

图 4-3　树脂用量对吸附性能的影响

4.1.3　小结

壳聚糖来源广泛，资源丰富，用壳聚糖和戊二醛交联合成树脂，制备简单，成本低廉。该树脂对贵金属有很好的吸附性能。对金的吸附量为 88mg Au/g 干树脂，吸附速率快，吸附速率受内扩散控制；对铂的吸附量为 54.7mg Pt/g 干树脂。

4.2　环硫氯丙烷交联壳聚糖树脂

4.2.1　环硫氯丙烷交联壳聚糖树脂的合成反应特征

　　壳聚糖可通过双官能团与醛或酸酐等进行交联，交联的主要目的是使产物在酸性溶液中不易溶解，甚至溶胀也很小，机械性能相对稳定，这对于它们被用作金属离子的吸附剂是十分重要的性质。

　　壳聚糖交联反应是一个十分具有研究价值的课题，近年来越来越多地引起研究者的兴趣，研究成果不断见诸报道[5-7]。冯长根等[8]以三聚氯氰为活化剂，合成了正丁胺、二甲胺、三甲胺、三乙胺、苯甲胺、对甲基苯胺、对氨基苯磺酸等化合物修饰的戊二醛交联壳聚糖树脂，产物交联较均匀，机械性能和吸附性能较好。袁彦超等[9]以甲醛为预交联剂，环氧氯丙烷为交联剂，通过反相悬浮交联法制备出新型壳聚糖树脂，制备出耐酸性能好、吸附能力强（对 Cu^{2+} 的饱和吸附量达2.983mmol/g）、力学强度好、孔隙率较高（77.38%）的壳聚糖树脂。孙胜玲等[10]在溶液 pH 为 6.5 的条件下用脱乙酰度为 100%的壳聚糖与铅离子作用得到模板壳聚糖，再用戊二醛作交联剂，然后用盐酸洗脱铅离子，合成了铅交联壳聚糖模板树脂。在 CHO/NH_2 为 0.75：1 时合成的交联壳聚糖树脂对铅离子有最大吸附量，并且该树脂对铅离子和铜离子有较高的选择性，在酸性条件下不会发生软化和溶解，重复使用性良好。徐慧等[11]以壳聚糖为原料，经羟丙基氯化、氨基化，制备了一种新型氨基壳聚糖树脂。此氨基壳聚糖树脂的氨基含量比壳聚糖高，对人血白蛋白结合胆红素的吸附量大于壳聚糖，但低于对游离胆红素的吸附。另外，还能把壳聚糖用三氯乙酸酰化成光敏聚合物后在紫外光照射下交联。

　　交联作用可发生在同一直链的不同链节之间，也可发生在不同直链间，交联壳聚糖是网状结构的高分子聚合物。Mochizuki 等[12]利用反离子进行交联，形成离子化交联三维网络结构的聚离子膜，此种交联壳聚糖具有更高的亲水性，表现出极其优良的渗透汽化分离性能。

　　将壳聚糖进行交联的目的之一是改善其机械性能，使其作为吸附剂不溶于吸附液，更好地发挥其吸附作用。交联反应主要是在分子间发生，也不排除在分子内发生[13, 14]，但往往在交联的过程中，发生交联的位置是壳聚糖分子链中的活性点，即交联反应的活性部位同时也是吸附过程的活性部位，这使得树脂在交联之后吸附性能有一定程度的下降。在本研究中，因为吸附的金属离子对象主要是贵金属离子，根据硬软酸碱（HSAB）理论[15]，硬酸与硬碱结合，软酸与软碱结合，常常可形成稳定的配合物。贵金属离子一般属于软酸，而环含硫、氮的树脂通常属于软碱或中间碱，软酸与软碱结合，容易形成稳定的配合物。鉴于此，本章采用环硫氯丙烷为交联剂，合成环硫氯丙烷交联壳聚糖树脂。

环硫氯丙烷与壳聚糖的交联反应是一个受反应温度、时间、酸度等多方面因素影响的反应过程，而不同反应条件下生成的交联产物往往也具有不同的性能，为了更多地了解反应过程，从而通过控制反应条件而合成有益于某一既定目标的交联产物，我们对交联壳聚糖的合成反应特征进行了深入的研究。

目前国内外对交联壳聚糖树脂的研究，多为化学改性后的交联壳聚糖对金属离子吸附性能的研究[16-18]，而对交联壳聚糖树脂反应特征的研究报道较少。本章利用环硫氯丙烷作交联剂，合成一种不溶于酸性溶液、制备工艺简单、低成本的交联壳聚糖树脂。对环硫氯丙烷交联壳聚糖树脂的合成工艺参数进行了研究，其中包括研究原料配比、反应温度、搅拌速度、反应时间对交联壳聚糖树脂合成的影响，并在此基础上对交联反应动力学进行了探讨，为工业化生产设计最佳工艺条件提供基础实验数据。

1. 实验材料及方法

1）实验试剂及仪器

壳聚糖，浙江金壳生物化学有限公司；环氧氯丙烷，沈阳化学试剂厂；硫脲，沈阳东兴试剂厂；冰醋酸，东北制药厂。

乌式黏度计；JA5003 型电子天平；DZKW-C 型水浴锅；CTI-C 型控温仪；LDZ4-0.8 自动平衡微型离心机；D-8401W 型多功能电动搅拌器；DZHW 型调温电热套。

2）壳聚糖的溶解及性质测定

a. 乙酸的浓度对壳聚糖溶解的影响

壳聚糖在稀酸中有一个逐渐溶解的过程。开始一段时间氨基结合氢质子的过程，看不到壳聚糖的溶解，当阳离子聚电解质的形成达到一定的数量，才开始有少量壳聚糖溶解，这些早期溶解的壳聚糖，一般是那些脱乙酰度高而相对分子质量低的[19]；然后溶解速度越来越快，到最后又慢了下来，这是相对分子质量高而脱乙酰度低的壳聚糖，如果脱乙酰度太低，则不能溶解。

加热和搅拌能促进壳聚糖的溶解，但同时也伴随着壳聚糖的少量降解，如果温度高，时间长，酸浓度大，搅拌太剧烈，则壳聚糖分子链降解更严重[20]。

a）乙酸浓度的影响

称量质量为 1.0g 的壳聚糖，分别配制浓度为 1%、0.5%、0.1%的乙酸溶液100mL，用于制备壳聚糖溶液，做比较实验。

b）乙酸用量的影响

称量质量为 0.5g 的壳聚糖，配制浓度为 0.5%的乙酸溶液，改变乙酸溶液的用量分别为 20mL、50mL、70mL，分别溶解壳聚糖。

b. 壳聚糖黏均相对分子质量的测定

壳聚糖是一种天然高分子多糖，若相对分子质量大小不同，其物理机械性能也不一样，用途也不同，因此相对分子质量是壳聚糖的一项重要质量指标。通常壳聚糖的相对分子质量采用黏均相对分子质量来表示，及通过黏度来求算相对分子质量。

黏度的测量方法有很多种，不同的方法具有不同的物理意义。一种是用旋转黏度计来测定壳聚糖的黏度，这是表观黏度，其数值可大致反映壳聚糖黏度的大小，但不能由此计算出相对分子质量。另一种重要的黏度表示方法是特性黏度$[\eta]$（the intrinsic viscosity），表示单个高分子在浓度 c 的情况下对溶液黏度的贡献，其数值不随浓度而改变，是较为常用的高分子溶液黏度的表示方法[21]。

本实验通过测定壳聚糖溶液的特性黏度，来计算其黏均相对分子质量。此方法的理论依据是 Mark-Houwink 方程，即

$$[\eta] = KM^{\alpha} \tag{4-1}$$

式中，$[\eta]$为特性黏度；K 为 Mark-Houwink 方程常数，$cm^{-3}·g^{-1}$；α 为 Mark-Houwink 方程常数；M 为相对分子质量，g/mol。

配制 0.2mol/L NaCl 和 0.1mol/L CH_3COONa 的缓冲溶液于 250mL 容量瓶中，用电子天平准确称取 0.5g 壳聚糖溶于缓冲溶液中，搅拌至全部溶解，用移液管移取 15mL 壳聚糖于乌式黏度计中，保持乌式黏度计温度恒定为 25℃，用秒表分别测定溶剂及经稀释后不同浓度的壳聚糖溶液在乌式黏度计中的下落时间。

3) 环硫氯丙烷的制备

在 500mL 三口烧瓶中加入 31.2mL 环氧氯丙烷、100mL 蒸馏水、33.6g 硫脲，用冰浴冷却，使反应液温度控制在 0～5℃，搅拌反应 4h。然后将反应液倒入分液漏斗中静置分层，收集下层有机相，在 95℃蒸馏得较纯的环硫氯丙烷单体，放入冰箱中保存[22]。

反应过程如下：

$$H_2C\underset{O}{\diagup}\overset{}{CH}—CH_2Cl+H_2N—\underset{S}{\overset{\parallel}{C}}—NH_2 \longrightarrow H_2C\underset{S}{\diagup}\overset{}{CH}—CH_2Cl+H_2N—\underset{O}{\overset{\parallel}{C}}—NH_2$$

4) 交联壳聚糖树脂的制备及交联度的测定

a. 环硫氯丙烷交联壳聚糖树脂的合成

将一定量壳聚糖溶解在 50mL 质量分数为 0.5%的乙酸溶液中，置于装有搅拌器及温度计的 250mL 三口烧瓶中，搅拌均匀后滴加适量环硫氯丙烷，70℃下搅拌 1h，再以恒压滴液漏斗缓慢滴加质量分数为 20%氢氧化钠溶液，使体系 pH 始终保持在 11 左右，反应 10h。过滤后的产物用蒸馏水洗至中性，用乙醇抽提。在 50℃下干燥至恒重，得淡黄色颗粒状树脂，研磨至 80～100 目，得淡黄色颗粒状树脂[23]。

b. 交联度的测定

称取一定量的交联后的壳聚糖树脂（w_1），在 0.5%乙酸溶液中浸泡 24h，取出后在干燥箱中称重（w_2），计算其交联度，计算式如下：

$$\xi = (w_2/w_1) \times 100\% \qquad (4\text{-}2)$$

式中，ξ 为交联度；w_1 为交联后的壳聚糖树脂质量，g；w_2 为干燥后的壳聚糖树脂质量，g。

5）合成反应条件的优化实验

本实验是用交联度参数对反应物的转化程度进行表征，因此需通过对主要反应条件进行对比实验，以找到合成最佳交联度树脂的实验条件，对其后的交联反应动力学的研究提供实验所需工艺参数。

a. 原料配比的选取

分别称取壳聚糖 0.5g，用 50mL 质量分数为 0.5%的乙酸溶液溶解，搅拌速度一定，反应温度为 80℃，其他实验条件不变，改变环硫氯丙烷的用量分别为 1.7g、2.0g、2.3g、2.6g、3.0g 进行实验。

b. 反应温度的选取

壳聚糖的用量为 1g，用 100mL 浓度为 0.5%的乙酸溶液溶解，搅拌速度一定，改变反应温度分别为 60℃、65℃、70℃、75℃、80℃、85℃、90℃进行实验。

c. 搅拌速度的选取

壳聚糖的用量为 1g，用 100mL 浓度为 0.5%的乙酸溶液溶解，环硫氯丙烷的用量为 3g，改变搅拌速度分别为 2 挡、3 挡、4 挡进行实验。

d. 反应时间的选取

壳聚糖的用量为 1g，用 100mL 浓度为 0.5%的乙酸溶液溶解，环硫氯丙烷的用量为 3g，反应温度为 80℃，改变体系反应时间分别为 40min、60min、100min、180min、300min、600min 进行实验。

2. 结果与讨论

1）壳聚糖的黏均相对分子质量

黏均相对分子质量是壳聚糖的重要性能参数之一，黏度法是快速而简单地测定高分子化合物相对分子质量的一种方法。聚合物的相对分子质量远远大于溶剂，因此将聚合物溶解于溶剂时，溶液的黏度将大于纯溶剂的黏度。用乌式黏度计测定不同浓度壳聚糖溶液在毛细管中的下落时间，得出其相对分子质量。

相对黏度和增比黏度的计算公式如下：

$$\eta_r = t/t_0 \qquad (4\text{-}3)$$

$$\eta_{sp} = \eta_r - 1 \qquad (4\text{-}4)$$

式中，η_r 为相对黏度；η_{sp} 为增比黏度；t 为不同浓度溶液下落时间，s；t_0 为溶剂下落时间，s。

聚合物溶液与小分子溶液不同，甚至在极稀的情况下，仍具有较大的黏度。黏度是分子运动时内摩擦力的量度，因溶液浓度增加，分子间相互作用力增加，运动时阻力就增大。

表示聚合物溶液黏度和浓度关系的经验公式很多，最常用的是哈金斯（Huggins）公式：

$$\frac{\eta_{sp}}{c} = [\eta] + k[\eta]^2 c \qquad (4\text{-}5)$$

在给定的体系中，k 是一个常数，称为哈金斯参数。用来表征溶液中高分子间和高分子与溶剂分子间的相互作用。另一个常用的公式为

$$\frac{\ln \eta_r}{c} = [\eta] - \beta[\eta]^2 c \qquad (4\text{-}6)$$

式中，β 为常数，从式（4-5）和式（4-6）看出，如果用 $\dfrac{\eta_{sp}}{c}$ 或 $\dfrac{\ln \eta_r}{c}$ 对 c 作图并外推到 $c \to 0$（即无限稀释），两条直线会在纵坐标上交于一点，其共同截距即为特性黏度 $[\eta]$。

以 $\ln \eta_r / c\text{-}c$ 及 $\eta_{sp} / c\text{-}c$ 作图得两条直线，结果如图 4-4 所示，将两条直线分别外推至 $c=0$，交于一点，根据截距，得 $[\eta]=580$；由式（4-1），式中常数 $K=16.8 \times 10^{-3}$，$\alpha=0.81^{[24]}$，可计算出壳聚糖的黏均相对分子质量 $M=4.1 \times 10^5$。

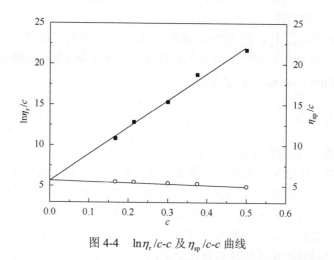

图 4-4　$\ln \eta_r / c\text{-}c$ 及 $\eta_{sp} / c\text{-}c$ 曲线

2）壳聚糖溶液的浓度

壳聚糖的溶解及其溶液的稳定性在反应中尤为重要，因此要选择最佳溶剂浓

度及用量。本实验制备壳聚糖稀溶液的溶剂是乙酸，稀溶液浓度的改变，也牵涉离子强度的改变。这里所说的溶液浓度的改变，包括两个方面：一是乙酸浓度的改变；二是壳聚糖浓度的改变，即乙酸用量的改变。

　　a. 乙酸浓度的确定

　　壳聚糖是带氨基的线形聚合物，可溶于酸性介质中，本实验用不同浓度的乙酸作溶剂，制备壳聚糖溶液（表 4-6）。

表 4-6　乙酸溶液浓度对壳聚糖溶解性的影响

壳聚糖质量/g	温度/℃	乙酸溶液的浓度/%	壳聚糖完全溶解所需时间
1.0	10	1.0	43min
1.0	10	0.5	3h 22min
1.0	10	0.1	72h（未完全溶解）

　　由表 4-6 可见，乙酸浓度越大，壳聚糖溶解速度越快，而当乙酸浓度为 0.1% 时，壳聚糖在 72h 时仍未完全溶解，有淡黄色的沉淀。但需强调的是，壳聚糖的糖苷键是半缩醛结构，这种半缩醛结构对酸是不稳定的，壳聚糖的酸性溶液在放置过程中，会发生酸催化的水解反应，壳聚糖分子的主链不断降解，黏度越来越低，相对分子质量逐渐降低，最后被水解成寡糖和单糖。即使小心配制壳聚糖溶液，采取一些办法使之近乎没有游离酸存在，放置较长时间也会发生这种水解。正因如此，壳聚糖溶液需要现用现配，并且宜选用低浓度的乙酸，但若乙酸浓度过低，溶解时间过长，就不符合壳聚糖溶液现用现配的要求。故用于溶解壳聚糖的乙酸浓度以 0.5% 为宜。

　　b. 乙酸用量的确定

　　采用 0.5% 的乙酸浓度，改变壳聚糖的溶剂乙酸的用量，实验测得相同浓度不同乙酸溶液用量时对壳聚糖溶解所需时间的影响见表 4-7。

表 4-7　乙酸用量对壳聚糖溶解性的影响

壳聚糖质量/g	温度/℃	乙酸溶液的用量/mL	壳聚糖完全溶解所需时间
0.5	10	20	5h
0.5	10	50	3h 22min
0.5	10	70	2h

　　由表 4-7 可见，乙酸用量越多，壳聚糖溶解速度越快。但是随着乙酸用量的增加，溶液的黏度降低。这是因为在壳聚糖的溶解过程中，先是氢离子与壳聚糖分子链上的游离氨基不断结合，形成阳离子（$-NH_3^+$）。当溶液中剩余的氢离子

不多时，即离子强度较低时，壳聚糖分子链上—NH$_3^+$基团因阳离子的同性相斥而使壳聚糖分子链舒展，即成为扩张型线形分子，此时溶液的比浓黏度最大。如果增加稀酸的用量，将出现氢离子剩余过多的情况，即溶液的离子强度增强，这时，溶液中的酸根阴离子的数量也会更多，它们在—NH$_3^+$周围聚集，降低了阳离子之间的相斥作用，从而使壳聚糖大分子趋于卷曲，降低了比浓黏度值。

在加入 50mL 的 0.5%乙酸溶液时，壳聚糖能够较好地溶解，溶解后的壳聚糖溶液呈淡黄色透明状。当乙酸的添加量较少时，壳聚糖不能完全溶解，合成的交联产物结构松散，溶胀过程中出现凝胶溶解现象；当乙酸的添加量较多时，溶液中的 H$^+$含量相对较高，使生成的凝胶在溶胀过程中出现氨基的离子化，凝胶中的分子链出现卷曲现象，使凝胶的平衡溶胀度减小。

3）交联壳聚糖的合成反应路线

为了了解环硫氯丙烷交联壳聚糖树脂的合成反应路线，本实验分别以环氧氯丙烷及环硫氯丙烷为交联剂，合成了两种不同的交联壳聚糖树脂，并用红外光谱对树脂的结构进行分析，红外光谱的表征结果如图 4-5 所示。

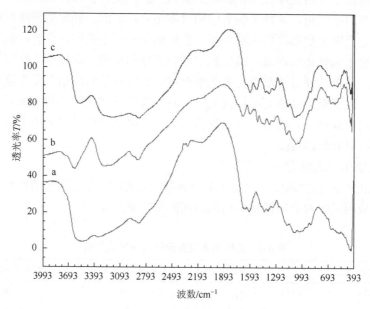

图 4-5　壳聚糖及交联壳聚糖树脂的红外光谱

a、c 分别为环氧氯丙烷交联壳聚糖树脂及环硫氯丙烷交联壳聚糖树脂的光谱；b 为壳聚糖的光谱

图中的 3330cm^{-1} 附近的宽带吸收峰归属为 O—H 和 N—H 伸缩振动共同形成的吸收峰，这一吸收峰在壳聚糖的红外光谱中较强，而交联后在环氧氯丙烷交联壳聚糖树脂中则明显减弱，在环硫氯丙烷交联壳聚糖树脂中更为减弱，1651cm^{-1}

处的吸收可归属为 N—H 变形振动吸收峰，在环氧氯丙烷交联壳聚糖树脂和环硫氯丙烷交联壳聚糖树脂的谱图中，此峰几乎消失。由此说明交联反应主要发生在氨基和羟基上，而在生成环氧氯丙烷交联壳聚糖树脂的反应过程中又有新的羟基生成，所以其 O—H 伸缩振动的吸收峰比环硫氯丙烷交联壳聚糖树脂的略强。

在环硫氯丙烷交联后的谱图中 2322cm^{-1} 处出现一个较弱的新峰，是 S—H 的伸缩振动吸收峰，这表明交联过程中有巯基—HS 产生，即环硫氯丙烷在交联过程中发生了开环反应。

在 1109cm^{-1} 附近的吸收峰归属为氧醚键的吸收峰，这一吸收峰在壳聚糖交联后有所减弱，这是由于环硫氯丙烷上的氯原子与壳聚糖上的羟基进行脱 HCl 反应而生成醚键的结果，也能说明交联反应发生在羟基部位，在交联之后，分子中的羟基减少，而氧醚基增多。

由此推断，环硫氯丙烷交联壳聚糖树脂可能的合成路线及树脂结构如图 4-6 所示。

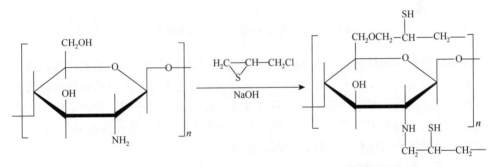

图 4-6　环硫氯丙烷交联壳聚糖树脂的反应路线

在交联过程中，环硫氯丙烷发生开环反应，并主要与壳聚糖分子中原有的氨基和羟基发生作用，从而使壳聚糖形成交联的网状结构。

4）合成树脂的最佳工艺条件

a. 原料配比的确定

交联反应中所用交联剂一般必须有两个活性基团，通过两侧的活性基团将壳聚糖的分子链连接起来。本实验选用环硫氯丙烷作为交联剂，开环后的环硫氯丙烷具有两个活性的基团—S、—CH$_2$ 能将壳聚糖的分子链有效地连接起来，用环硫氯丙烷作交联剂反应较慢，因此，要选用浓度较大的溶液，为使反应物混合均匀，可用滴加的方式加入环硫氯丙烷。

分别加入不同量的环硫氯丙烷合成不同的交联壳聚糖树脂，并测定树脂的交联度，结果如图 4-7 所示。由图可见，总体上随着环硫氯丙烷用量的增加，合成树脂的交联度增加。这是由于环硫氯丙烷的用量越大，在壳聚糖中引入的链节越多，即交联壳聚糖树脂交联度越大。

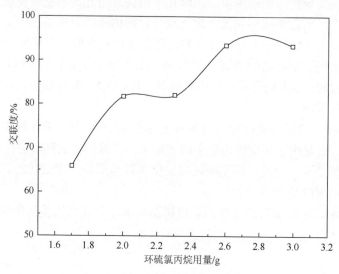

图 4-7   环硫氯丙烷的用量与交联度的关系

环硫氯丙烷的最佳用量为 3g 左右，当交联剂使用量较少时，交联产物最终难以形成，且易造成交联不均匀的现象。交联剂用量过多时，生成的树脂颗粒为黄褐色。这是因为大量的交联剂没能有效地连接在壳聚糖分子链，使得生成的凝胶树脂颗粒内含有太多残存的小分子链，且交联剂引起的其他副反应也易生成杂质，使得树脂颗粒的机械强度下降，吸附性能下降。

b. 反应温度的确定

交联反应的温度影响交联反应速率和交联产物的性能，本实验在不同的温度下进行壳聚糖与环硫氯丙烷的交联反应，以考察温度对交联度的影响，结果如图 4-8 所示。

由图 4-8 可见，随着体系反应温度的增加，合成树脂的交联度呈现上升趋势。但是在实验过程中发现，当体系温度过高时，反应体系溶液颜色骤变为土黄色。由于在制备环硫氯丙烷的实验过程中发现，环硫氯丙烷的沸点是在 95℃ 左右，若交联温度过高，可能引起环硫氯丙烷挥发或热分解损失而使交联反应不完全，体系反应温度以 80℃ 为宜。

环硫氯丙烷的环硫键键能较大，只有供给一定的热量，环硫氯丙烷吸热后才能开环与壳聚糖分子发生聚合反应，所以在反应开始时，需要给反应体系加热。如果体系反应温度过高，交联反应无法顺利进行，并且由于反应体系会放出一定量的反应热，需要控制一定的反应条件以保持反应温度恒定，否则温度过高，产品相对分子质量不能控制，其颜色会加深。

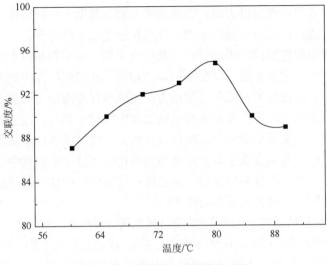

图 4-8　反应温度对交联度的影响

c. 搅拌速度的确定

在交联反应过程中，调整不同的搅拌速度，分别合成树脂，以考察搅拌速度对树脂性能的影响，结果如图 4-9 所示。

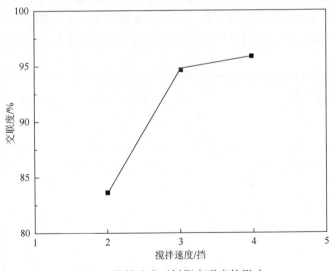

图 4-9　搅拌速度对树脂交联度的影响

由图 4-9 可知，当搅拌速度提高时，环硫氯丙烷交联壳聚糖树脂的交联度也随之增加。说明搅拌速度提高导致分散介质中的壳聚糖小液滴粒径减小，液滴数目增多，比表面积增大，与交联剂接触面积增加，交联度相应增大。但是在实验过程中发现，若搅拌速度过大时，大量药品溅到烧瓶壁上，搅拌棒上也附着有药品，影响反应进行，且不易及时清理。故搅拌速度以 3 挡为宜。

交联反应中搅拌器的作用如下：一是混合作用，使用两相以上的物料时，使组成浓度、温度、相对密度、黏度等不同的物料，通过搅拌作用达到混合均匀；二是搅动作用，通过桨叶对流体施加压力，使流体强烈流动，来提高传热和传质速率；三是悬浮作用，搅拌使原来静止的流体中固体小颗粒，或液滴均匀地悬浮于流体介质中。本实验是用水和乙醇作混合溶剂，通过搅拌作用实现工艺要求使环硫氯丙烷单体液滴或交联生成的聚合物颗粒均匀地悬浮于溶剂中，对完成交联聚合过程十分重要；四是分散作用，通过搅拌使液体或固体分散在液体介质中，以增大相介面积，加快传热及传质速率。

本实验中壳聚糖易溶于乙酸溶液，而环硫氯丙烷能溶于乙醇溶液，且环硫氯丙烷与壳聚糖的交联反应需用氢氧化钠溶液催化完成，因此必须通过搅拌使壳聚糖与环硫氯丙烷混合均匀，可见增大搅拌速度使壳聚糖溶液和环硫氯丙烷液体的相介面积增大，加快流体的传热和传质速率，使得单体液滴分散均匀使交联反应进行地更完全。

d. 反应时间的确定

反应时间是实验中的重要因素，反应需要一定的时间来打开聚合物间的化学键，从而产生自由基，促使反应进行。交联反应时间的长短直接影响聚合反应程度。反应产物中壳聚糖单体的含量较低，必须控制足够的反应时间，以保证交联反应进行完全。为了考察不同交联反应时间对树脂交联度的影响，分别进行不同交联时间的合成实验，并对生成的树脂测定交联度，结果如图 4-10 所示。

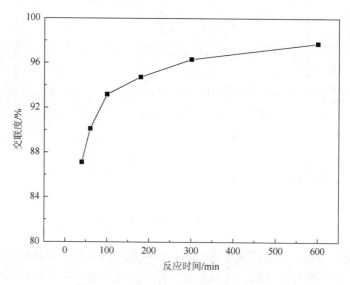

图 4-10　反应时间对树脂交联度的影响

由图 4-10 可知，随着体系反应时间的增加，环硫氯丙烷交联壳聚糖树脂的交联度也随之增加。说明随着体系反应时间的增加，壳聚糖与交联剂的接触时间增加，在壳聚糖中引入的链节越多，交联度相应增大。因此若要制得交联度高的树脂，可适当增加反应时间。

总体来说，反应时间越长，对反应越有利，但当反应时间超过 10h 后，再增加反应时间则对提高树脂的交联度意义不大。

5）合成反应的动力学模型

在进行反应动力学研究时，首先要明确研究对象，即反应体系的特点。动力学中所谓的反应体系通常是指包括反应器在内的反应器中的所有物质（反应物、产物、废物等）。在动力学的研究中，实验直接测得的数据并非反应速率本身，而往往是测出不同时间各组元的浓度。为此，得各组元浓度和反应时间之间的函数关系，即反应动力学方程[25]。

本实验采用的交联反应物是壳聚糖和环硫氯丙烷，受实验条件和单体化学性质的限制，以上实验方法均不适用于本实验转化率的表征，故需根据反应物的化学特性找到合适的实验表征方法。考虑到本实验原理为交联反应，从理论上说可通过产物收率从宏观上来表征反应转化率，而交联树脂的交联度与树脂收率之间有定量关系，因此可建立交联度与反应转化率间的数学模型以表征转化率。另外在实验过程中发现抽滤后的滤液为黄色，而反应物中环硫氯丙烷的颜色也为黄色，且该反应是在碱性条件下进行，而壳聚糖在碱性条件下是不溶的，说明抽滤的滤液是反应剩余的环硫氯丙烷。又由于环硫氯丙烷易溶于乙醇，在产物抽滤过程中用乙醇浸泡抽提，环硫氯丙烷完全由交联产物中分离出来。通过以上分析用交联度参数对反应物的转化率进行表征具有一定的可行性。

由反应时间的测定实验结果可知，交联反应前 60min，环硫氯丙烷交联壳聚糖树脂交联度迅速增加。可见在交联反应早期转化率就很高，随后随着时间的增加，而交联度增加趋于缓慢，因此在研究树脂交联反应动力学时，应重点考察在反应进行 60min 以内的交联度的变化趋势，在这一段时间内将 80℃的产物取样间隔时间缩短，并用相同方法合成一批 65℃条件下不同反应时间的交联树脂，做分析比较。

a. 合成特征的模型确定

非基元反应要经过若干个基元反应才能从反应物分子转化为产物分子，因此非基元反应有一个反应机理问题。反应机理是指总反应所包含的各个基元反应的集合，因此在研究反应机理前需先对反应的特征进行研究。由实验数据作出交联壳聚糖树脂不同温度条件下树脂交联度随时间的变化关系图（图 4-11），并由其变化趋势研究其反应特征。

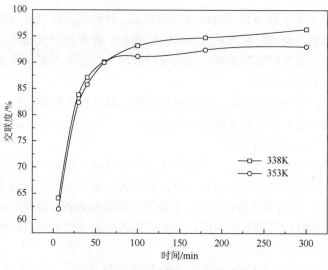

图 4-11　树脂交联反应的等温线

聚合反应机理一般可分为逐步聚合和连锁聚合两种机理，大多数缩聚反应与聚氨酯的反应都属于逐步聚合，其特征是由低分子转变成高分子的过程，反应是逐步进行的。反应初期，大部分单体很快聚合成二聚体、三聚体、四聚体等低聚物，反应早期转化率就很高，随后低聚物间相互反应，相对分子质量不断增大，而转化率增加趋于缓慢[26]。

由图 4-11 可以看出在反应开始 5min 后，80℃下反应时其交联度已达到62.36%，而 65℃下反应的交联度也达到了 60.38%。在反应的前 60min，环硫氯丙烷交联壳聚糖树脂交联度迅速增加。可见在交联反应早期转化率就很高，随后随着时间的增加，低聚物间相互交联，相对分子质量不断增加，而交联度增加趋于缓慢，其反应特征与逐步聚合反应特征相符。

逐步聚合反应包括线形缩聚和体形缩聚，其中体形缩聚是反应物除了按线形方向缩聚外，侧基也能缩聚，先形成支链，进一步形成体形结构。壳聚糖是一种天然高分子多糖，与环硫氯丙烷反应后能交联成体形结构，此过程符合体形缩聚的特征。整个合成反应过程中可分为两个阶段：第一阶段是树脂或预聚物合成阶段，先部分缩聚成低相对分子质量线形或支链形预聚物，含有尚可反应的基团，可溶、可熔、可塑化；第二阶段是成型阶段，预聚物受热后进行进一步反应，交联固化成不溶不熔的尺寸稳定的交联产物。

b. 合成机理的模型确定

由合成环硫氯丙烷交联壳聚糖树脂的反应特征可知，反应一旦开始，就会一环接一环地连续进行下去，直到被其他反应步骤中断为止，其反应过程与链反应过程有相似之处，因此可假设其为链反应过程。有研究者提出了辨认链反应机理的两个基本原则[27]：一是链反应的传递物都是价键不饱和的自由原子或自由基，它们和价键已饱和的分子发生反应时，反应能力极强，反应活化能一般为 0～160kJ/mol，反应速率较快；二是当自由原子或自由基与价键已饱和的分子反应时，反应的自由价态并不消失。基于上述原则，可对环硫氯丙烷交联壳聚糖树脂的合成反应加以分析，环硫氯丙烷开环后生成价键不饱和的自由基，它能和价键已饱和的壳聚糖分子发生反应，反应速率较快，且开环后的环硫氯丙烷自由基与价键已饱和的分子反应生成含有硫醚键的分子时，反应的自由基态并不消失，下一步反应中还可脱去 C—Cl 键上的氯原子与预聚物的—NH$_2$ 或 ＝NH 反应及壳聚糖分子中的—OH 进行脱 HCl 反应，而生成交联结构。故理论上假设其反应机理与链反应机理相符是合理的。

链反应可分为直链反应和支链反应两大类。支链反应是指在链传递过程中，每个链反应的链载体可以生成一个以上的新载体，即反应前后自由价增加的反应。壳聚糖是直链分子，与环硫氯丙烷反应生成具有交联结构的树脂，其反应属于支链反应。支链反应由于生成新链载体的情况不同而分为稀有分支链反应、连续分支链反应和退化分支链反应。其中稀有分支链反应又称正常分支链反应。这类支链反应引发后产生的链载体可能进行的反应有传播（基元化学物理反应过程）、终止和分支。连续分支链反应是指链载体参加反应只是有分支和终止，并没有一般的传播过程。退化分支链反应又称简并支链反应，是指有些链反应在反应过程中可以形成比一般分子活泼但比载体稳定的分子，它们可能产生自由基而实现链的分支，但此分支过程的反应速率比一般链的反应的分支和传播要慢得多。而环硫氯丙烷开环聚合后生成预聚物分子 C—Cl 键上的氯原子或环硫氯丙烷的氯原子能与预聚物的—NH$_2$ 或 ＝NH 反应及壳聚糖分子中的—OH 进行脱 HCl 反应，说明反应产生的分子能进行传播反应，可以形成比一般分子活泼但比载体稳定的分子，且在合成环硫氯丙烷交联壳聚糖树脂反应的前期，树脂交联度随时间变化而快速增加，而到聚合反应后期，交联度随时间变化缓慢，转化率变化较小，可见其分支过程的反应速率比一般链的反应的分支和传播要慢得多，可知环硫氯丙烷交联壳聚糖树脂应为退化分支链反应。

不易用常规方法证明环硫氯丙烷交联壳聚糖树脂的合成反应机理属于退化分支链反应，因此本章拟从反面说明问题的方法以对确定的反应动力学模型的正确性进行考证。

假设反应过程中只生成一种中间产物即预交联物，预聚物一方面作为预交联反应的产物生成，同时又作为交联反应的反应物而消耗且不再生，此反应过程与小分子连串反应过程有相似之处。因此可假设本交联反应是一个连串反应过程。假设合成环硫氯丙烷交联壳聚糖的反应共分为两个过程。用氢氧化钠作催化剂，在环硫氯丙烷过量的条件下反应（壳聚糖中氨基与环硫氯丙烷的物质的量比为 1：11），设有如下连串反应：

$$A \xrightarrow{k_1} B \xrightarrow{k_2} C$$

其中，第一步反应为 A 生成 B 的过程，交联反应前 60min，环硫氯丙烷以接枝聚合的方式引入壳聚糖母体中生成具有硫醚键结构的预聚物且是纯物质，反应速率常数为 k_1；第二步反应为 B 生成 C 的过程，交联反应开始 60min 后到反应结束交联完成，硫化后的壳聚糖预聚物在碱的催化作用下进行脱 HCl 反应而生成氧醚键，包括氯原子与—NH₂、＝NH、—OH 反应，预聚物受热进一步反应交联固化成不溶不熔、尺寸稳定的淡黄色粉状树脂，反应速率常数为 k_2。

6）溶液初始浓度及剩余浓度的确定

a. 溶液初始浓度的确定

在动力学研究中，往往使用图解的方式直观地表示反应速率或组元浓度随时间而变化的关系曲线，即反应动力学曲线 $\frac{1}{c^{n-1}}$-$t(n \neq 1)$，因此需先确定溶液的初始浓度。

实验初始阶段加入物料为 1g 壳聚糖、100mL 浓度为 0.5%的乙酸、20mL 乙醇、6g 环硫氯丙烷。由交联反应方程式可知壳聚糖与环硫氯丙烷（CT）的理论物质的量比—NH₂/CT 为 1：1，通过计算得出交联反应实验中壳聚糖与环硫氯丙烷的物质的量比—NH₂/CT 为 1：11，可知环硫氯丙烷的用量是过量的；另外，实验过程中发现抽滤后的滤液为黄色，而反应物中环硫氯丙烷的颜色也为黄色，且该反应是在碱性条件下进行，而壳聚糖在碱性或中性条件下是不溶的，说明水洗抽滤后的滤液中的主要成分是反应剩余的环硫氯丙烷。环硫氯丙烷易溶于乙醇，在产物抽滤过程中用乙醇浸泡抽提，可使环硫氯丙烷完全由交联产物中分离出来。

通过以上分析可知，反应物中环硫氯丙烷是过量的，因而反应物的初始浓度可用壳聚糖的初始浓度表示，但考虑到此交联反应是缩聚反应，反应过程中体系总体积会发生变化，宜用质量代替体积表示壳聚糖的初始溶液浓度。

初始浓度的计算公式如下：

$$c_0 = \frac{w_A n/M}{w_A + w_B} \tag{4-7}$$

$$n = M/M_A \tag{4-8}$$

式中，c_0 为壳聚糖的初始浓度，mol/kg；n 为壳聚糖的结构单元数；M 为壳聚糖的相对分子质量，g/mol；w_A 为壳聚糖的质量，g；M_A 为壳聚糖结构单元的相对分子质量，g/mol；w_B 为环硫氯丙烷的质量，g。

计算过程如下：

$$M_A = 189.209\text{g/mol}$$

$$c_0 = \frac{1}{189.209 \times (1+7)} = 7.55 \times 10^{-4} \text{mol/g} = 0.755\text{mol/kg}$$

b. 溶液剩余浓度的确定

为了确定反应物的剩余浓度，需对环硫氯丙烷交联壳聚树脂合成反应特征进行深入研究，通过建立数学模型研究交联树脂的合成机理。

环硫氯丙烷交联壳聚糖树脂是由壳聚糖和环硫氯丙烷缩聚而成，壳聚糖的官能度 f 为 2，其反应活性基团是—OH 和—NH_2，环硫氯丙烷的官能度 f 为 2。本实验中交联树脂的缩聚方法是碱催化和环硫氯丙烷过量。因此可假定用壳聚糖的剩余浓度来表示反应物的剩余浓度。公式表示如下：

$$c = c_0(1-x) \tag{4-9}$$

式中，c 为壳聚糖的剩余浓度，mol/kg；c_0 为壳聚糖的初始浓度，mol/kg；x 为转化率。

通过实验加料方式可知，壳聚糖溶液中加入 20mL 乙醇后需先搅拌半小时，待体系加热到一定温度后再滴加环硫氯丙烷。壳聚糖的酸性溶液在放置和剧烈搅拌过程中，可能会发生酸催化的水解反应，壳聚糖分子的主链不断降解，甚至生成寡糖或单糖。但是其反应活性基团仍然存在，因此即使壳聚糖水解为小分子仍能与环硫氯丙烷发生接枝聚合反应。由缩聚反应机理特征可知，单体、低聚物、缩聚物任何物种之间均能缩聚，使链增长，无所谓活性中心，任何物种相互间都能反应，使相对分子质量逐步增加；聚合初期，单体几乎全部缩聚成低聚物，以后再由低聚物逐步缩聚成高聚物，转化率变化微小，反应程度逐步增加；延长缩聚反应时间主要是提高相对分子质量，而转化率变化较小，任何阶段都由聚合度不等的聚合物组成。

由以上分析可假设在反应过程中壳聚糖和环硫氯丙烷副反应损失可忽略不计，交联反应生成的 HCl 小分子质量与生成交联树脂的质量相比也可忽略不计。环硫氯丙烷交联壳聚糖树脂是高聚物，其聚合度无定值，而是随反应时间变化，无法通过计算得到。不能通过计算交联树脂的收率直接得出壳聚糖的转化率，因此需建立两者之间的函数关系，公式表示如下：

$$X = \frac{w_1 \xi}{w_A + w_B} \times 100\% \tag{4-10}$$

式中，X 为壳聚糖转化为交联壳聚糖树脂相对于总投料量的质量分数，%。

7）交联反应速率常数和活化能的确定

在反应温度 65℃ 和 80℃ 下，分别合成环硫氯丙烷交联壳聚糖树脂，不同时刻反应物的剩余浓度计算数据如表 4-8 及表 4-9 所示。

表 4-8　反应温度为 65℃的树脂各时刻反应物的剩余浓度

时间/min	(w_A+w_B)/g	w_1/g	X/%	c/(mol/kg)
5		1.07	9.23	0.685
30		1.255	15.38	0.639
40	7	1.289	15.79	0.636
60		1.319	16.95	0.627
100		1.372	17.87	0.62
180		1.381	18.23	0.617

表 4-9　反应温度为 80℃的树脂各时刻反应物的剩余浓度

时间/min	(w_A+w_B)/g	w_1/g	X/%	c/(mol/kg)
5		1.293	11.52	0.668
30		1.314	15.73	0.636
40	7	1.369	17.04	0.626
60		1.376	18.78	0.621
100		1.411	19.48	0.613
180		1.585	21.81	0.608

分别以 $\ln c$ 和 $1/c^{n-1}$（$n\neq1$）对 t 作图，若呈直线关系，即表明该化学反应的动力学模型符合这一动力学方程。将表中数据分别进行 $\ln c$-t、$1/c^{n-1}$-t 直线拟合（R^2 为线性相关系数），拟合结果如表 4-10 和表 4-11 所示。

表 4-10　对反应速率常数 k_1 的 $\ln c$-t、$1/c^{n-1}$-t 直线拟合结果

T/℃	$\ln c$-t		$1/c$-t		$1/c^2$-t		c-t	
	k_1	R^2	k_1	R^2	k_1	R^2	k_1	R^2
65	−0.0016	0.7673	0.004	0.7760	0.0075	0.8781	−0.0018	0.7414
80	−0.0027	0.6943	0.004	0.7144	0.0119	0.7342	−0.0009	0.6744

表 4-11　对反应速率常数 k_2 的 $\ln c$-t、$1/c^{n-1}$-t 直线拟合结果

T/℃	$\ln c$-t		$1/c$-t		$1/c^2$-t		c-t	
	k_2	R^2	k_2	R^2	k_2	R^2	k_2	R^2
65	−0.0001	0.8373	0.0002	0.8386	0.0006	0.8400	−0.0011	0.8619
80	−0.0002	0.9012	0.0003	0.9029	0.0009	0.9046	−0.0001	0.8995

由合成环硫氯丙烷交联壳聚糖树脂反应的特性可知：第一步反应中间产物 B

是不稳定的，单体、低聚物、缩聚物任何物种之间均能缩聚生成 B，每一个反应瞬间都有其结构变化，故对反应速率常数 k_1 进行直线拟合时其线性相关系数 R^2 不可能太高，只能是在 0.67~0.88 变化，第二步反应最终产物 C 是交联壳聚糖树脂，其聚合度无定值，其值大小只是一个概率值，到反应后期是合成大分子，反应物转化率变化较小，任何阶段都由聚合度不等的聚合物组成。故对反应速率常数 k_2 进行直线拟合时其线性相关系数 R^2 也不可能太高，但应比第一步的反应速率线性相关系数高一些，一般是在 0.83~0.91 变化。

相比较而言，反应级数在 2 级和 3 级之间时，65℃和 80℃时的线性相关系数都相对较好，因此可判定，环硫氯丙烷交联壳聚糖树脂的反应级数应该在 2~3 的某一数值，假设环硫氯丙烷交联壳聚糖反应级数 n 为 2.5 级，计算公式如下[28]：

$$k = \frac{1}{t}\frac{1}{n-1}\left(\frac{1}{c^{n-1}} - \frac{1}{c_0^{n-1}}\right) \quad (n \neq 1) \tag{4-11}$$

$$\ln\frac{k_2}{k_1} = \frac{E_a(T_2 - T_1)}{RT_1T_2} \tag{4-12}$$

式中，k、k_1、k_2 均为反应速率常数，$\text{mol}^{n-1}/(\text{kg}^{n-1}\cdot\text{min})$；$t$ 为反应时间，min；n 为反应级数；c 为壳聚糖的剩余浓度，mol/kg；c_0 为壳聚糖的初始浓度，mol/kg；E_a 为反应活化能，kJ/mol；T_1、T_2 为反应温度，K；R 为常数，J/(K·mol)。

计算如下：

65℃时，

$$k_1 = \frac{1}{5} \times \frac{1}{2.5-1} \times \left(\frac{1}{0.685^{2.5-1}} - \frac{1}{0.755^{2.5-1}}\right) = 0.0319\,\text{mol}^{1.5}/(\text{kg}^{1.5}\cdot\text{min})$$

$$k_2 = \frac{1}{180} \times \frac{1}{2.5-1} \times \left(\frac{1}{0.617^{2.5-1}} - \frac{1}{0.755^{2.5-1}}\right) = 0.001996\,\text{mol}^{1.5}/(\text{kg}^{1.5}\cdot\text{min})$$

80℃时，

$$k_1 = \frac{1}{5} \times \frac{1}{2.5-1} \times \left(\frac{1}{0.668^{2.5-1}} - \frac{1}{0.755^{2.5-1}}\right) = 0.041\,\text{mol}^{1.5}/(\text{kg}^{1.5}\cdot\text{min})$$

$$k_2 = \frac{1}{180} \times \frac{1}{2.5-1} \times \left(\frac{1}{0.608^{2.5-1}} - \frac{1}{0.755^{2.5-1}}\right) = 0.00217\,\text{mol}^{1.5}/(\text{kg}^{1.5}\cdot\text{min})$$

连串反应的生成速率同时受 k_1 和 k_2 的影响，其表观反应速率常数 $k_{\text{表}} = k_1 + k_2$。Arrhenius 活化能 E_a 在复杂反应中是各基元反应活化能的组合，没有明确的物理意义。这时 E_a 称为该总包反应的表观活化能[29]。

65℃时，

$$k = 0.0319 + 0.001996 = 0.03390\,\text{mol}^{1.5}/(\text{kg}^{1.5}\cdot\text{min})$$

80℃时，

$$k = 0.041 + 0.00217 = 0.04317\,\text{mol}^{1.5}/(\text{kg}^{1.5}\cdot\text{min})$$

由 $\ln \dfrac{0.041}{0.0319} = \dfrac{E_{a_1}(353-338)}{8.314 \times 338 \times 353}$ 得出

$$E_{a_1} = 16.497 \text{kJ/mol}$$

由 $\ln \dfrac{0.00217}{0.001996} = \dfrac{E_{a_2}(353-338)}{8.314 \times 338 \times 353}$ 得出

$$E_{a_2} = 5.527 \text{kJ/mol}$$

$$E_{表} = E_{a_1} + E_{a_2} = 16.497 + 5.527 = 22.124 \text{kJ/mol}$$

8）交联反应的行为与机理探讨

经数据处理后可知，用连串反应的数学模型进行直线拟合时其线性相关性较差，k_1 的线性相关系数在 0.67～0.88 变化、k_2 的线性相关系数在 0.83～0.91 变化，且反应的表观活化能较小，这是由于经典连串反应模型中的中间产物和最终产物都是具有固定结构的小分子化合物，而合成环硫氯丙烷交联壳聚糖树脂反应的预交联过程中生成的预聚物的相对分子质量是不统一的，中间产物的种类和浓度也无法确定，故假设第一步反应生成的预聚物为纯物质是不合理的。又因为交联壳聚糖树脂合成的最终产物是高分子聚合物，其聚合物的聚合度是随时间而变化的，每一个反应瞬间都有其结构变化。综上所述用连串反应数学模型表征其反应机理是不合理的。

因此，应根据链反应过程建立数学模型，而所有的链反应都是由链引发、链增长和链终止三个基本步骤组成的。其中第一步链引发过程，即由起始分子借助热、光等外因生成自由基的反应。在这个反应过程中需要断裂分子中的化学键，因此它所需要的活化能与断裂化学键所需的能量是同一个数量级。第二步链增长过程，即由自由原子或自由基与饱和分子作用生成新的分子和新的自由基（或原子），这样不断交替，若不受阻，反应一直进行下去直至反应物被耗尽。由于自由原子或自由基有较强的反应能力，所需活化能一般小于 40kJ/mol。第三步链终止过程，即当自由基被消除时，链就中止。断链的方式可以是两个自由基结合成分子，也可以是器壁断裂，改变反应器的形状或表面涂料都可能影响反应速率，这种器壁效应是链反应的特点之一。

由于合成环硫氯丙烷交联壳聚糖树脂的反应历程复杂，可用稳态近似法、速控步法或平衡假设法对反应活化能进行估算。适当应用这些方法可以免去解复杂的联立微分方程，使问题简化而又不致引入很大的误差。其中稳态近似法是根据反应机理找出反应速率和反应物浓度的关系，看其是否与实验结果一致，还要根据各基元反应的活化能来估算总的活化能，看所得到的表观活化能是否与实验值相符。速控步法是指在一系列的连续反应中，若其中有一步反应的速率最慢，它控制了总反应的速率，使总反应的速率基本等于这步最慢的速率，则这最慢的一步反应称为速控步或决速步。如果在一个含有对峙反应的连续反应中，如果存在速控步，则总反应速率及表观速率常数仅取决于速控步及它以前的平衡过程，与速控步以后的各快反应无关。而平衡假设法是在速控步法基础上提出的一种数据处理方法，因速控步反应很慢，假定快速平衡反应不受其影响，各正、逆反应间的平衡关系仍然存在，从而利用平衡常数 K 及反应物浓度来求出中间产物的浓度，之所以称为假设是因为在化学反应进行的体系中，完全平衡是达不到的，这也是一种近似处理方法。

3. 小结

环硫氯丙烷交联壳聚糖树脂的交联度随着环硫氯丙烷用量的增大而增大。但当原料配比达到一定量时，交联壳聚糖树脂的交联度基本保持不变。壳聚糖与环硫氯丙烷的质量比为 0.5 : 3.0 时，所得交联树脂的最大交联度为 93.48%。

环硫氯丙烷交联壳聚糖树脂的交联度随着反应体系温度的升高而增大。当反应体系温度为 90℃时，交联树脂的最大交联度为 97.91%。

环硫氯丙烷交联壳聚糖树脂的交联度随着搅拌速度的加快而增大。当搅拌速度为 4 挡时，交联树脂的最大交联度为 95.89%。

环硫氯丙烷交联壳聚糖树脂的交联度随着反应时间的增加而增大。当交联反应时间为 10h 时，交联壳聚糖树脂的最大交联度为 97.74%。

环硫氯丙烷交联壳聚糖树脂对金的吸附量随交联度的增大而增大。

环硫氯丙烷交联壳聚糖树脂的交联反应特征为逐步聚合反应，反应机理不符合连串反应的数学模型，根据其反应特征可知反应机理为链反应中的退化分支链反应。

4.2.2 环硫氯丙烷交联壳聚糖树脂对金的吸附性能

壳聚糖是一种天然的多糖，由于其分子中含有氨基、羟基等活性基团，能对铜[30, 31]、镍[32]、镉[33, 34]等多种金属离子产生良好的吸附作用，作为低成本吸附剂在废水处理、富集回收金属等方面具有广泛的应用前景[35, 36]。壳聚糖为弱碱性高分子聚合物，在酸性环境中，壳聚糖分子中的氨基会结合溶液中的 H^+，导致壳聚糖溶解或流失，使其在酸性环境中的应用受到限制。

通过采用交联剂，与壳聚糖的直链分子发生作用，可改善壳聚糖的理化性质，使其更广泛地应用于吸附废水或矿浆中的金属。但交联反应由于是交联剂和壳聚糖中的氨基及羟基发生反应，这样在交联之后，由于可与金属离子发生作用的活性基团减少，可能会导致吸附性能下降。为了解决这一问题，本章采用环硫氯丙烷为交联剂，在交联之后，一方面使壳聚糖本身所具有的活性基团减少，同时也产生新的有益于贵金属离子吸附的新活性基团。

贵金属金的拥有量不仅是一个国家财力的象征，而且在国防、航空航天、通讯、化工、环保等领域有着十分广泛而重要的用途，各国将其作为一种战略物资来储备。然而这种贵金属原料资源极为稀少，因而从含金的废料、废液等"二次资源"中回收金具有重要的意义。

树脂矿浆法提金是一项比较先进且有潜力的工艺，它是用树脂直接从矿浆中回收金，从而避免了液固分离，降低了金在尾矿中的损失，提高了金的回收率[37]。氯化提金由于溶解金的速度较快且生产成本低，对环境污染小，日益受到人们的关注。因此，在氯化体系中应用树脂矿浆法提金逐渐引起了广大科技工作者的重视[38-40]。

环硫氯丙烷交联壳聚糖树脂是以环硫氯丙烷为交联剂的含巯基的树脂，对金有良好的吸附性能，且不溶于酸性介质。但关于该树脂在氯化体系中对金的吸附动力学、吸附平衡、吸附热力学等吸附行为的深入研究未见报道。

在本章的 4.2 节中，已经采用环硫氯丙烷为交联剂，合成了环硫氯丙烷交联壳聚糖树脂，并研究了其反应特征，探讨其合成反应机理。在本章中，将运用红外、扫描电镜等手段对树脂进行表征，然后考察了酸度对树脂吸附金离子的过程的影响，并对树脂对金的吸附动力学、表观活化能、吸附平衡特性、吸附热力学等吸附特性进行了深入研究，初步探讨了吸附机理等，以期为树脂矿浆法提金及含金液体的处理提供部分理论依据。

1. 实验材料及方法

1）实验试剂及仪器

甲壳质，沈阳食品科学研究所；金丝，99.99%；其他试剂均为分析纯试剂。

WQF-410 傅里叶变换红外光谱仪；日本岛津 SSX-550 扫描电镜；XRD 粉末衍射仪；WYX-402B 原子吸收分光光度计（波长 242.8nm、燃助比 1：5、燃烧器高度 5mm、灯电流 3mA、光谱通带 4nm）；THZ-82 恒温振荡器。

2）壳聚糖的制备

配制浓度为 55%的氢氧化钠溶液 400mL，在烧杯中煮沸（约 140℃），将 1g甲壳素置于其中约 2.5h，用热水反复冲洗所得产物至中性，置于烘箱中 60℃烘干，得到甲壳素的脱乙酰产物——壳聚糖。

3）树脂的合成

冰浴冷却状态下，在环氧氯丙烷和溶剂中，逐渐加入硫脲，然后在 0～5℃搅拌反应 2h，再在室温下反应 2h，静置分层，将下层液体减压蒸馏后得环硫氯丙烷（$n_D^{20}=1.5289$）。壳聚糖用 1%乙酸溶胀后，与环硫氯丙烷在 75℃下，加入氢氧化钠反应 18h，得环硫氯丙烷交联壳聚糖树脂。其交联度为 94%，粒度为 80～100 目。

4）金溶液的配制及其浓度的测定

a. 金溶液的配制

用王水溶解金的方法配制 200mg/L 金标准溶液。称取 0.1g 纯黄金丝置于100mL 烧杯中，加入 12mL 新配置的王水，温热溶解，加 5mL 20%氢氧化钠水溶液，温热蒸干，然后用 3～5mL 盐酸驱赶硝酸 3 次，用 25mL 浓盐酸溶解盐类于

500mL 容量瓶中，加去离子水稀释至刻度，混合均匀[41]。

b. 工作曲线的绘制

将金溶液分别稀释成浓度为 2mg/L、5mg/L、10mg/L、15mg/L、20mg/L 的溶液，然后用原子吸收分光光度计分别测其吸光度值。绘制工作曲线如图 4-12 所示。

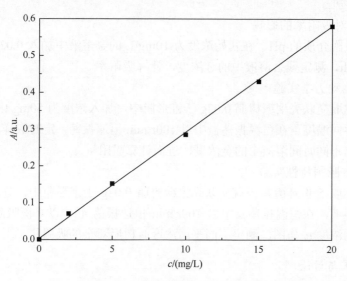

图 4-12　金标准溶液的工作曲线

c. 金溶液浓度的测定

用原子吸收分光光度计测定一定浓度的金溶液的吸光度值，然后根据金标准溶液的工作曲线查出对应的金溶液浓度。

5）吸附实验

a. 吸附量及吸附率的测定

取锥形瓶，加入某一初始浓度的金溶液，用 HCl 和 NaOH 调节其 pH，再分别加入准确称量的树脂，在给定的温度下置于恒温振荡器中振荡吸附，然后定时取样，用离心机分离后取上清液，用原子吸收分光光度计测定树脂吸附金后的残液浓度，进而计算出树脂的吸附量或吸附率。

树脂对金属离子的吸附量，也称吸附容量，是指单位质量干树脂所能吸附的金属的质量。可依据式（4-13）计算：

$$q = \frac{(c_0 - c)V}{w} \qquad (4\text{-}13)$$

式中，q 为吸附容量，mg/g；c_0 为吸附前金离子初始质量浓度，mg/L；c 为吸附后金离子质量浓度，mg/L；V 为溶液体积，mL；w 为干树脂质量，g。

树脂对金属离子的吸附率，也称去除率，是指吸附过程中被除去的金属量占

吸附前初始金属量的百分数，其计算公式为

$$\lambda = \frac{c_0 - c}{c_0} \times 100\%$$　　　　　　　　（4-14）

式中，λ 为吸附率；c_0 为吸附前金离子初始质量浓度，mg/L；c 为吸附后金离子质量浓度，mg/L。

b. pH 对吸附率的影响

改变吸附介质的 pH，在初始浓度为 10mg/L 的金溶液中加入 0.02g CCCS 树脂，振荡 3h，测定残余溶液中的金浓度，计算吸附率。

c. 吸附动力学实验

准确称取交联壳聚糖树脂 0.03g 于锥形瓶中，加入浓度为 50mg/L 的金溶液，并分别于不同温度下在恒温振荡器中以 100r/min 恒速振荡，定时取样测定其吸光度值，求出不同时间溶液中的金浓度，进而计算吸附量。

d. 等温吸附特性实验

平行称取 5 份环硫氯丙烷交联壳聚糖树脂 0.02g 于锥形瓶中，分别加入不同浓度的金溶液，在恒温振荡器中以 100r/min 恒速振荡 4h。以平衡吸附量 q_e 对吸附平衡时的浓度 c_e 作图，测定不同平衡浓度时树脂对金的吸附量。

2. 结果与讨论

1）环硫氯丙烷交联壳聚糖树脂的表征

a. 树脂的 SEM 表征

将环硫氯丙烷交联壳聚糖树脂和壳聚糖分别用扫描电镜表征，结果如图 4-13 所示。由图可见，与环硫氯丙烷交联后的树脂较未交联的壳聚糖发生了明显的变化。树脂表面不再是壳聚糖的纤维状结构，而是呈现出凹凸不平的多孔结构，从微观形貌上看，交联后的树脂将可能更加有利于吸附。

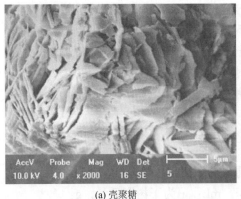
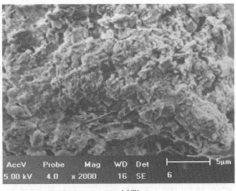

(a) 壳聚糖　　　　　　　　　　　　　　　　(b) 树脂

图 4-13　壳聚糖及交联壳聚糖树脂的扫描电镜图

b. 环硫氯丙烷交联壳聚糖树脂的红外光谱分析

图 4-14 为环硫氯丙烷交联壳聚糖树脂吸附金前后的红外光谱变化。壳聚糖与环硫氯丙烷交联后，在 2322cm^{-1} 处产生一个新峰，为 H—S 的伸缩振动吸收峰，表明环硫氯丙烷在交联过程中发生开环反应，产生巯基—HS，说明环硫氯丙烷交联壳聚糖树脂结构与预期结构相符。

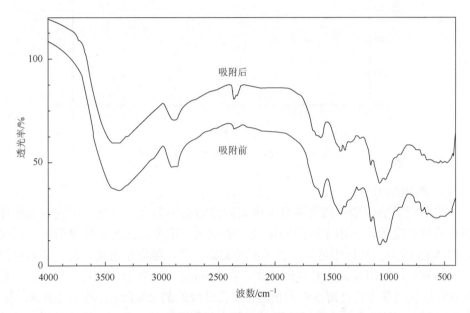

图 4-14 环硫氯丙烷交联壳聚糖树脂的红外光谱图

在 3365cm^{-1} 附近是 N—H 伸缩振动形成的宽带吸收峰，吸附金离子后，此吸收峰减弱，并且向低波数发生位移，同时，S—H 的伸缩振动吸收峰也向低波数移动，并且峰形变尖，可以表明在吸附过程中—NH$_2$ 和—HS 参加了与金离子的配位。

2）酸度对吸附的影响

在不同 pH 的溶液中测定树脂对金的吸附率，结果如图 4-15 所示。

由图 4-15 可见，随着溶液酸度的降低，吸附率增大，但酸度继续降低时，吸附率又随之下降。酸度过高时，壳聚糖分子链上的—NH$_2$ 结合了氢离子，带正电荷的—NH$_3^+$ 出现，有碍于带正电荷的金离子靠近壳聚糖的分子链，另外，氢离子与金离子竞争与 N 或 S 配位，从而使树脂对金离子的吸附能力下降。而当溶液 pH 过大时，会出现 Au(OH)$_3$ 沉淀，影响树脂对金离子的吸附，因而酸度过低会导致吸附率降低。

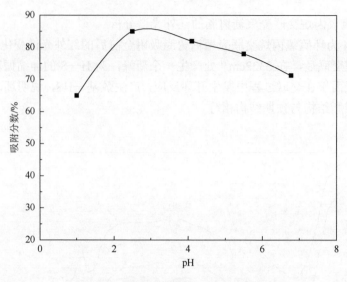

图 4-15　树脂在不同 pH 时对金的吸附

3）吸附动力学

令同质量的树脂在同等条件下吸附同样溶液中的金,分别于不同时间取样测定其吸光度值,求出不同时间溶液中的金离子浓度,进而计算吸附量,结果如图 4-16 所示。从图中可见,在吸附的初始阶段,吸附量迅速上升,随着吸附时间的延长,吸附量的上升逐渐减缓,在 120min 时,吸附基本趋于平衡。该吸附过程的机理基本符合溶液中的物质在多孔性吸附剂上吸附的三个必要步骤[42]:①在吸附的初始阶段,金离子主要被吸附在树脂颗粒的外表面,吸附过程容易进

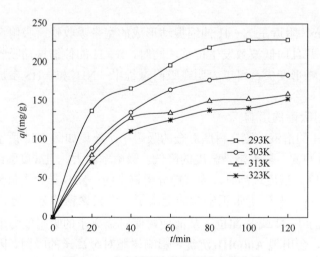

图 4-16　金在树脂上的吸附动力学曲线

行，因而吸附速率较大；②随着溶液中金离子的浓度减小，吸附过程的推动力有所减小，同时，吸附过程也不仅仅是表面作用，金离子开始沿树脂的孔隙向内部迁移、扩散，内扩散成为吸附速率的控制步骤，因而吸附速率下降；③到吸附后期，溶液中金离子的浓度越来越小，直至浓度推动力趋近于零，吸附也渐渐趋近平衡。

这里采用 Lagergren 二级速率方程对吸附动力学数据进行线性拟合。方程表达式为

$$\frac{\mathrm{d}q}{\mathrm{d}t} = k(q_e - q)^2 \tag{4-15}$$

对方程进行积分可得

$$\frac{t}{q} = \frac{1}{kq_e^2} + \frac{1}{q_e}t \tag{4-16}$$

式中，t 为吸附时间，min；q 为 t 时刻的吸附量，mg/g；q_e 为吸附平衡时的吸附量，mg/g；k 为吸附速率常数，g/(mg·min)。

根据上述方程对图 4-16 中的数据进行线性回归处理，以 t/q 对 t 作图，拟合为相应的直线（图 4-17），由直线的斜率和截距可分别求得吸附速率常数 k 和平衡吸附量 q_e。数据拟合结果见表 4-12。由表 4-12 可见，树脂在不同温度下对金的吸附均能用 Lagergren 二级速率方程拟合，$R^2 > 0.99$，表明拟合程度较好。吸附过程符合二级动力学方程，说明吸附速率受浓度变化的影响较大，即树脂吸附金离子过程的速率对含金溶液的初始浓度较为敏感。

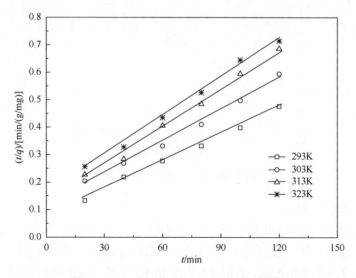

图 4-17　不同温度下的 t/q 与 t 的关系曲线

表 4-12　动力学参数表

T/K	拟合方程	k/[g/(mg·min)]	q_e/(mg/g)	R^2
293	$t/q=0.0037t+0.0475$	2.882×10^{-4}	270.270	0.9960
303	$t/q=0.0042t+0.0785$	2.159×10^{-4}	238.095	0.9961
313	$t/q=0.0047t+0.1164$	1.898×10^{-4}	212.766	0.9942
323	$t/q=0.0048t+0.1509$	1.527×10^{-4}	208.333	0.9955

4）表观活化能

根据 Arrhenius 方程积分式[43]的指数式：

$$k = k_0 \exp\left[\frac{-E_a}{RT}\right] \tag{4-17}$$

得出其对数式为

$$\ln k = \ln k_0 - E_a/(RT) \tag{4-18}$$

式中，k 为吸附速率常数，g/(mg·min)；k_0 为指前因子；E_a 为活化能，kJ/mol；T 为吸附温度，K。

以 $\ln k$ 对 $1/T$ 作图，进行线性拟合，可得如图 4-18 所示的直线。

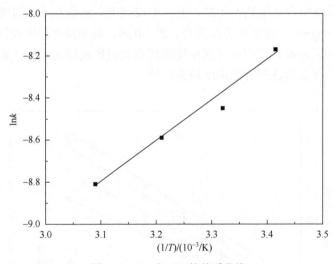

图 4-18　$\ln k$ 与 $1/T$ 的关系曲线

5）等温吸附特性

在一定条件下测定不同平衡浓度时树脂对金的吸附量，得到等温吸附曲线（图 4-19）。由图可见，随着金离子溶液的平衡浓度增大，树脂对金的平衡吸附量增大；低浓度时增加幅度大，随浓度增加渐趋平缓。这里用 Langmuir 和 Freundlich 方程对实验得到的吸附等温线进行拟合。

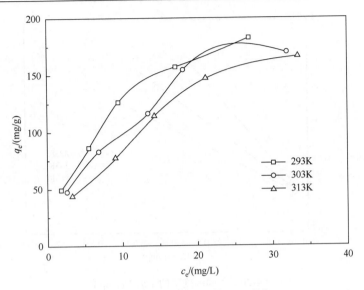

图 4-19　金在树脂上的等温吸附线

根据 Langmuir 方程

$$\frac{1}{q_e} = \frac{1}{q_\infty} + \frac{1}{q_\infty K_L c_e} \tag{4-19}$$

和 Freundlich 方程

$$\ln q_e = \frac{1}{n}\ln c_e + \ln K_F \tag{4-20}$$

式中，q_e 为吸附平衡时的吸附量，mg/g；q_∞ 为最大吸附量，mg/g；K_L 为 Langmuir 吸附平衡常数，L/mg；K_F 为 Freundlich 吸附平衡常数，$g^{-1}\cdot L^{1/n}\cdot mg^{(1-1/n)}$；$n$ 为 Freundlich 常数。

分别以 $1/q_e$ 对 $1/c_e$ 作图，以 $\ln q_e$ 对 $\ln c_e$ 作图，用 Langmuir 方程和 Freundlich 方程对图 4-19 中的数据进行线性回归处理，可拟合为相应的直线（图 4-20 和图 4-21），由直线的斜率和截距求得吸附平衡常数和单层最大吸附量，结果见表 4-13。由两种拟合方程产生的相关系数可见，常数 n 大于 1，说明金离子在环硫氯丙烷交联壳聚糖树脂上的吸附容易进行[44]。

6）吸附热力学

根据 Clausius-Clapeyron 方程[17]：

$$\ln c_e = \frac{\Delta H}{RT} + K \tag{4-21}$$

式中，ΔH 为等量吸附焓，kJ/mol；K 为吸附反应的平衡常数；c_e 为平衡浓度（按所取的 q_e 值，根据 Freundlich 方程求得），mg/mL；R 为摩尔气体常量。

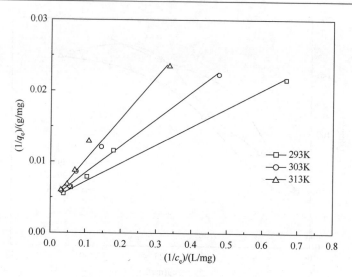

图 4-20 不同温度下的 $1/q_e$-$1/c_e$ 曲线

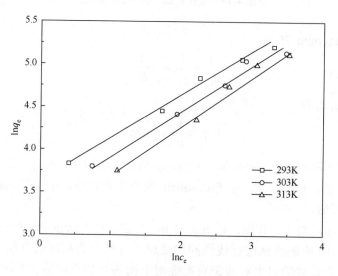

图 4-21 不同温度下的 $\ln q_e$-$\ln c_e$ 曲线

表 4-13 吸附等温线参数

T/K	Langmuir 方程			Freundlich 方程		
	K_L/(L/mg)	q_∞/(mg/g)	R^2	K_F/(g^{-1}·L$^{1/n}$·mg$^{(1-1/n)}$)	n	R^2
293	0.217	185.185	0.9757	38.475	2.051	0.9901
303	0.148	185.152	0.9798	30.997	1.952	0.9829
313	0.086	204.082	0.9786	22.278	1.690	0.9850

以 $\ln c_e$ 对 $1/T$ 作图（图 4-22），并进行线性拟合，结果见表 4-14。

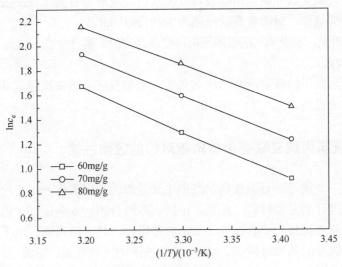

图 4-22　$\ln c_e$-$1/T$ 曲线

表 4-14　热力学参数

q_e/(mg/g)	拟合方程	ΔH/(kJ/mol)	R^2
60	$\ln c_e=-3.031/T+11.846$	−25.199	0.9999
70	$\ln c_e=-3.2495/T+12.314$	−27.016	0.9996
80	$\ln c_e=-3.5026/T+12.858$	−29.121	0.9993

　　由图可见，相关系数均大于 0.99，因此上述公式在推导过程中的假设吸附焓与温度无关，在本研究中的温度范围内是合理的。根据直线的斜率可计算出对应于不同吸附水平的吸附焓变 ΔH（表 4-14）。吸附剂吸附一定量吸附质时所放出或吸收热量的变化，称为吸附焓 ΔH。热力学参数吸附焓变 ΔH 的大小可直接反映吸附作用力的性质。由图可知直线的斜率为负值，可推测环硫氯丙烷交联壳聚糖树脂吸附金离子时的吸附焓变 ΔH 为负值（相应为−25.1994kJ/mol、−27.016kJ/mol、−29.121kJ/mol），表明吸附过程是放热过程，降低温度有利于吸附。ΔH 值在−23.65～−40.29kJ/mol，说明吸附过程中无离子交换和化学键的强作用力，其吸附机理主要表现为物理吸附。

3. 小结

　　对红外光谱的分析表明：环硫氯丙烷在交联过程中发生开环反应，产生巯基—HS；在吸附过程中环硫氯丙烷交联壳聚糖树脂中的—NH$_2$ 和—HS 参与了与金离子的配位。

环硫氯丙烷交联壳聚糖树脂吸附金离子的反应速率遵循 Lagergren 二级速率方程所描述的规律，吸附表观活化能为 16.039kJ/mol。

平衡吸附量 q_e 和金离子的吸附平衡浓度 c_e 之间的关系符合 Langmuir 和 Freundlich 等温吸附方程。

树脂对金离子的吸附焓变 ΔH 为负值，吸附反应为放热反应，其吸附过程主要表现为物理吸附。

4.2.3　环硫氯丙烷交联壳聚糖树脂对铂的吸附性能

铂是化工、能源、石油炼制、汽车尾气处理的常用催化剂，是冶金工业制备高温电阻温度计的必须材料，此外，铂的一些络合物，如顺铂、卡铂等广泛用于抗癌药。铂具有优良的抗腐蚀性、稳定的热电性，是石油精炼、电子工业、国防工业等不可缺少的基础材料[1, 2]。随着科学技术的飞速发展，铂的用途日益广泛，需求量越来越大，从而促使人们对铂的分离和精制方法进行广泛及深入的研究[45-47]。迄今，已知常用的分离方法有离子交换法和溶剂萃取法。铂的溶剂萃取法的动力学特性不理想，不易反萃，所用萃取剂大多易燃、易挥发、有毒、污染环境。比较而言，铂的离子交换法简单、经济、快速、高效、不危害人身与环境，但离子交换法日前尚很少直接用于工业生产，主要在于缺乏低成本、选择性好、性能优良的离子交换树脂[48]。近年来，用螯合树脂进行对铂的吸附研究取得了进展，即改变树脂类型，引入具有螯合功能的基团，使吸附的性能有所改善，这也是对铂的分离和富集的一种新方法。

壳聚糖经过化学改性，能对多种金属离子产生良好的吸附作用，作为低成本吸附剂，在环境保护、湿法冶金等许多方面显示出良好的应用前景[49-51]。壳聚糖经过交联后，机械性能有所改善，在酸性介质中不溶，更加适合应用于对金属离子的吸附[52-54]。

在本节中，已经采用环硫氯丙烷为交联剂，合成了环硫氯丙烷交联壳聚糖树脂，并研究了其反应特征，探讨其合成反应机理。在本节中，运用红外、扫描电镜等手段对树脂进行表征。以铂离子作为吸附对象，研究环硫氯丙烷交联壳聚糖树脂对铂离子的吸附及解吸特性，对树脂对铂离子的吸附动力学、吸附热力学等进行深入研究，并探讨了吸附机理，以期为贵金属铂的分离和回收提供理论依据。

1. 实验材料及方法

1）实验试剂及仪器

壳聚糖（脱乙酰度为 93%），浙江金壳生物化学有限公司；铂丝；其他试剂均为分析纯试剂。

WQF-410 傅里叶变换红外光谱仪；WYX-402B 原子吸收分光光度计（波长 265.9nm、燃助比 1：6、燃烧器高度 5mm、灯电流 3mA、光谱通带 4nm）；THZ-82 恒温振荡器。

2）树脂的合成

按文献[55]所述的方法制得环硫氯丙烷（$n_D^{20} = 1.5289$）。将壳聚糖用 1%乙酸溶胀后，与环硫氯丙烷在 70℃下反应 14h，加入氢氧化钠，使 pH 保持在 10，产物经过滤、洗涤、干燥后，得环硫氯丙烷交联壳聚糖树脂。

3）铂溶液的配制及其浓度的测定

a. 铂溶液的配制

用电子天平称取铂 0.025g 在 250mL 烧杯中加王水（HCl：HNO$_3$=3：1）20mL 加热使其溶解，加氯化钠（20%）5 滴，于水浴上蒸干，加 2mL 浓盐酸蒸发至干，重复 3 次，然后用 8mol/mL 盐酸溶解并定容到 250mL 容量瓶中[56]。

b. 工作曲线的绘制

将铂溶液分别稀释成浓度为 10mg/L、20mg/L、30mg/L、40mg/L、50mg/L 的溶液，然后用原子吸收分光光度计分别测其吸光度值。绘制工作曲线如图 4-23 所示。

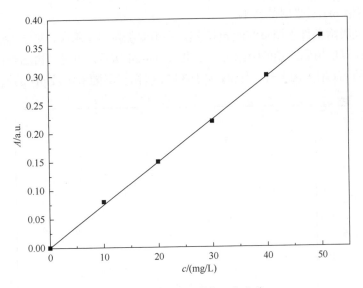

图 4-23　铂标准溶液的工作曲线

c. 铂溶液浓度的测定

用原子吸收分光光度计测定一定浓度的铂溶液的吸光度值，然后根据铂标准溶液的工作曲线求得对应的铂溶液浓度。

4）pH 对吸附的影响

分别在 6 个锥形瓶中加入 0.01g 树脂和浓度为 20mg/L 的铂溶液，调整溶液 pH，振荡 3h，测定残余溶液中的铂浓度，计算吸附量。

5）吸附动力学实验

准确称取树脂 0.01g 于锥形瓶中，加入浓度为 40mg/L 的铂溶液，并分别于不同温度下在恒温振荡器中振荡，定时取样测定其吸光度值，求出不同时间溶液中的铂浓度，并计算吸附量。

6）等温吸附特性实验

准确称取 0.02g 树脂 5 份于锥形瓶中，分别加入不同浓度的铂溶液，恒温振荡器中振荡 5h，使吸附更接近平衡，以平衡吸附量 q_e 对吸附平衡时的浓度 c_e 作图，测定不同温度下不同平衡浓度时树脂对铂的吸附量，以考察其等温吸附特性。

7）解吸实验

将树脂在铂溶液中进行吸附，吸附达到平衡后，将树脂离心分离出来，水洗，干燥。然后在一定的温度和不同浓度的解吸液中进行解吸，解吸后取上清液测定其中的铂离子浓度。

2. 结果与讨论

1）溶液 pH 对吸附的影响

在相同吸附条件下调整溶液 pH，然后在恒温振荡器中振荡，测定上清液中的铂浓度，并计算出树脂对铂的吸附量，结果如图 4-24 所示。可见，树脂对铂的吸附量随着溶液的 pH 增大而上升，当 pH 大于 3 时，吸附量又随着溶液 pH 的增大而减小。

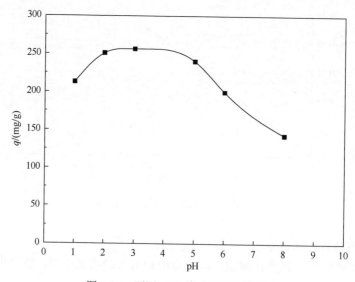

图 4-24   不同 pH 下树脂对铂的吸附

　　这可能是因为铂离子具有很强的形成配合物的能力，而树脂吸附铂的过程包括铂与树脂中未参加交联反应的—NH_2 的螯合，溶液酸性大时，—NH_2 与 H^+ 结合的机会较多，同时，—NH_2 与 H^+ 结合形成的—NH_3^+ 增大了空间位阻，有碍于带正电荷的铂离子靠近树脂的分子链，使吸附量下降[57]。当 pH 过大时，会使铂生成氢氧化物沉淀，也会导致吸附量下降。pH 为 2～3 时，吸附量较高。

　　2）吸附动力学

　　分别测定不同时间下铂溶液的浓度，并分别于不同温度下测定，以了解树脂对溶液中铂的表观吸附动力学，结果如图 4-25 所示。吸附在 40min 左右已趋近平衡，可见树脂对铂的吸附过程进行得较快。

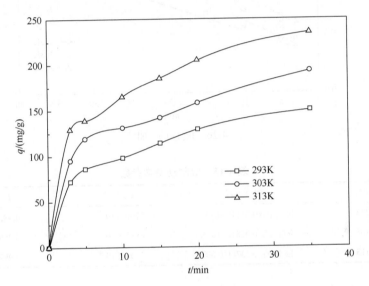

图 4-25　铂在树脂上的吸附动力学曲线

　　采用一级速率方程对吸附动力学数据进行线性拟合。方程表达式为

$$\ln \frac{q_e - q_t}{q_e} = kt \qquad (4\text{-}22)$$

式中，t 为吸附时间，min；q_e 为平衡吸附量，mg/g；q_t 为 t 时刻的吸附量，mg/g；k 为吸附速率常数，min^{-1}。

　　若令 $F = q_t / q_e$，式（4-22）也可写成：

$$-\ln(1 - F) = kt \qquad (4\text{-}23)$$

　　根据上述方程对图 4-25 中的数据进行线性回归处理，以 $-\ln(1-F)$ 对 t 作图，拟合为相应的直线（图 4-26），由直线的斜率可求得吸附速率常数 k。数据拟合结果见表 4-15。由表可见，树脂在不同温度下对铂的吸附过程均能用一级速率方程拟合，拟合程度良好。且−ln(1−F)与t呈线性关系，说明液膜扩散为吸附过程的主要控制步骤[58]。

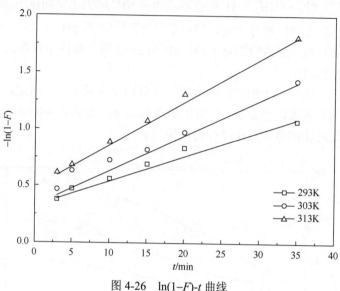

图 4-26   ln(1−F)-t 曲线

表 4-15   吸附动力学参数

T/K	拟合方程	k/s^{-1}	R^2
293	ln(1−F)=0.0214t+0.3547	3.5700×10^{-4}	0.9825
303	ln(1−F)=0.0281t+0.4280	4.6833×10^{-4}	0.9862
313	ln(1−F)=0.0378t+0.5072	6.3000×10^{-4}	0.9974

3）表观活化能

根据 Arrhenius 方程积分式的指数式：

$$k = k_0 \exp\left[\frac{-E_a}{RT}\right] \tag{4-24}$$

得出其对数式为

$$\ln k = \ln k_0 - E_a/(RT) \tag{4-25}$$

式中，k 为吸附速率常数，g/(mg·min)；k_0 为指数前因子；E_a 为活化能，kJ/mol；T 为吸附温度，K。

以 ln$k$ 对 1/T 作图，进行线性拟合，可得如图 4-27 所示的直线，根据直线斜率求得表观活化能为 E_a=21.673kJ/mol，铂在树脂上的吸附速率常数与温度的关系用 Arrhenius 公式可表示为：

$$\ln k = 2.6066 \times 10^3/T + 0.9506 (R^2 = 0.9981)$$

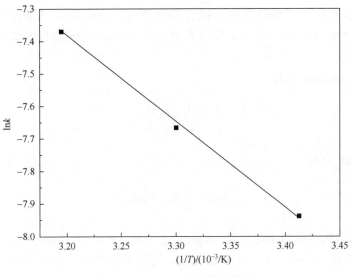

图 4-27　$\ln k$ 与 $1/T$ 的关系曲线

对于表观活化能低于 40kJ/mol 的吸附，一般可称为快速吸附反应，吸附在室温条件下即可很快完成[59]。

4）吸附平衡

准确称取 0.02g 树脂 5 份于锥形瓶中，分别加入不同浓度的铂溶液，在恒温振荡器中振荡 5h，使吸附更接近平衡，以平衡吸附量 q_e 对吸附平衡时的浓度 c_e 作图，测定不同温度下不同平衡浓度时树脂对铂的吸附量，得到等温吸附曲线，如图 4-28 所示。

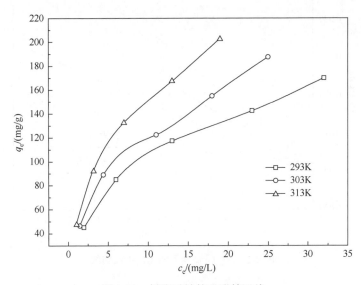

图 4-28　树脂对铂的吸附等温线

在众多对吸附平衡结果进行拟合的模型中，Langmuir 方程和 Freundlich 方程的应用最为广泛，本书采用这两种方程对实验得到的吸附等温线数据进行拟合。

根据 Langmuir 方程

$$\frac{1}{q_e} = \frac{1}{q_\infty} + \frac{1}{q_\infty K_L c_e} \tag{4-26}$$

和 Freundlich 方程

$$\ln q_e = \frac{1}{n}\ln c_e + \ln K_F \tag{4-27}$$

式中，q_e 为吸附平衡时的吸附量，mg/g；q_∞ 为最大吸附量，mg/g；K_L 为 Langmuir 吸附平衡常数，L/mg；K_F 为 Freundlich 吸附平衡常数，$g^{-1} \cdot L^{1/n} \cdot mg^{(1-1/n)}$；$n$ 为 Freundlich 常数。

分别以 $1/q_e$ 对 $1/c_e$ 作图，以 $\ln q_e$ 对 $\ln c_e$ 作图，用 Langmuir 方程和 Freundlich 方程对图 4-28 中的数据进行线性回归处理，可拟合为相应的直线（图 4-29 和图 4-30），由直线的斜率和截距求得吸附平衡常数和单层最大吸附量，结果汇总于表 4-16。由两种拟合方程产生的相关系数可见，线性拟合程度较高。Freundlich 方程中的常数 n 为 2～10，说明铂在树脂上的吸附容易进行。

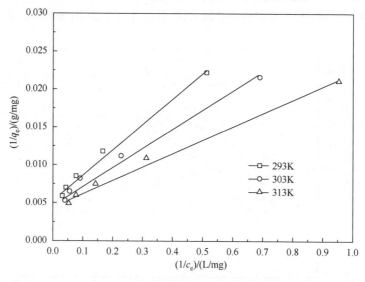

图 4-29　不同温度下的 $1/q_e$-$1/c_e$ 曲线

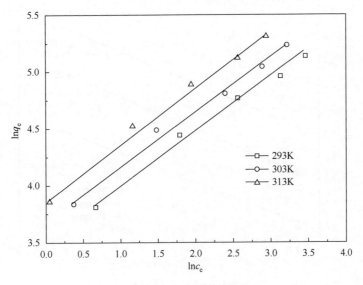

图 4-30　不同温度下的 $\ln q_e\text{-}\ln c_e$ 曲线

表 4-16　吸附等温线参数

T/K	Langmuir 方程			Freundlich 方程		
	$K_L/(\text{L/mg})$	$q_\infty/(\text{mg/g})$	R^2	$K_F/(\text{g}^{-1}\cdot\text{L}^{1/n}\cdot\text{mg}^{(1-1/n)})$	n	R^2
293	0.1713	178.5814	0.9928	34.6813	2.1598	0.9914
303	0.2218	188.6792	0.9903	40.5404	2.1146	0.9912
313	0.2701	212.7660	0.9933	48.6134	2.0255	0.9925

5）吸附热力学函数的求算

a. 吸附焓变 ΔH

根据 Clausius-Clapeyron 方程[58]：

$$\ln c_e = \frac{\Delta H}{RT} + K \tag{4-28}$$

式中，ΔH 为等量吸附焓，kJ/mol；K 为吸附反应的平衡常数；c_e 为平衡浓度（按所取的 q_e 值，根据 Freundlich 方程求得），mg/mL；R 为摩尔气体常量。

以 $\ln c_e$ 对 $1/T$ 作图（图 4-31），并进行线性拟合，拟合程度较好，相关系数均大于 0.99，因此上述公式在推导过程中的假设吸附焓与温度无关，在本研究中的温度范围内是合理的。由图 4-31 可见，直线的斜率为正，可推测树脂吸附铂时的吸附焓变 $\Delta H > 0$，表明吸附过程是吸热过程，升高温度有利于吸附。由直线的斜率可计算出对应于不同吸附水平的吸附焓变 ΔH，结果见表 4-17。

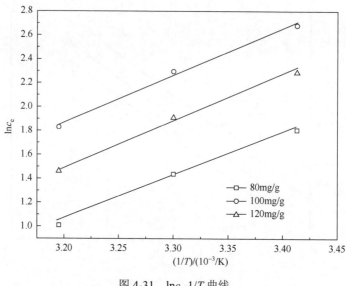

图 4-31　$\ln c_e$-$1/T$ 曲线

表 4-17　热力学性质参数

T/K	$\Delta H/(kJ/mol)$			$\Delta G/$（kJ/mol）	$\Delta S/[J/(mol\cdot K)]$		
	80mg/g	100mg/g	120mg/g		80mg/g	100mg/g	120mg/g
293	30.3237	31.4627	32.3963	−5.2613	0.1215	0.1253	0.1285
303	30.3237	31.4627	32.3963	−5.3270	0.1177	0.1214	0.1245
313	30.3237	31.4627	32.3963	−5.2709	0.1137	0.1174	0.1203

b. 吸附自由能变 ΔG

由 Gibbs 吸附方程，可得到如下衍生方程[60]：

$$\Delta G = -RT\int_0^a q\mathrm{d}a/a \qquad (4-29)$$

式中，ΔG 为吸附自由能，kJ/g；q 为吸附量，mg/g；a 为吸附质在溶液中的活度；T 为温度，K；R 为摩尔气体常量。

当溶液浓度较低时，吸附质在溶液中的活度可由其摩尔浓度代替，则得出如下方程：

$$\Delta G = -RT\int_0^x q\mathrm{d}x/x \qquad (4-30)$$

式中，x 为平衡溶液中吸附质的摩尔分数。

代入适用于本体系的 Freundlich 吸附等温方程，可得

$$\Delta G = -nRT \qquad (4-31)$$

结果见表 4-17，ΔG 为负值，说明吸附过程为不可逆的自发过程，吸附过程容易进行。

c. 吸附熵变 ΔS

由 Gibbs-Helmholtz 方程

$$\Delta S = (\Delta H - \Delta G)/T \qquad (4\text{-}32)$$

可推算出吸附熵变 ΔS。由表 4-16 可见 $\Delta S > 0$，表明树脂对铂的吸附过程为熵增过程。

6）解吸特性

铂为重要的贵金属，因此吸附后对其解吸过程的研究也非常重要，这里选取硫脲-盐酸溶液作为解吸液，并研究了解吸过程的影响因素，以探讨最佳解吸条件。

a. 解吸时间对解吸的影响

取 0.01g 已吸附铂的树脂，以硫脲-盐酸溶液作为解吸剂，在不同时间取样，离心后测上清液中铂的浓度。当解吸进行 6min 时，可达到 50%的吸附率，在 20min 左右，上清液中铂的浓度变化较小，解吸趋于平衡。

b. 酸度对解吸的影响

取 0.01g 以 5mL 2%的硫脲溶液作为解吸剂，分别加入浓度为 0.5mol/L、1mol/L、1.5mol/L、2mol/L 和 2.5mol/L 的 5mL 盐酸中。在 25℃下进行振荡解吸。30min 后离心，测上清液吸光度，计算出的铂解吸率见表 4-18。结果表明，随着盐酸浓度的增加，解吸速率有所下降。这可能是因为硫脲在酸度大时将发生分解，且酸度越高分解速度越快，致使硫脲浓度随盐酸浓度的增加而降低。因此宜采用弱酸性硫脲溶液作为解吸液。

表 4-18　盐酸浓度对解吸率的影响

盐酸浓度/(mol/L)	0	0.5	1	1.5	2	2.5
解吸率/%	81.52	96.28	87.10	75.33	70.05	62.96

c. 硫脲浓度对解吸的影响

取 0.01g 已吸附铂的树脂，分别用不同质量分数的硫脲溶液作为解吸剂，在 0.5mol/L 的盐酸溶液中解吸。室温下振荡 30min 后取样，离心，测上清液吸光度。计算出铂的解吸率，结果见表 4-19。可见，铂的解吸率随硫脲浓度增大而增大，但硫脲浓度超过 2%后，树脂的解吸率下降。这表明硫脲作为铂解吸剂有一定的解吸作用，但在酸性溶液中，硫脲浓度高时，未反应的硫脲在溶液中易被氧化生成硫等氧化物而使溶液混浊。

表 4-19　硫脲浓度对解吸率的影响

脲质量分数/%	0.5	1.0	2.0	2.5	3	4
解吸率/%	86.71	96.28	99.20	92.75	89.09	84.36

7）吸附机理

在树脂吸附铂前后的红外光谱图（图 4-32）中，1595cm⁻¹ 和 3289cm⁻¹ 处吸收峰分别归属于氨基的变形振动和伸缩振动吸收峰；1261cm⁻¹ 和 3500cm⁻¹ 处吸收峰分别归属于羟基的变形振动和伸缩振动吸收峰；2322cm⁻¹ 处归属为巯基的伸缩振动吸收峰。

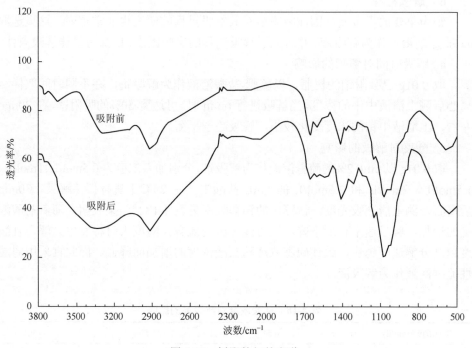

图 4-32　树脂的红外光谱

3. 小结

环硫氯丙烷交联壳聚糖树脂吸附铂的反应速率遵循一级速率方程所描述的规律，液膜扩散为吸附过程的主要控制步骤，吸附表观活化能为 21.673kJ/mol。

环硫氯丙烷交联壳聚糖树脂吸附铂的等温吸附过程符合 Langmuir 和 Freundlich 等温吸附方程。

环硫氯丙烷交联壳聚糖树脂对铂的吸附过程为不可逆的自发过程，吸附过程容易进行。树脂对铂的吸附过程为熵增过程。

盐酸-硫脲溶液可作为树脂的解吸剂，解吸过程在 20min 时可趋近平衡，解吸率可达 99%以上。

红外光谱的分析表明，氨基和巯基在吸附过程中都参与了配位过程，这说明，环硫氯丙烷与壳聚糖交联后，不仅改善了机械性能，同时也增加了吸附活性点，提高了吸附性能。

4.3 环氧氯丙烷交联壳聚糖树脂

环氧氯丙烷常用于壳聚糖的交联，以邻苯二甲酸二丁酯（DBP）为添加剂，在一定条件下得到了一种表面纤维化的交联壳聚糖绒球。本节通过多种表征手段来观测绒球的形貌与结构，分析其形成原因，并采用其直接对低浓度的 Cu²⁺进行了吸附。

4.3.1 表面纤维化交联壳聚糖绒球的制备

1. 材料与仪器

壳聚糖（CS），脱乙酰度 90%；环氧氯丙烷（ECH），分析纯；邻苯二甲酸二丁酯，分析纯；乙酸乙酯，分析纯；Cu 粉，高纯试剂；蒸馏水，实验室自制；其他试剂均为分析纯。

中国美的 PJ21C-B1 微波炉；日本日立 S-3400 扫描电子显微镜；WQF-410 傅里叶变换红外光谱仪，北京第二光学仪器厂；美国麦克 ASAP2020 比表面积和孔径分析仪；ICP 等离子发射光谱仪。

2. 交联壳聚糖球的制备

用 30mL 的 1%乙酸配制质量分数为 2.2%的壳聚糖乙酸溶液，充分溶解后，按比例加入一定量的添加剂 DBP，并用磁力搅拌器充分搅拌 30min。配制质量分数为 3%的 NaOH 溶液，按体积比 1∶20 加入乙酸乙酯，混合均匀后形成凝结液。使用医用注射器将混合好的壳聚糖溶液滴加到凝结液中，陈化 2h，水洗至中性，乙醇清洗几次，制得壳聚糖球。将壳聚糖球移入聚四氟乙烯烧杯中，加入一定量的 ECH、异丙醇和蒸馏水，使用 3% NaOH 溶液调节 pH 至 10 后，微波加热一定时间。取出后用蒸馏水洗至中性，丙酮清洗，乙醇清洗几次并浸泡 24h，过滤，80℃干燥，得到乳黄色交联壳聚糖球（表 4-20）。

表 4-20 样品的制备条件

样品	制备条件			
	ECH	DBP	异丙醇	交联时间
壳聚糖球（CB）	0	0	0	0
壳聚糖球（CB-DBP）	0	3.93mL	0	0
交联壳聚糖球（CCB）	1mL	0	20mL	5min
交联壳聚糖绒球（CCP）	1mL	3.93mL	20mL	5min

3. 交联度测量

称取一定量的交联壳聚糖树脂，在 1%乙酸溶液中浸泡 24h，取出后在干燥箱中称重，按照式（4-33）计算其交联度：

$$\xi = w_2/w_1 \times 100\%$$ （4-33）

式中，ξ 为交联度；w_1 为交联壳聚糖树脂质量，mg；w_2 为浸泡干燥后的壳聚糖树脂质量，mg。

4.3.2　吸附性能测定

使用高纯铜粉配制 $Cu(NO_3)_2$ 的标准溶液，准确称量 1g 高纯铜粉，用 10mL 浓硝酸溶解，混匀，加入几滴盐酸，冷却后移入 1L 容量瓶，稀释至刻度，混匀，得到硝酸铜标准溶液。用 50mg/L 的硝酸铜溶液，取样，过滤后，用 ICP 测定溶液的残液浓度，进而计算出吸附量。

4.3.3　交联壳聚糖绒球的结构性能分析

1. SEM 分析

图 4-33 显示了三种样品的微观形貌。由图可见，壳聚糖球（CB）的表面为无方向性的片状结构，这些片状是不规则的、无序的。邻苯二甲酸二丁酯是优良的增塑剂，可用于硝酸纤维素，可增强凝胶能力；对于硝酸纤维素涂料，有良好的软化作用和优良的稳定性，壳聚糖与纤维素的结构相似，邻苯二甲酸二丁酯可能对壳聚糖发生增塑和软化作用。加入 DBP 后的壳聚糖球（CB-DBP）表面是相对光滑的，说明 DBP 对壳聚糖起了软化作用，平滑了表面的凸起，样品表面还出现

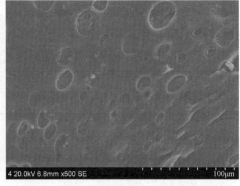

(a) CB　　　　　　　　　　　　　　　　　　(b) CB-DBP

(c) CCB

图 4-33　样品的扫描电镜照片

了大量的坑洞，这些坑洞更像是破裂的气泡，大小不一地分布在整个球面。这说明壳聚糖在乙醇中浸泡时，低表面张力的乙醇会通过颗粒间的空隙进入壳聚糖内部与水分子进行交换，此时分散在壳聚糖内部的 DBP 将溶于乙醇，并在干燥过程中通过颗粒间空隙向外表面扩散，这就造成表面出现大量坑洞的现象。交联壳聚糖球（CCB）的表面为均匀的雪花形颗粒网络结构，颗粒与颗粒之间有明显的空隙。这说明 ECH 有效地起到了交联剂的作用，使得壳聚糖的网络结构更加均匀和规整。

　　以添加邻苯二甲酸二丁酯的壳聚糖溶液在微波辐射下制备交联壳聚糖，得到了一种新型的具有特殊均匀结构的交联壳聚糖绒球，如图 4-34 所示。交联壳聚糖表面的颗粒在 DBP 的作用下发生软化并转变成柔软的短绒毛，而且这些绒毛是由内向外、垂直于表面、有序排列的。

2. 比表面积分析

　　表 4-21 显示了四种样品的 Langmuir 比表面积和交联度。首先可以看到，两种壳聚糖球的比表面积都非常低，这是由于壳聚糖球在干燥时颗粒很容易发生聚

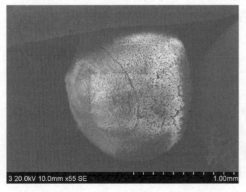

图 4-34　交联壳聚糖绒球的扫描电镜照片

集，整体结构塌陷，进而得到紧密的结构。壳聚糖交联后表面积明显增大，另外，加入 DBP 后的交联壳聚糖绒球的比表面积大于 CCB 的比表面积，为 $38.98m^2/g$。这说明交联反应能够使壳聚糖具有坚固的网络结构，在干燥时不容易受到界面张力的影响而大幅度收缩，从而使小球的比表面积增大。

表 4-21　样品的比表面积和交联度

样品	Langmuir 比表面积/(m²/g)	交联度/%
壳聚糖球（CB）	8.82	0
壳聚糖球（CB-DBP）	7.33	0
交联壳聚糖球（CCB）	33.31	76.32
交联壳聚糖绒球（CCP）	38.98	80.76

相同制备条件下，CCP 交联度却大于 CCB，为 80.76%。这是由于当壳聚糖球内部含有分散均匀的 DBP 时，能够帮助 ECH 与小球内部的壳聚糖颗粒接触，因此，ECH 与壳聚糖的反应是在小球的各个部分发生，而不是大多在小球的表面发生，交联反应更充分，交联度也更大。

3. XRD 分析

由于壳聚糖分子上的氨基和羟基的存在，壳聚糖具有氢键容易造成结晶。如图 4-35 所示，脱乙酰度为 90%的壳聚糖在 20.05°有明显的衍射峰，半高宽为 0.2598°；而在 10.77°处为低吸收的馒头峰，在 72.64°处还有一个细小的衍射峰，这表明实验中所使用的壳聚糖大部分以 Form II 晶形存在。在交联壳聚糖绒球的

XRD 光谱曲线上，发现 FormⅡ衍射峰的强度略微降低，结晶峰面积减小并且峰的位置稍稍偏移到 20.18°，而且其半高宽增加为 0.5510°；另外，11.77°处 FormⅠ晶形的吸收峰更明显，72.64°处的衍射峰消失，81.21°处出现新的特征峰。一般说来，交联会减少壳聚糖上的氨基和羟基（由交联度的值可以看出），分子间或分子内的氢键也就随之减少。然而，交联壳聚糖绒球分子的 XRD 光谱仍然显示出较强的结晶度，这说明 CCP 的独特又规整的表面短纤维形貌弥补了由于一部分氨基减少所引起的非晶相转化，交联壳聚糖绒球具有较好的结晶性和化学稳定性。普通交联壳聚糖绒球的 XRD 显示，20.25°处峰强降低，峰强度仅为 829.89，半高宽仍为 0.5510°。10.99°处的 FormⅠ晶形的吸收峰基本消失。这说明，此时交联反应有效地反映在壳聚糖分子上，破坏了壳聚糖分子内和分子间的氢键，结晶性能减弱。因而，加入 DBP 的壳聚糖制备的交联壳聚糖绒球要比直接制备交联壳聚糖获得更好的结晶性能。

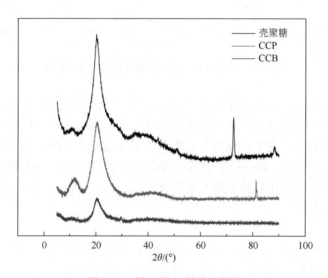

图 4-35　样品的 X 射线衍射图

4. FTIR 分析

图 4-36 为壳聚糖和交联壳聚糖绒球的红外光谱图。在壳聚糖的红外光谱图中，3400cm^{-1} 左右的宽峰是 O—H 的伸缩振动吸收峰与 N—H 的伸缩振动吸收峰重叠而成的多重吸收峰，也就是对照于残糖基上的羟基和氨基（或乙酰氨基）；2922cm^{-1} 和 2880cm^{-1} 处分别是残糖基上的甲基或次甲基的 C—H 伸缩振动吸收峰；壳聚糖的酰胺Ⅰ在 1656cm^{-1}，显示壳聚糖还有一部分乙酰氨基，1599cm^{-1} 为—NH$_2$ 的吸收谱带；1430cm^{-1} 谱带和 1378cm^{-1} 谱带是壳聚糖的 CH$_2$ 弯曲振动和—CH$_3$ 对称变

形振动；$1030cm^{-1}$ 为 C_6—OH 一级羟基的特征吸收峰，$1163cm^{-1}$ 为 C_3—OH 二级羟基的特征吸收峰。

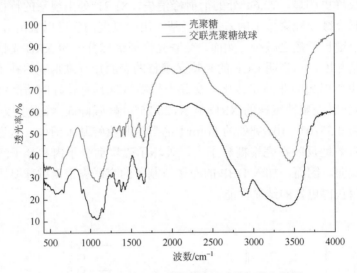

图 4-36　壳聚糖和交联壳聚糖绒球的红外光谱图

　　壳聚糖与环氧氯丙烷交联制得交联壳聚糖，其交联方式可以发生在壳聚糖分子中的羟基与羟基之间或羟基与氨基之间或氨基与氨基之间，从图中可以看到，$3400cm^{-1}$ 左右的宽峰变窄，说明壳聚糖上的氨基或羟基减少，$1599cm^{-1}$ 的氨基的吸收谱带向低频迁移，C_6—OH 的特征吸收峰变窄，且 C_3—OH 的吸收峰减弱，说明交联反应在胺基和羟基上均发生了反应。

　　5. DSC 分析

　　从差示扫描量热（DSC）曲线（图 4-37）上看，CCP 的放热峰（284.3℃）最大值要低于壳聚糖（304.7℃）。这是因为交联反应中环氧氯丙烷与氨基形成新的共价键，使壳聚糖链之间形成分子内交联反应，它的出现干扰了以前存在的氢键，交联聚合物的结构变弱，从而降低了它们的热稳定性。

4.3.4　交联壳聚糖绒球对铜（Ⅱ）的吸附性能

　　1. 吸附时间对吸附的影响

　　用 50mg/L 的吸附液在 pH 为 4 时吸附时间与残余浓度和吸附量的关系曲线如图 4-38 所示。从图中可以看出，在 0～30min 时，曲线的斜率较大，说明此段时间吸附速率大，30min 以后，曲线的斜率逐渐减小并趋近于 0，说明吸附速率逐渐下降。这是由于在吸附前期，树脂周围的液体浓度较高，树脂不只参与化学吸附，也参与物理吸附，吸附速率越大，吸附时间越长，吸附量也就越大；在吸附后期，残余浓度降低，浓度推动力减小，吸附速率减小，直到吸附逐渐达到饱和时，吸附量将不再变化。

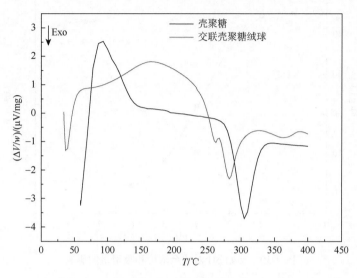

图 4-37　壳聚糖和交联壳聚糖绒球的 DSC 曲线

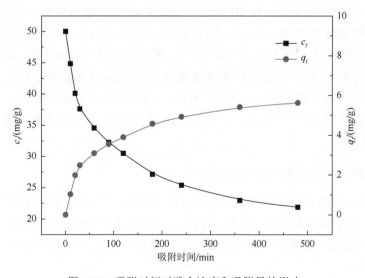

图 4-38　吸附时间对残余浓度和吸附量的影响

2. pH 对吸附的影响

取 0.1g 的壳聚糖树脂在 50mg/L 的硝酸铜吸附液中进行吸附实验，采用

0.1mol/L HCl 溶液和 3wt% NaOH 溶液调节初始 pH，吸附 8h 后得到的吸附量与残余浓度如图 4-39 所示。

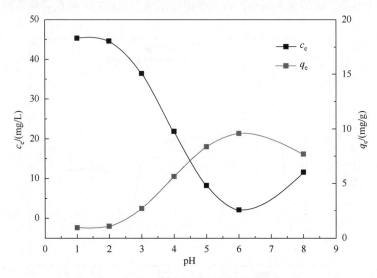

图 4-39　初始 pH 对残余浓度和吸附量的影响

由图可见，吸附溶液的 pH 对铜离子的吸附性能影响很大，当 pH 为 1～2 时，吸附不容易进行，随着 pH 增加，溶液中的残余浓度越低，当 pH=6 时，溶液中的残余浓度几乎为 0。在低 pH 的溶液中，树脂分子上氨基容易被质子化为 NH_3^+，从而不能很好地与 Cu^{2+} 反应，随着溶液中 H^+ 的减少，氨基和羟基才有可能与 Cu^{2+} 螯合。根据铜溶液浓度与开始沉淀的 pH 的关系，在 pH≥6 时，溶液自身容易产生沉淀，因此 pH=6 时的吸附率之所以最大，是由于此时不仅存在小球的吸附作用，还存在 Cu^{2+} 的沉淀作用。树脂小球吸附的最佳 pH 应为 5。

3. 吸附液初始浓度和对吸附的影响

在 pH=5 时取 0.1g 的交联壳聚糖树脂在不同浓度的 20mL 吸附液中进行 8h 的吸附实验，残余浓度和吸附量如图 4-40 所示。结果表明，吸附液的初始浓度越大，浓度推动力越大，交联壳聚糖与金属离子的相互作用和结合概率就越大，吸附量也随着增大。

另外，交联壳聚糖绒球对 Cu^{2+} 的吸附量总体较低是由于分子中大部分的氨基和羟基参加了交联反应，由交联度可以看出，用来吸附 Cu^{2+} 的只有残余的少量氨基和羟基。在接下来的工作中，交联壳聚糖绒球可经过改性接枝更多高效的吸附基团。

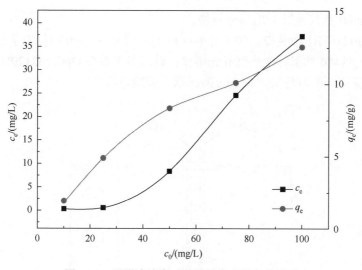

图 4-40 吸附液浓度对吸附量和吸附率的影响

4.3.5 小结

采用微波辐射技术和滴液成球法在一定条件下制备一种新型的具有特殊结构的交联壳聚糖绒球。采用交联度测试、FTIR、N_2 吸附-脱附比表面积、XRD 和 DSC 对绒球的物理化学性质和结构进行了分析表征。这种交联壳聚糖绒球具有均匀的表面结构，且柔软的表面短纤维具有一定的方向性，它的交联度为 80.76%，Langmuir 比表面积为 38.98m²/g，结晶性和热稳定性与壳聚糖相比稍差，采用 0.1g 绒球对初始浓度为 50mg/L 的铜离子进行了吸附，pH 为 5 时吸附效果最好，在 8h 内可达到吸附平衡，吸附量为 12.55mg/g。

4.4 甲醛预交联壳聚糖树脂

近年来，壳聚糖微球由于具有利于壳聚糖分子上活性官能团与金属离子的有效接触和方便实际应用的优点，得到了广泛关注。但是，在微波辐射下制备交联壳聚糖微球树脂的研究还鲜有报道。本节利用自己改装的微波设备，以甲醛作预交联剂，利用甲醛与壳聚糖的—NH_2 反应生成希夫碱来保护—NH_2，再以环氧氯丙烷作交联剂，在微波辐射下合成交联壳聚糖微球，并研究了其对 Cu^{2+} 的吸附性能。

4.4.1 实验部分

1. 实验试剂和仪器

壳聚糖粉，脱乙酰度 90%；环氧氯丙烷（ECH）、甲醛、$CuSO_4 \cdot 5H_2O$、液状石蜡、span80 及其他试剂均为分析纯。

美的 PJ21C-B1 改装微波炉（图 4-41）；日本日立 S-3400 扫描电子显微镜；北京瑞利 WQF-410 傅里叶变换红外光谱仪；韩国美卡希斯 Optizen2120UV 紫外-可见分光光度计；英国马尔文 Mastersizer 激光粒度分析仪。

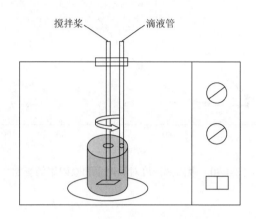

图 4-41　改装微波设备示意图

2. 交联壳聚糖合成机理

1）壳聚糖微球的交联成球机理

在本实验中，将壳聚糖溶液（水相）加入乳化剂的液状石蜡（油相）中，在快速搅拌条件下形成油包水（W/O）型乳液，再在 W/O 型乳液中加入环氧氯丙烷作为交联剂，交联剂扩散进入壳聚糖水相，使壳聚糖乳滴交联固化而形成微球。在乳化过程中，要形成稳定的 W/O 型乳液需要两个条件：①较大的油水相比例；②活性剂应有合适的亲水亲油平衡指数（HLB）。这也恰好是制备球形度好、粒径均匀微球的基础。而交联剂与壳聚糖的交联固化作用将对最终产物的球形度、形貌、粒径和吸附能力产生重要影响。

2）甲醛预交联壳聚糖树脂的合成

首先，壳聚糖与甲醛反应生成希夫碱甲醛交联壳聚糖，这使得壳聚糖分子中大量的 C_2—NH_2 与甲醛反应（图 4-42），进而被保护起来。然后环氧氯丙烷将主要与甲醛交联壳聚糖上的 C_6—OH 发生开环反应，分子中引入了烷基氯，然后烷基氯与另一分子或同一分子中另一结构单元的 C_6—OH 发生反应，实现交联。最后在酸性条件下脱去环氧氯丙烷交联壳聚糖上的希夫碱（C=N）基团，使 C_2—NH_2 还原，经过一系列反应后，壳聚糖上的 C_2—NH_2 仍为自由氨基的形式，仍可以吸附重金属离子。

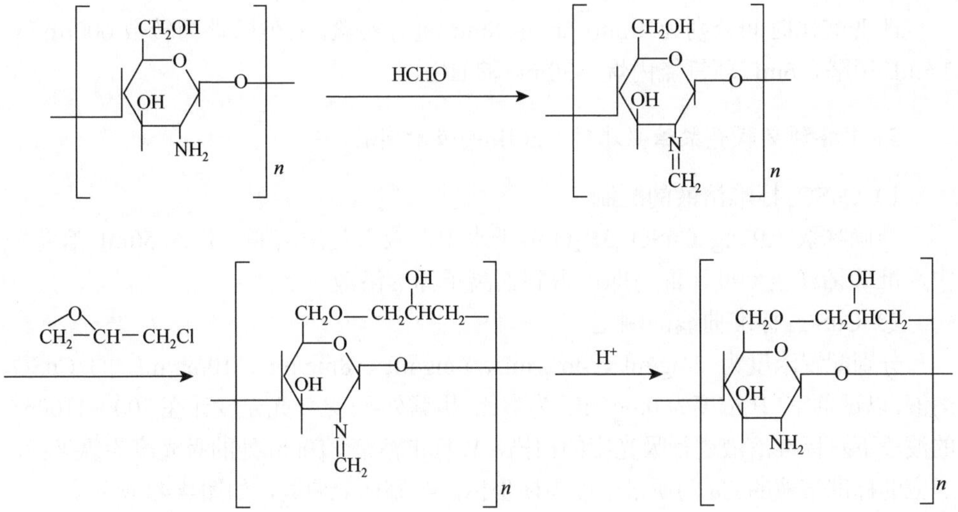

图 4-42　甲醛预交联环氧氯丙烷交联壳聚糖微球的反应示意图

3. 甲醛预交联壳聚糖微球的制备

称取 1g 壳聚糖配制 50mL 壳聚糖乙酸溶液，加入 100mL 液状石蜡，滴加 0.6mL 的 span80，乳化 30min；加入适量甲醛，微波加热 5min；加入适量环氧氯丙烷，微波加热 10min，在改装微波炉上方的滴液孔处设置恒压滴液漏斗缓慢滴加 3wt% NaOH 溶液，使反应体系 pH 能保持在 10 左右，反应液始终以一定转速持续搅拌。

将所得固体产物用丙酮清洗抽滤，清除残留的有机物，使用适量 1mol/L HCl 溶液微波加热酸化一定时间，用乙醇清洗抽滤，清除残留的水和有机物，干燥，得到淡黄色的甲醛预交联环氧氯丙烷交联壳聚糖微球。

4. 反应条件优化实验

本实验需通过单因素分析对主要反应条件进行对比，以找到合成具有良好吸附性能的最佳参数。

改变搅拌速度分别为 200r/min、400r/min、600r/min、800r/min 进行实验，其他条件为 5mL 环氧氯丙烷，2.5mL 甲醛，30mL 稀 HCl，酸化时间为 8min。

改变甲醛用量分别为 1mL、1.5mL、2mL、2.5mL、3.5mL 进行实验，其他条件为转数 600r/min，2mL 环氧氯丙烷，30mL 稀 HCl，酸化时间为 8min。

改变环氧氯丙烷的用量分别为 2mL、3mL、4mL、5mL、6mL 进行实验，其他条件为转数 600r/min，2.5mL 甲醛，30mL 稀 HCl，酸化时间为 8min。

改变稀 HCl 量分别为 30mL、40mL、50mL 进行实验，其他条件为 6mL 环氧氯丙烷，2.5mL 甲醛，酸化时间为 8min。

改变酸化时间分别为 4min、6min、8min 进行实验，其他条件为转数 600r/min，2.5mL 甲醛，6mL 环氧氯丙烷，30mL 稀 HCl。

5. 甲醛预交联壳聚糖微球对 Cu(II)的吸附实验

1）CuSO$_4$ 标准溶液的配制

准确称取 1.964g CuSO$_4$·5H$_2$O 溶于水中，滴入几滴硫酸，移入 50mL 容量瓶中，准确稀释至刻度，混匀即可得到铜离子标准溶液。

2）CuSO$_4$ 标准曲线的测定

分别配置浓度为 2mg/mL、4mg/mL、6mg/mL、8mg/mL、10mg/mL 的 CuSO$_4$ 溶液，以试剂空白（浓度为 0mg/mL）为参比，用紫外-可见分光光度计在 300～1100nm 的波段下对标准溶液进行吸光度的扫描，以标准溶液 810nm 处的吸光度为纵坐标，对应的标准溶液的 Cu 的质量浓度为横坐标，绘制标准曲线，如图 4-43 所示。

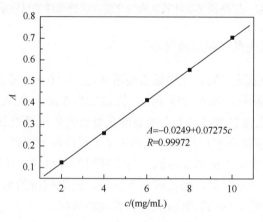

$$A=-0.0249+0.07275c$$
$$R=0.99972$$

图 4-43　CuSO$_4$ 标准曲线

3）吸附条件优化

取 0.1g 微球在 20℃下 10mL 吸附浓度为 6mg/mL 的不同的 pH（2、3、4、5、6）硫酸铜溶液 1h，测定吸附量。在不同温度下（20℃、30℃、40℃、50℃）取 0.1g 微球吸附 10mL 吸附初始浓度为 6mg/mL，pH 为 5.0 的硫酸铜溶液 2h，测定吸附量。在 pH=5.0、20℃的条件下，改变初始浓度和吸附时间，得到吸附量。

4）吸附动力学实验

称取 0.1g 微球树脂于 50mL 容量瓶中，加入浓度为 8mg/L 的 10mL CuSO$_4$ 溶液，并分别于不同温度下在恒温振荡器中以 100r/min 恒速振荡，定时取样测定吸附量。

5）吸附等温线的测定

将一系列浓度为 2mg/L、4mg/L、6mg/L、8mg/L 和 10mg/L 的 10mL CuSO$_4$

与 0.1g 微球树脂混合，在 20℃、30℃、40℃和 50℃下分别振荡至吸附平衡，测定平衡吸附量和平衡浓度。

4.4.2　最佳反应条件分析

1. 搅拌速率

固定反应条件（甲醛 2.5mL，ECH 5mL，稀 HCl 30mL，酸化时间 8min）改变反应体系的搅拌速率分别为 200r/min、400r/min、600r/min 和 800r/min 进行实验。使用制得的交联壳聚糖微球对 10mL 4mg/mL 的 $CuSO_4$ 溶液在微波下进行吸附，结果如图 4-44 所示。由图可见，随着搅拌速率增大，微球对 Cu^{2+}的吸附量先增大，由于搅拌速率的提高，乳液中液滴的平均粒度减小，因而制得的微球比表面积也会相应增大，吸附量增加；当搅拌速率达到 800r/min 时，颗粒太小，含水量下降，微球发生团聚，制备的微球不能充分发挥吸附能力，故吸附量减小。

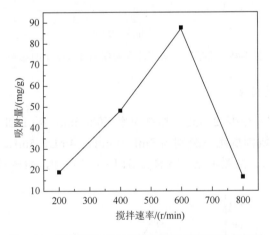

图 4-44　搅拌速率对交联壳聚糖微球吸附量的影响

2. 甲醛用量

壳聚糖分子中含有大量的自由氨基，能在弱酸性条件下与甲醛发生交联反应。当壳聚糖分子充分交联时，壳聚糖液滴球体形态将很快固定下来并得以保持，避免相互黏结。同时，弱酸对甲醛的活化作用（$H_2C = OH^+$）增大了羰基碳的正电性，使具有较强亲核性的氨基易于向其进攻（生成 RNH—CH_2—OH），进而在酸催化下脱水生成希夫碱（RN $=$ CH_2），因此可以起到保护氨基的作用。固定反应条件（环氧氯丙烷用量 3mL，搅拌速率 600r/min，稀 HCl 30mL，酸化时间 8min），改变甲醛用量分别为 1mL、1.5mL、2mL、2.5mL、3.5mL 进行实验，结果如图 4-45 所示。由图可见，随着甲醛用量的增加，微球对 Cu^{2+} 的饱和吸附量出现先增大后减小的趋势，这可能是甲醛用量较少时，不能有效地保护氨基，使环氧氯丙烷与较多的氨基发生交联反应，增大氨基的空间位阻使其配位能力下降；甲醛用量较多时，甲醛本身过多地与氨基发生交联反应，酸处理条件不能完全破坏希夫碱的结构，同样降低了氨基的配位能力。

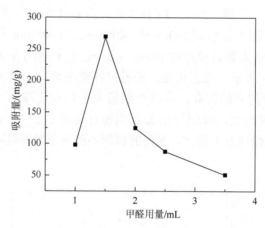

图 4-45　甲醛用量对交联壳聚糖微球吸附量的影响

3. 环氧氯丙烷用量

固定反应条件（甲醛 2.5mL，搅拌速率 600r/min，稀 HCl 30mL，酸化时间 8min），改变环氧氯丙烷用量分别为 2mL、3mL、4mL、5mL、6mL 进行实验，结果如图 4-46 所示。由图可见，随着 ECH 用量的增加，微球对 Cu^{2+} 的吸附量先

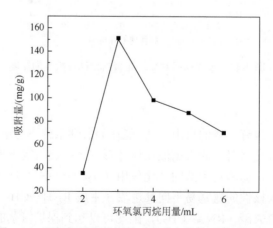

图 4-46　环氧氯丙烷的用量对交联壳聚糖吸附量的影响

增加后减少，可能是由于环氧氯丙烷用量较少时，树脂交联程度太低，交联产物最终难以形成，且易造成交联不均匀的现象，在用盐酸溶液处理时，部分未交联的含自由氨基较多的壳聚糖分子溶解并流失所致；环氧氯丙烷用量较多时，除与羟基发生反应之外，同时也消耗了较多的氨基导致对 Cu^{2+} 的吸附量降低；另外，过量的环氧氯丙烷没能有效地连接在壳聚糖分子链上，使得生成的凝胶树脂颗粒内含有太多残存的小分子链，且环氧氯丙烷引起的其他副反应也易生成杂质，使得树脂颗粒的机械强度下降，吸附性能下降。

4. 酸处理条件

甲醛能够与壳聚糖分子发生加成-消去反应，在酸性条件下生成不稳定的希夫碱（$RN \Longequal CH_2 \rightleftharpoons RNH—CH_2OH$），可以用稀酸去除保护基，增大交联壳聚糖的自由氨基。固定反应条件（甲醛 2.5mL，ECH 5mL，搅拌速率 600r/min），使用不同体积的 1mol/L HCl 溶液，在微波下进行不同时间的实验，结果如图 4-47 所示。由图可见，HCl 用量越大，酸化时间越长越有利于去除交联壳聚糖分子上的希夫碱；当使用 50mL HCl 时，吸附量下降，这可能是过量盐酸使得交联壳聚糖微球氨基被质子化进而被降解所导致的。

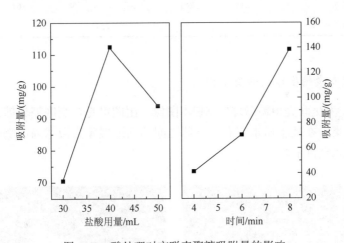

图 4-47 酸处理对交联壳聚糖吸附量的影响

4.4.3 结构性能分析

1. 交联壳聚糖微球的抗酸碱性和吸水性

作为化学改性的一种手段，交联是为了使壳聚糖具有更好的机械性能和化学稳定性，通过测试样品的抗酸碱性，可以评估壳聚糖的化学稳定性能。从表 4-22

可以看出，甲醛环氧氯丙烷交联树脂在酸碱环境中仅有约 1.62%的失重率，有较强的抗酸碱性，在酸碱性环境中使用只发生溶胀而不会产生过量的溶解现象，这说明交联树脂的交联结构有较高的强度和刚性，为重复利用打好了基础。表 4-23 反映了树脂在水溶液中的吸水性能，树脂只用在水中溶胀吸水才能有效地与金属离子接触，从而吸附金属离子，本实验中获得的树脂具有 253%的吸水率，存在有效吸附金属离子的可能性。

表 4-22　抗酸碱性

样品	S1	S2	S3	S4	S5	S6
失重率/%	1.42	1.77	1.77	1.78	1.65	1.34
平均失重率/%			1.62			

表 4-23　吸水率

样品	S1	S2	S3	S4	S5	S6
w_0/g	0.101	0.100	0.101	0.099	0.102	0.101
w_e/g	0.351	0.361	0.345	0.357	0.368	0.351
吸水率/%	248	261	242	258	261	248
平均吸水率/%			253			

2. 交联壳聚糖微球的微观结构

图 4-48 为交联壳聚糖微球的 SEM 图像。由图可见，交联壳聚糖微球的球形良好，粒径集中在几十微米左右。微球之间的粘连现象为微球局部交联反应不充分及有机物未全部清除所致。

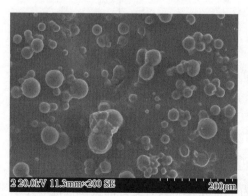

图 4-48　交联壳聚糖微球的 SEM 图像

3. 交联壳聚糖微球的粒度分布

为了获得交联壳聚糖微球的粒度，使用 Mastersizer 粒度分析仪对最佳合成条件下制得的样品进行了测试。微球需要以湿法分散进行测量。因为在制备过程中是以湿法状态生产的。先使用超声波将微球分散在水中形成悬浮液，然后再进行测试，所得的粒度分布结果如图 4-49 所示。

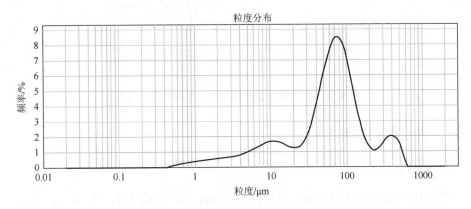

图 4-49 交联壳聚糖微球的粒度分布曲线

由图 4-49 可见，粒度为 0.479μm 以下和 630.9μm 以上的范围内都没有微球存在，而 0.479～30.20μm 和 158.4～630.9μm 的粒度分布范围内，树脂的体积分数也较小，可见分布在此范围内的微球含量较低；大部分的微球粒度分布在 30.20～158.49μm 范围内，其体积分数最高点为 69.18～79.43μm，根据粒度分析报告可知，树脂的平均粒度为 65.95μm。

4. 交联壳聚糖微球的红外光谱

图 4-50 为壳聚糖与甲醛环氧氯丙烷交联壳聚糖的红外光谱图，其中 1595cm⁻¹ 和 3289cm⁻¹ 处为氨基的变形振动和伸缩振动吸收峰，2920cm⁻¹ 和 2880cm⁻¹ 处分别是残糖基上的甲基或亚甲基伸缩振动吸收峰；1462cm⁻¹ 处为甲基和亚甲基变形振动吸收峰；1261cm⁻¹ 处羟基的变形振动吸收峰也明显减弱，说明羟基参与了交联反应。交联壳聚糖经 HCl 溶液处理后，氨基的伸缩和变形振动吸收峰明显，且不存在 2720cm⁻¹ 处醛的特征吸收峰。这表明，实验按照预期合成路线进行，甲醛首先与壳聚糖发生反应，生成希夫碱以保护氨基，使它不再参与化学反应，待分子中的其他基团发生了一系列的化学反应后，再用盐酸溶液脱去保护基，使被保护的氨基重新显露出来参与吸附重金属离子。

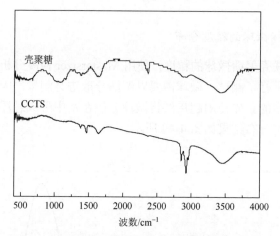

图 4-50　壳聚糖与交联壳聚糖微球的红外光谱图

4.4.4　吸附影响因素分析

1. 初始 pH

取 0.1g 微球在 20℃下 10mL 吸附浓度为 6mg/mL 的不同 pH（2、3、4、5、6）的硫酸铜溶液 1h，实验结果如图 4-51 所示。由图可见，吸附介质的初始酸度对树脂的吸附性能的影响很大，在低 pH 时交联壳聚糖微球对 Cu^{2+} 的吸附量很低，随着 pH 的升高，对 Cu^{2+} 的吸附量增大。在 pH=6 时吸附量最大。但是，pH≥6 的硫酸铜溶液在静置一段时间后会产生沉淀，所以微球吸附 Cu^{2+} 的最佳 pH 应为 5 左右。

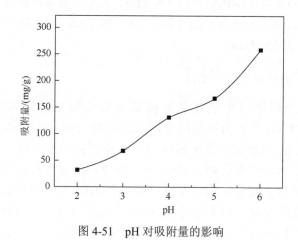

图 4-51　pH 对吸附量的影响

2. 温度

在不同温度下（20℃、30℃、40℃、50℃）取 0.1g 微球吸附 10mL 吸附初始浓度为 6mg/mL，pH=5.0 的硫酸铜溶液 2h，得到的吸附量如图 4-52 所示。可以看到，从 20℃到 50℃，吸附量是随温度的升高而增大的，即由 130.2mg/g 增长到 188.6mg/g，这表明吸附过程可能为吸热反应。温度的升高不仅增大了溶液中铜离子的扩散速度，使得吸附剂能快速接触到溶液中的目标相，还能增加吸附剂上的功能键与铜离子的螯合速度。

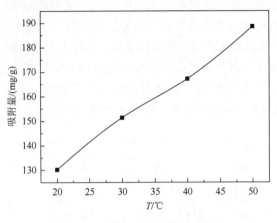

图 4-52　温度对吸附量的影响

3. 吸附时间和初始浓度

在 pH=5.0、20℃的条件下，研究了初始浓度和吸附时间对吸附量的影响。由图 4-53 可见，微球对 Cu^{2+} 的吸附量先随时间增长而快速增大，然后又缓慢增大，直到吸附量在 480min 时达到吸附平衡，而且每个初始浓度下的结果均为此现象。溶液初始浓度对微球的吸附能力也有明显影响，在 0～180min 内，越大的初始浓

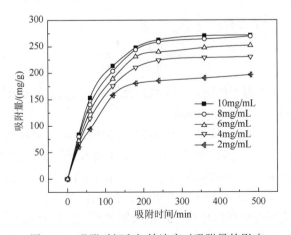

图 4-53　吸附时间和初始浓度对吸附量的影响

度下显示的吸附速率越大。这显然是较高的浓度为吸附作用提供了更好的推动力，即此时铜离子有较高的扩散速率，使得液固相接触更加频繁。

4.4.5　吸附动力学

采用相同质量的微球在不同温度下吸附初始浓度为 8mg/mL 的硫酸铜溶液中的铜离子，测定不同时间下的吸附量，结果如图 4-54 所示。由图可见，微球在吸附的初始阶段，吸附量迅速上升，吸附速率快，这是由于此时溶液中 Cu^{2+} 浓度高，浓度推动力大，微球可以与金属离子高频率的接触并发生吸附作用；随着吸附时间增长，吸附量是一直增长的，但上升的速率逐渐减慢，即吸附速率降低，在 480min 时，吸附曲线斜率趋近于零，吸附基本达到平衡。

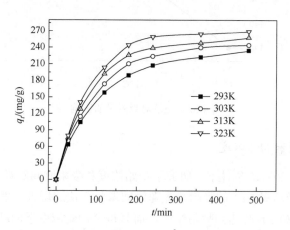

图 4-54　交联壳聚糖微球对 Cu^{2+} 的吸附动力学曲线

拟二级吸附动力学方程：

$$\frac{t}{q_t} = \frac{1}{k_2 q_e^2} + \frac{1}{q_e} t \qquad (4\text{-}34)$$

式中，q_e、q_t 分别为吸附平衡时及 t 时刻的吸附量，mg/g；t 为吸附时间，min；k_2 为拟二级吸附速率常数，g/(mg·min)。

这里采用拟二级动力学模型对图 4-54 中的吸附动力学数据进行线性回归处理，以 t/q 对 t 作图，拟合为相应的直线（图 4-55），通过直线的斜率和截距可分别求得吸附速率常数 k 和平衡吸附量 q_e，数据拟合结果见表 4-24。由表可见，不同温度下拟合的相关系数 R^2 均大于 0.99，表明拟合程度较好，拟二级动力学模型可以很好地描述交联壳聚糖微球对 Cu^{2+} 的吸附过程。计算得到的平衡吸附量与实际吸附量相近，且随温度升高而增大，说明吸附过程可能为吸热过程，即为化学吸附。

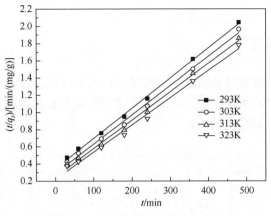

图 4-55 t/q_t-t 的拟二级动力学拟合

表 4-24 拟二级动力学参数

T/K	拟合方程	$k/[g/(mg\cdot min)]$	$q_e/(mg/g)$	R^2
293	$t/q_t=0.0035t+0.3471$	3.5295×10^{-5}	285.7	0.9982
303	$t/q_t=0.0034t+0.2905$	3.9798×10^{-5}	294.1	0.9953
313	$t/q_t=0.0033t+0.2498$	4.3590×10^{-5}	303.1	0.9948
323	$t/q_t=0.0032t+0.2223$	4.4930×10^{-5}	316.5	0.9913

将动力学分析中得到的吸附速率常数代入 Arrhenius 方程，以 $\ln k$ 对 $1/T$ 作图，并进行拟合，如图 4-56 所示，得到拟合曲线方程 $\ln k=-7.585-776.3T$，计算得到 E_a=6.455kJ/mol。表观活化能相对较小，说明微球在硫酸铜溶液中容易吸附铜离子。

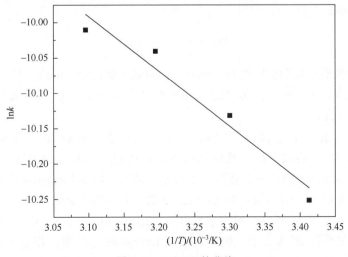

图 4-56 $\ln k$-$1/T$ 的曲线

4.4.6　吸附等温特性

　　测定不同平衡浓度时不同温度下微球对 Cu^{2+} 的吸附量和残余浓度，得到等温吸附曲线（图 4-57）。由图可见，随着铜离子溶液的平衡浓度增大，交联壳聚糖微球对 Cu^{2+} 的平衡吸附量也增大。

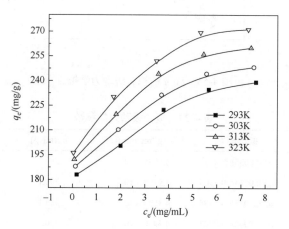

图 4-57　交联壳聚糖微球对 Cu^{2+} 吸附等温线

Langmuir 方程：

$$\frac{1}{q_e} = \frac{1}{q_\infty} + \frac{1}{q_\infty K_L c_e} \qquad (4\text{-}35)$$

Freundlich 方程：

$$\ln q_e = \frac{1}{n}\ln c_e + \ln K_F \qquad (4\text{-}36)$$

式中，q_e 为吸附平衡时的吸附量，mg/g；q_∞ 为最大吸附量，mg/g；K_L 为 Langmuir 吸附平衡常数，L/mg；K_F 为 Freundlich 吸附平衡常数，$g^{-1}\cdot L^{1/n}\cdot mg^{(1-1/n)}$；$n$ 为 Freundlich 常数。

　　分别以 $1/q_e$ 对 $1/c_e$ 作图，以 $\ln q_e$ 对 $\ln c_e$ 作图，用 Langmuir 方程和 Freundlich 方程对图 4-57 中的数据进行线性回归处理，可拟合为相应的直线（图 4-58 和图 4-59），利用直线的斜率和截距可求得单层最大吸附量 Langmuir 吸附平衡常数和 Freundlich 吸附平衡常数及 Freundlich 常数，具体数值见表 4-25。

　　由两种拟合方程产生的相关系数可见，Langmuir 拟合的 R^2 均大于 0.99，Freundlich 拟合的 R^2 均大于 0.95。这说明 Langmuir 等温吸附模型更加适合描述此吸附过程。而且从表中交联壳聚糖微球对 Cu^{2+} 的 q_∞ 值分析得到，随着温度的升

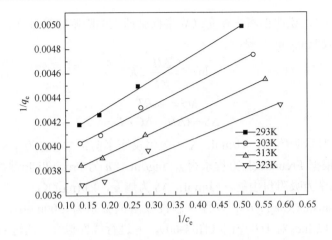

图 4-58　不同温度下交联壳聚糖微球对 Cu^{2+} 的 Langmuir 吸附等温线

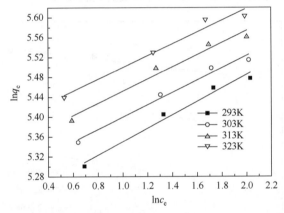

图 4-59　不同温度下交联壳聚糖微球对 Cu^{2+} 的 Freundlich 吸附等温线

表 4-25　交联壳聚糖微球吸附 Cu^{2+} 的 Langmuir 和 Freundlich 等温线参数

T/K	Langmuir 模型			Freundlich 模型		
	$K_L/(mL/mg)$	$q_\infty/(mg/g)$	R^2	$K_F/(g^{-1}\cdot mL^{1/n}\cdot mg^{1-1/n})$	n	R^2
293	1.768	257.1	0.9968	183.9	7.392	0.9687
303	2.032	264.5	0.9919	195.5	8.055	0.9719
313	2.123	277.0	0.9981	206.3	8.171	0.9561
323	2.367	287.3	0.9681	217.1	8.409	0.9582

高，其对 Cu^{2+} 的单层最大吸附量逐渐增加。该现象表明，交联壳聚糖微球吸附 Cu^{2+} 时，升高外界环境温度，对它的吸附是有利的，即高温时它会发生优先吸附，且吸附过程是吸热的，Cu^{2+} 在交联壳聚糖微球上的吸附为单分子层吸附。Freundlich

常数 n 均大于 1，说明铜离子在交联壳聚糖微球上的吸附容易进行。

Clausius-Clapeyon 方程：

$$\ln c_e = \frac{\Delta H}{RT} + K \tag{4-37}$$

$$\Delta G = -nRT \tag{4-38}$$

$$\Delta S = (\Delta H - \Delta G)/T \tag{4-39}$$

式中，ΔH 为等量吸附焓，kJ/mol；K 为吸附反应平衡常数；c_e 为平衡浓度（按所取的 q_e 值，根据 Freundlich 方程求得），mg/mL；n 为 Freundlich 常数；R 为摩尔气体常量；ΔG 为吸附自由能，kJ/mol；ΔS 为熵变，kJ/(mol·K)。

根据 Clausius-Clapeyron 方程，假设吸附量分别为 300mg/L、250mg/L 和 200mg/L，并以 $\ln c_e$ 对 $1/T$ 作图（图 4-60），并进行线性拟合，通过对应的斜率求出不同吸附量时微球对 Cu^{2+} 的等量吸附焓 ΔH，根据式（4-38）和式（4-39）可以计算得到吸附自由能 ΔG 和熵变 ΔS，具体数值见表 4-26。

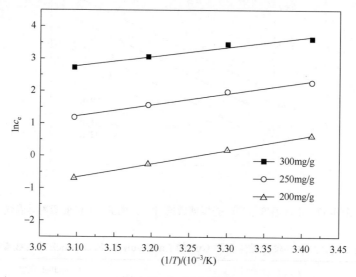

图 4-60　$\ln c_e$-$1/T$ 曲线

表 4-26　热力学参数

T/K	ΔH/(kJ/mol)			ΔG/(kJ/mol)	ΔS/[kJ/(mol·K)]		
	300mg/g	250mg/g	200mg/g		300mg/g	250mg/g	200mg/g
293	23.61	28.09	33.58	−18.01	0.1420	0.1573	0.1761
303	23.61	28.09	33.58	−20.29	0.1448	0.1596	0.1777
313	23.61	28.09	33.58	−21.26	0.1433	0.1576	0.1752
323	23.61	28.09	33.58	−22.58	0.1429	0.1568	0.1738

由表 4-26 可见，随吸附量不断增加，ΔH 依次增大。ΔH 均为正值，表明吸附为吸热过程，升温有利于吸附，整个过程为吸热过程。ΔG 数据表明，在 20～50℃之间交联壳聚糖微球对 Cu^{2+} 的吸附为自发进行的化学吸附过程。因吸附为自发过程，所以吸附过程自由能变 $\Delta G < 0$，即 $\Delta H - T\Delta S < 0$，又 $\Delta H > 0$，故 $\Delta S < 0$，且 ΔS 大于 $\Delta H/T$ 的绝对值，吸附为熵增加过程，即水溶液中 Cu^{2+} 在交联壳聚糖微球上的吸附是一个熵推动过程。

4.4.7 小结

本节以壳聚糖为原料，以甲醛为预交联剂，环氧氯丙烷为交联剂，在微波辐射下制备出对 Cu^{2+} 具有较好吸附性能的交联壳聚糖微球。

（1）合成反应按照设计路线进行：即壳聚糖上的 C_2—NH_2 先与甲醛发生反应，生成希夫碱，然后环氧氯丙烷与甲醛交联壳聚糖上较活泼的 C_6—OH 发生交联反应，最后在酸性条件下还原氨基。

（2）单因素分析表明交联壳聚糖微球的最佳制备条件为：搅拌速率 600r/min、甲醛用量 1.5mL、环氧氯丙烷用量 3mL、酸化时间 8min 和盐酸用量 40mL。

（3）交联壳聚糖微球具有很好的球形，平均粒度为 65.95μm，失重率为 1.62%，吸水率为 253%，分子上存在大量的氨基，可有效吸附铜离子。

（4）pH=5.0 时最适合交联壳聚糖微球对 Cu^{2+} 的吸附；温度、初始浓度越大，吸附量越大；480min 时，吸附过程基本达到平衡。

（5）拟二级动力学模型可以很好地描述交联壳聚糖微球对 Cu^{2+} 的吸附过程。$E_a=6.455$kJ/mol，微球在硫酸铜溶液中容易吸附铜离子。

（6）Langmuir 等温吸附模型更加适合描述此吸附过程。在 20～50℃时交联壳聚糖微球对 Cu^{2+} 的吸附为自发进行的化学吸附过程。

参 考 文 献

[1] Muzzarelli R A A. Proceedings of the lst International Conference on Chitin/Chitosan[M]. Boston：MA，1977.

[2] 梁足培，桑明心，李建，等. 戊二醛交联壳聚糖球固定化脲酶的制备[J]. 青岛科技大学学报（自然科学版），2006，27（2）：123-126.

[3] 吴尊，弭素萍，栾兆坤，等. 氨基葡聚糖的应用研究——交联氨基葡聚糖树脂的制备及性能[J]. 环境化学，1985，4（2）：14-18.

[4] Akser M，刘宝棻. 用中性聚合吸附剂从碱性氰亚金酸盐溶液中吸附金[J]. 湿法冶金，1987，3：40-46.

[5] Fujiwara K，Ramesh A，Maki T，et al. Adsorption of platinum（Ⅳ），palladium（Ⅱ）and gold（Ⅲ）from aqueous solutions onto L-lysine modified crosslinked chitosan resin[J]. Journal of Hazardous Materials，2007，146（2）：39-50.

[6] Beppu M M，Vieira R S，Aimoli C G，et al. Crosslinking of chitosan membranes using glutaraldehyde: Effect on

ion permeability and water absorption[J]. Journal of Membrane Science，2007，301（1）：126-130.

[7] 唐星华，张小敏，周爱玲. 三乙烯四胺交联壳聚糖的合成及其结构表征[J]. 南昌航空大学学报（自然科学版），2007，21（2）：26-29.

[8] 冯长根，白林山，任启生. 胺基化合物修饰戊二醛交联壳聚糖树脂的合成及其红外光谱研究[J]. 光谱学与光谱分析，2004，24（11）：1315-1318.

[9] 袁彦超，陈炳稔，王瑞香. 甲醛、环氧氯丙烷交联壳聚糖树脂的制备及性能[J]. 高分子材料科学与工程，2004，20（1）：53-57.

[10] 孙胜玲，王爱勤. 铅模板交联壳聚糖对 Pb(Ⅱ)的吸附性能[J]. 中国环境科学，2005，25（2）：192-195.

[11] 徐慧，肖玲，李洁，等. 新型胺基壳聚糖树脂的合成及其对胆红素吸附性能的研究[J]. 离子交换与吸附，2003，19（6）：489-495.

[12] Mochizuki A，Yoshi O. Pervaporation separation of water/ethanol mixtures through polysaccharide membranes Ⅱ: the permselectivity of chitosan membrane[J]. Journal of Applied Polymer Science，1989，37（12）：3375-3384.

[13] Juang R S，Shao H J. Effect of pH on competitive adsorption of Cu(Ⅱ)，Ni(Ⅱ)，and Zn(Ⅱ)from water onto chitosan beads[J]. Adsorption，2002，8（1）：71-78.

[14] Yi Y，Wang Y，Ye F. Synthesis and properties of diethylene triamine derivative of chitosan[J]. Colloids and Surfaces A：Physicochemical and Enginnering Aspects，2006，227（1-3）：69-74.

[15] 唐培堃，冯亚青. 精细有机合成化学与工艺学[M]. 第二版. 北京：化学工业出版社，2006.

[16] Hsien T Y，Rorrer G L. Heterogeneous cross-linking of chitosan gel beads: kinetics, modeling, and influence on cadmium ion adsorption capacity[J]. Industrial and Engineering Chemistry Research，1997，36（9）：3631-3638.

[17] Boddu V M，Abburi K，Talbott J L，et al. Removal of hexavalent chromium from wastewater using a new composite chitosan biosorbent[J]. Environmental Science and Technology，2003，37（19）：4449-4456.

[18] 袁彦超，石光，陈炳稔，等. 交联壳聚糖树脂吸附 Cu^{2+} 的机理研究[J]. 离子交换与吸附，2004，20（3）：223-230.

[19] Yoshida H，Okamoto A，Kataoka T，et al. Adsorption of acid dye cross-linked chitosan fibers：Equilibria[J]. Chemical Engineering Science，1993，48：2267-2272.

[20] Loubaki E，Ourevitch M，Sicsic S. Chemical modification of chitosan by glycidyl trimethylammonium chloride. Characterization of modified chitosan by ^{13}C-and ^{1}H-NMR spectroscopy[J]. European Polymer Journal，1991，27（3）：311-317.

[21] 宋世谟，王正烈，李文斌，等. 物理化学（下册）[M]. 第三版. 北京：高等教育出版社，1991.

[22] Tabushi I，Tamaru Y，Yoshida Z. A mechanistic study of the acetolyses of 3-chloropropene sulfide and 2-chloroethyl methyl sulfide[J]. Bulletin of the Chemical Society of Japan，1974，47（6）：1455-1459.

[23] 徐羽梧，倪才华. 螯合树脂研究——ⅩⅥ. 以壳聚糖为母体的含硫、氮螯合树脂的合成及其吸附性能[J]. 高分子学报，1991，1：57-63.

[24] 王伟，薄淑琴，秦汶. 不同脱乙酰度壳聚糖 Mark-Houwink 方程的订定[J]. 中国科学（B辑），1990，11（11）：1126-1131.

[25] Chen J，Tendeyong F，Yiacoumi S. Equilibrium and kinetic studies of copper ion uptake by calcium alginate[J]. Environmental Science and Technology，1997，31（5）：1433-1439.

[26] Kawamura Y，Yoshida H，Asai S，et al. Recovery of $HgCl_2$ using polyaminated highly porous chitosan beads. Effect of salt and acid[J]. Journal of Chemical Engineering of Japan，1993，66：2915-2921.

[27] 潘祖仁. 高分子化学[M]. 第一版. 北京：化学工业出版社，2003.

[28] 傅献彩，沈文霞，姚天扬，等. 物理化学[M]. 第四版. 北京：高等教育出版社，1990.

[29]　许越. 化学反应动力学[M]. 北京：化学工业出版社，2005.

[30]　Sun S，Wang A. Adsorption kinetics of Cu(Ⅱ)ions using N，O-carboxymethyl-chitosan[J]. Journal of Hazardous Materials，2006，131（1-3）：103-111.

[31]　Tseng R L，Wu F C，Juang R S. Effect of complexing agents on liquid-phase adsorption and desorption of copper（Ⅱ）using chitosan[J]. Journal of Chemical Technology and Biotechnology，1999，74（6）：533-538.

[32]　Juang R，Shao H. Effect of pH on competitive adsorption of Cu(Ⅱ)，Ni(Ⅱ)，and Zn(Ⅱ) from water onto chitosan beads[J]. Adsorption，2002，8（1）：71-78.

[33]　Bayramoglu G，Arica M Y，Bektas S. Removal of Cd(Ⅱ)，Hg(Ⅱ)，and Pb(Ⅱ) ions from aqueous solution using p（HEMA/chitosan）membranes[J]. Journal of Applied Polymer Science，2007，106（1）：169-177.

[34]　Navarro R S，Guzmán J，Saucedo I，et al. Recovery of metal ions by chitosan: Sorption mechanisms and influence of metal speciation[J]. Macromolecular Bioscience，2003，3（10）：552-561.

[35]　Dutkiewicz J. Superabsorbent materials from shellfish waste: A review[J]. Journal of Biomedical Materials Research，2002，63（3）：373-381.

[36]　Babel S，Kurniawan T A. Low-cost adsorbents for heavy metals uptake from contaminated water: A review[J]. Journal of Hazardous Materials，2003，97（9）：219-243.

[37]　蔡艳荣，黄宏志. P510 树脂从含金氯化溶液中吸附金和解吸金的性能研究[J]. 黄金，2005，26（2）：34-37.

[38]　Ikuko M，Yoichi T，Koji I. Improved recovery of trace amounts of gold（Ⅲ），palladium（Ⅱ）and platinum（Ⅳ）from large amounts of associated base metals using anion-exchange resins[J]. Fresenius Journal of Analytical Chemistry，2000，366：213-217.

[39]　华金仓. 国内外树脂矿浆法提金工业的现状及发展前景[J]. 新疆有色金属，1999，（1）：35-38.

[40]　符剑刚，刘凌波，熊庆丰，等. 树脂矿浆法提金工艺的研究进展及现状[J]. 黄金，2006，27（1）：41-44.

[41]　张廷安，张亮，王娟，等. 壳聚糖-戊二醛树脂对金（Ⅲ）的吸附性能及动力学研究[J]. 有色金属，1999，（2）：27-29.

[42]　Gupata K C，Majeti N V，Kumar R. Studies on semi-interpenetrating polymer network beads of chitosan-poly（ethylene glycol）for the controlled release of drugs[J]. Journal of Applied Polymer Science，2001，80（4）：639-649.

[43]　许越. 化学反应动力学[M]. 北京：化学工业出版社，2005.

[44]　党明岩，张廷安，王娉，等. 氯化体系中环硫氯丙烷交联壳聚糖树脂对 Au(Ⅲ)的吸附特性[J]. 化工学报，2007，58（5）：1325-1330.

[45]　Macaskie L E，Creamer N J，Essa A M M. A new approach for the recovery of precious metals from solution and from leachates derived from electronic scrap[J]. Biotechnology and Bioengineering，2007，96（4）：631-639.

[46]　Mahne E J，Pinfold T A. Precipitate Flotation Ⅱ. Separation of palladium from platinum，gold，silver，iron，cobalt and nickel[J]. Journal of Applied Chemistry，1986，18（5）：140-142.

[47]　曹淑琴，郭锦勇，陈立君. D 992 离子交换树脂吸附和解吸铂的性能研究[J]. 湿法冶金，2001，20（4）：195-198.

[48]　刘军深，李桂华，陈厚. 三烷基胺萃淋树脂吸附铂（Ⅳ）的性能与热力学研究[J]. 稀有金属，2005，29（4）：509-512.

[49]　张廷安，杨欢，赵乃仁. 用壳聚糖絮凝剂处理含镉（Ⅱ）废水[J]. 东北大学学报（自然科学版），2001，22（5）：547-549.

[50]　Minamisawa M，Minamisawa H，Yoshida S，et al. Adsorption behavior of heavy metals on biomaterials[J]. Journal of Agricaultural and Foud Chemistry，2004，52（18）：5606-5611.

[51] Wan Ngah W S，Liang K H. Adsorption of gold(Ⅲ)ions onto chitosan and *N*-carboxymethyl chitosan：Equilibrium studies[J]. Industrial and Engineering Chemistry Research，1999，38（4）：1411-1414.

[52] Li N，Bai R. A novel amine-shielded surface cross-linking of chitosan hydrogel beads for enhanced metal adsorption performance[J]. Industrial and Engineering Chemistry Research，2005，44（17）：6692-6700.

[53] Vieira R S，Beppu M M. Mercury ion recovery using natural and crosslinked chitosan membranes[J]. Adsorption，2005，11：731-736.

[54] Wan L，Wang Y，Qian S. Study on the adsorption properties of novel crown ether crosslinked chitosan for metal ions[J]. Journal of Applied Polymer Science，2001，84（1）：29-34.

[55] Tabushi I，Tamaru Y，Yoshida Z. A mechanistic study of the acetolyses of 3-chloropropene sulfide and 2-chloroethyl methyl sulfide[J]. Bulletin of the Chemical Society of Japan，1974，47（6）：1455-1459.

[56] 张廷安，张继荣. 戊二醛-壳聚糖树脂对铂（Ⅱ）的吸附性能[J]. 有色金属（冶炼部分），1997，（4）：35-39.

[57] 党明岩，张廷安，王娉，等. 环硫氯丙烷交联壳聚糖树脂对铂的吸附性能[J]. 有色金属（冶炼部分），2008，（1）：30-33.

[58] Garcia-Delgado，Cotoruelo-Minguez R A，Rodriguez L M. Equilibrium study of single-solute adsorption of anionic surfactants with polymeric XAD resins[J]. Separation Science and Technology，1992，27（7）：975.

[59] 王学江，张全兴，赵建夫，等. 氨基修饰聚苯乙烯树脂对酚酸物质的吸附性能[J]. 高分子学报，2005，（1）：93-97.

[60] Bell J P，Marios T. Removal of hazardous orgnic pollutants by biomass adsorption[J]. Journal of Water Pollution Control Federation，1987，59（4）：191-195.

第5章 模板法合成交联壳聚糖树脂

壳聚糖吸附剂的模板反应是指在壳聚糖交联前用模板离子保护具有吸附活性的基团，交联反应完毕，用酸或碱脱去模板离子，恢复吸附反应活性基团的反应。因为模板反应产物分子中有许多可容纳模板离子的"空穴"，因而对模板离子具有较强的"识别""记忆"能力，提高了对目标分子的选择性。这种方法具有很好的发展潜力，已广泛应用于色谱分离、抗体或受体模拟、生物传感及酶的模拟和催化合成等。有些壳聚糖树脂不但能吸附印迹金属离子，而且对结构相似的金属离子有较高的吸附效能。模板技术原理实际上和分子印迹技术是相同的。

5.1 Au^{3+}模板法合成交联壳聚糖树脂及其对金的吸附性能

壳聚糖因具有原料来源广泛、无毒无害、可生物降解性、良好的生物相容性等优点而逐渐受到各研究领域的重视，尤其是交联壳聚糖的制备及其在重金属离子吸附方面的应用研究[1-3]。

如前所述，壳聚糖由于其交联过程及此后的吸附过程都发生在同样的活性基团上，因而可能会导致交联后树脂的吸附性能较之壳聚糖的吸附性能有所下降。本章采用模板法对壳聚糖进行交联，在交联过程中，所采用的模板离子通常为吸附对象金属离子，先以模板离子与壳聚糖直接发生作用，发生作用的部位通常是壳聚糖分子中的活性基团，之后，以某一交联剂对这种含螯合了金属离子的壳聚糖分子进行交联，交联结束后，洗去交联树脂中的金属离子。由于这一过程借金属离子预先保护氨基，而后又释放出氨基，这将导致交联后树脂的活性基团增加，进而提高其吸附性能。同时，这种方法在分子中所形成的空位是由某一特定的金属离子被洗脱后而形成的，因而其产生的交联树脂也有可能对这一金属有较好的吸附选择性。

谭天伟等[4]以 Ni^{2+}作为模板金属离子，以氯代环氧乙烷为交联剂，合成了壳聚糖金属离子 Ni^{2+}印迹树脂，并研究了印迹树脂的特性，结果表明，与非印迹树脂相比，Ni^{2+}印迹树脂对 Ni^{2+}的吸附容量可增加数倍，还提高了结构和大小与 Ni^{2+}较为相似的 Cu^{2+}和 Zn^{2+}的吸附容量。曲荣君等[5, 6]采用模板树脂合成方法，先后以 Cu^{2+} 和 Ni^{2+}作为模板金属离子，将壳聚糖和过渡金属离子混合形成配合物，然后在稀碱条件下用交联剂进行交联，最后用稀酸去除金属离子的方法合成了交联壳聚糖树脂。结果表明，用模板金属离子合成的树脂对该模板金属离子有更高的吸附容量和更好的吸附选择性。黄晓佳等[7]以 Zn^{2+} 为模板离子，合成了戊二醛交联壳聚糖树脂。结果表明，该树脂由于对 Zn^{2+} 有较强的"记忆"能力，而产生较好的吸附性能，且对同族的 Hg^{2+}、Cd^{2+} 也有较高的吸附容量。

　　近年来，国内外对以模板法合成交联壳聚糖树脂的报道很多，而以该方法合成树脂的模板离子主要是过渡金属离子（Cu^{2+}、Ni^{2+}、Zn^{2+}等离子）[8-10]，但以贵金属离子为模板离子的交联壳聚糖树脂的研究还未见报道。本研究以金离子为模板金属离子，以环硫氯丙烷为交联剂，合成具有金离子孔穴的交联壳聚糖树脂，并对合成条件进行优化，同时考察该树脂对金离子的吸附选择性、吸附动力学、等温吸附过程及吸附条件对树脂吸附性能的影响。

5.1.1　实验材料与方法

1. 实验试剂及仪器

壳聚糖（脱乙酰度为 93%），浙江金壳生物化学有限公司；金丝；其他试剂均为分析纯。

D-8401W 型多功能电动搅拌器；202-1 干燥箱；DZKW-C 型恒温水浴锅；电子天平；98-1-B 型电子调温加热套；2WAJ 阿贝折光仪；WYX-402B 原子吸收分光光度计。

2. 模板交联壳聚糖树脂的合成

称取 1g 壳聚糖粉末悬浮于 50mL 浓度为 12mg/L 的金离子溶液中，室温下搅拌几分钟后，放置 24h 进行吸附，得壳聚糖金离子配合物溶液。

将所得配合物溶液在 75℃、搅拌条件下加入环硫氯丙烷，继续搅拌反应 1h后，滴加 5%氢氧化钠溶液，调节溶液 pH 为 11，再反应 3h，过滤后的产物经水洗、无水乙醇洗后，用 1%的盐酸溶液洗脱至交联络合物检测不出金，再用 1%的 NaOH 浸泡，使质子化—NH_2 还原，然后用蒸馏水洗涤至中性，80℃下干燥至恒重，得黄褐色颗粒状树脂，研磨，过筛，得黄褐色粉末状树脂。

3. 合成反应条件实验

1）金离子浓度的影响

配制浓度为 0.02g/mL 的壳聚糖溶液，环硫氯丙烷加入量为 2.0mL，在 75℃下进行交联反应，反应液 pH 控制在 10.0，在不同金离子的浓度下进行合成反应实验。

2）环硫氯丙烷用量的影响

配制浓度为 0.02g/mL 的壳聚糖溶液，环硫氯丙烷加入量与壳聚糖结构单元物质的量比分别 1∶5～1∶1，金离子溶液浓度为 16mg/L，反应温度为 75℃，交联反应溶液 pH 为 10.0，在不同的环硫氯丙烷加入量条件下进行合成反应实验。

3）交联反应 pH 的影响

配制壳聚糖溶液浓度为 0.02g/mL，金离子浓度为 16mg/L，反应温度为 80℃，加入环硫氯丙烷 2.0mL，在不同的 pH 条件下进行实验。

4）反应温度的影响

配制壳聚糖溶液浓度为 0.02g/mL，金离子的浓度为 16mg/L，环硫氯丙烷加入量为 2.0mL，交联反应 pH 为 11，在不同的反应温度下进行交联实验。

4. 吸附性能的测定

1）pH 对吸附的影响

准确称取 0.01g 交联壳聚糖树脂，加入 5mL 浓度为 10mg/L 的金离子溶液，在 30℃下吸附 1h，测定溶液 pH 对树脂吸附率的影响。

2）吸附动力学

准确称取 0.01g 交联壳聚糖树脂，加入 100mL 起始浓度为 40mg/L 的金离子溶液，在 pH 为 3 的条件下，恒温振荡不同时间，定时取样测定溶液中金属离子的浓度，绘制其吸附动力学曲线。

3）等温吸附

准确称取 0.01g 交联壳聚糖树脂，加入 50mL 浓度为 10mg/L、20mg/L、30mg/L、40mg/L、50mg/L 的金离子溶液，并分别于 30℃、35℃、40℃条件下在恒温振荡器以 100r/min 恒速振荡 4h，测定其吸附量，以吸附量 q_e 对平衡溶液浓度 c_e 作吸附等温线。

4）吸附选择性

准确称取 0.05g 树脂，加入 40mL 浓度均为 0.001mol/L 的混合金属离子溶液，调节 pH 为 3，在 30℃条件下吸附 4h，用原子吸收法测定吸附后各种金属离子的浓度，计算树脂对不同金属离子的吸附量。

5.1.2　结果与讨论

1. 反应条件对树脂性能的影响

1）金离子浓度的影响

壳聚糖分子中含有大量的—NH_2，且—NH_2 邻位是—OH，可借氢键，也可借离子键与金属离子形成具有类似网状结构的大分子，从而对金属离子有着稳定的配位作用。在模板法合成中，壳聚糖先与金离子形成配位络合物，参与配位的氨基（—NH$_2$）因受金离子的影响，其交联反应的活性大大减弱。但这并不会影响整个壳聚糖分子与环硫氯丙烷交联反应的进行。因为壳聚糖与金离子络合时，其—NH$_2$不可能全部参与配位，即在壳聚糖-金的络合物中仍有大量游离的—NH$_2$存在。这些—NH$_2$在充分交联后，仍可使生成的树脂不溶于稀酸，因而用该法合成的交联壳聚糖在酸性条件下使用不会造成流失。

　　不改变其他反应条件，在不同金离子溶液的浓度条件下进行合成实验。由于模板中金属离子的含量不同，脱附后树脂中活性氨基含量不同，其吸附率也就不同，结果如图 5-1 所示。

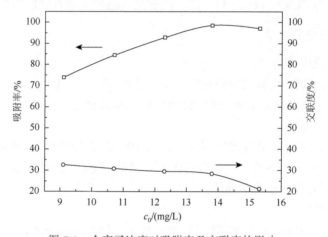

图 5-1　金离子浓度对吸附率及交联度的影响

　　由图 5-1 可见，合成的模板交联壳聚糖树脂对金离子的吸附率是随着模板离子浓度的增加而增加的，而当模板离子浓度增加到一定程度后，树脂的吸附率反而略有下降，以模板离子浓度 16.0mg/L 为宜。这主要是因为树脂中金属离子含量越高，活性位被保护越多，吸附率也就越大；从图 5-1 中的模板离子浓度与交联度的关系也可以看出，交联度是随着模板离子浓度的增加而减少的，金属离子浓度越大，形成的壳聚糖络合物中金属离子含量也就越高，在交联反应中就有更多的氨基被保护。吸附率略有下降的原因可能是模板离子含量过多，形成的壳聚糖-金络合物中的活性点被占据太多，反应时交联不够理想，合成后的树脂其耐酸性较低，以致在酸性条件下吸附金属离子过程中，树脂流失较多，因此测得其吸附率会略有下降。

　　2）环硫氯丙烷用量的影响

　　在树脂的合成过程中，交联剂环硫氯丙烷的用量对树脂性能的影响很大，并且其影响是相互对立的：一方面，增加环硫氯丙烷的用量可以提高树脂的机械强度，并在一定程度上改善树脂的使用寿命；另一方面，过高的环硫氯丙烷用量需要更多的吸附活性基团来参与交联反应，从而减弱了树脂的吸附性能。

寻求环硫氯丙烷交联壳聚糖-金络合物的最佳条件，首先保持反应体系其他条件不变，金离子浓度为 16mg/L，壳聚糖溶液浓度为 0.02g/mL，反应温度为 75℃，交联反应 pH 为 10，改变环硫氯丙烷的用量（与壳聚糖结构单元物质的量比分别为 1：1～5：1）进行实验。结果如图 5-2 所示。

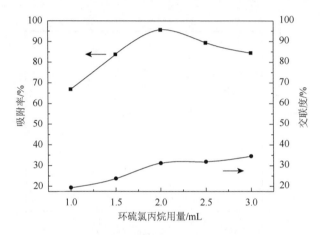

图 5-2　环硫氯丙烷用量对合成树脂性能的影响

由图 5-2 可见，环硫氯丙烷的加入量对合成的交联壳聚糖树脂性能有着较大的影响，随着环硫氯丙烷的加入量增大，树脂对金的吸附率增大，当两者物质的量比达到 3：1（即环硫氯丙烷用量为 2.0mL）时，吸附率达最高值，以后再增大两者物质的量比时，吸附率反而下降；而树脂的交联度是随着环硫氯丙烷用量的增加而逐渐增大的。

这可能是因为开始时环硫氯丙烷增加有利于交联并同时引入氯离子；但由于其用量较少，树脂的网状结构还是较为疏松，在水溶液中具有较大的溶胀能力而使金属离子易接近—NH_2。随着环硫氯丙烷用量的继续增大，一方面，交联壳聚糖树脂中—NH_2 基团减少，而金离子与—NH_2 结合而被吸附，所以—NH_2 基团减少导致了吸附量下降；另一方面，交联剂用量的增大使整个交联树脂交联太深，交联度过大，生成的树脂网络状结构太密，疏水性也随之增大，因此金离子不易接近—NH_2，从而吸附量减少。当环硫氯丙烷用量为 2.0mL（与壳聚糖结构单元物质的量比为 1：3），对金离子吸附量最大，可能在交联后，部分—NH_2 空间不匹配，出现了所谓的"点分离效应"，以致在交联壳聚糖中金离子配位不饱和，从而使对金离子的吸附量最大；也可能是在该条件下形成的树脂分子结构中，其空穴形状、大小与金离子最为匹配所致。

3）交联反应液 pH 的影响

在交联反应过程中，调节反应体系的 pH 有利于使交联反应朝着预期方向进行，随着 NaOH 溶液的滴加，反应体系的 pH 逐渐增大，达到一定值后，反应体系从乳白色变为淡黄色的片状絮凝物，pH 越大，片状物的机械强度越高。

为了寻求交联反应时 pH 对合成树脂性能的影响，保持反应体系其他条件不变，改变交联反应的 pH 进行实验，结果如图 5-3 所示。

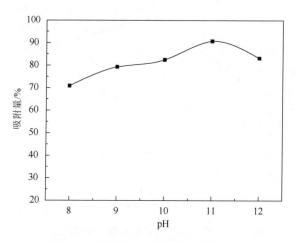

图 5-3　反应液 pH 对树脂合成的影响

由图 5-3 可见，交联反应 pH 对合成的交联壳聚糖树脂性能较为显著，随着交联反应液 pH 的增大，合成树脂对金离子吸附率出现了先增大后减小的趋势，这可能是因为交联反应 pH 太低，不利于交联反应的进行，而交联反应 pH 过高，反应体系中片状絮凝物的强度增大，合成树脂的内部结构变得紧密，以至于在吸附反应时，金离子不易接近树脂分子结构中的—NH_2，吸附率也就下降。而吸附率出现了一个最高点。可能是因为在交联反应时，交联度和树脂机械强度刚好适于对金离子的吸附。因此，交联反应 pH 为 11 时最佳。

4）反应温度的影响

不改变其他反应条件，在不同反应温度下合成树脂，研究其对合成树脂性能的影响，结果如图 5-4 所示。

在上述的交联反应温度范围内，反应温度对合成的交联壳聚糖树脂性能影响并不是很大，以反应温度 80℃最佳，70～80℃时，随着温度的升高，分子运动速率加快，增大了壳聚糖金离子配合物与环硫氯丙烷的交联。当温度继续升高时，

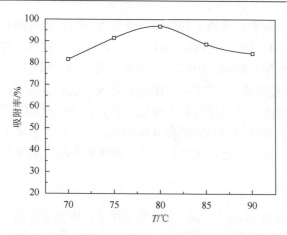

图 5-4　反应温度对合成树脂性能的影响

合成的交联壳聚糖树脂对金离子的吸附率反而下降，这可能是因为温度太高，分子运动过于剧烈，造成交联反应时出现交联混乱，交联反应并不是完全朝着预期的方向进行，增加了副产物的量。而且，从反应过程现象中也可以发现，温度过高时，反应液的片状絮凝物变得特别稀，黏度也下降。因此随着反应温度的升高，合成的交联壳聚糖树脂对金离子吸附率出现了先增大后减小的趋势，在 80℃时达到最大值。

5）pH 对吸附性能的影响

由图 5-5 可见，随着溶液 pH 的升高，树脂对金离子的吸附率出现增大的趋势，当 pH 为 3 时，有一个最大值，然后随着 pH 继续升高，一直到溶液呈碱性，吸附率反而下降。

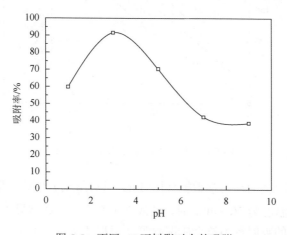

图 5-5　不同 pH 下树脂对金的吸附

这可能是因为树脂对金离子的吸附主要是以—NH_2 为吸附点，金离子和溶液中的 H^+ 竞相与—NH_2 结合，当溶液 pH 较低时，H^+ 浓度较高，在竞争吸附中占优势，与树脂中的—NH_2 形成—NH_3^+，使金离子丧失与—NH_2 络合的机会；当溶液 pH 升高时，H^+ 浓度降低，大量的—NH_2 游离出来，这时金离子在吸附过程中占优势，优先被树脂吸附，从而使吸附率增加，出现了一个最大值。当 pH 大于 3 时，直到溶液呈碱性，溶液中的 OH^- 浓度开始增大，这导致了金离子与 OH^- 相结合，吸附率逐渐下降。综上所述，树脂对金离子的吸附在酸性条件下较好。

2. 吸附动力学

在金离子浓度为 40mg/L、pH 为 3 的条件下，研究了不同温度下不同反应时间内，树脂对金离子吸附行为的影响。从图 5-6 可以看出，温度为 30～35℃时，该反应的机理基本符合溶液中的物质在多孔性吸附剂上吸附的三个必要步骤。开始时的 2h 吸附速率极快，随着反应时间的延长而有规律地减少，4h 后趋近平衡。这是因为开始时金离子主要被吸附在树脂颗粒的外表面，吸附容易发生，速率极快，随着吸附反应的进行，树脂颗粒表面逐渐饱和，吸附质沿树脂微孔向内部扩散，阻力逐渐增大，吸附速率主要受扩散控制，导致吸附速率变慢。吸附后期，主要在吸附剂内表面进行，且浓度推力越来越少，吸附基本达到平衡。

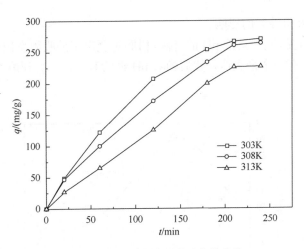

图 5-6　树脂对金的吸附动力学曲线

根据树脂吸附金的动力学数据（图 5-6），以 t/q 对 t 作图，得到图 5-7，从图中可以看出，在温度为 30～40℃时，其线性关系良好，该结果表明在该温度范围内树脂对金离子的吸附行为符合庄国顺等[11]根据质量定律和单分子吸附机理所提出的动力学方程：

$$t/q_t = t/q_{eq} + M/Kc_{M(0)} \tag{5-1}$$

式中，M 为吸附剂的相对分子质量；$c_{M(0)}$ 为吸附前后被吸附物质的浓度，mg/L；K 为与吸附相关的常数。不同温度下的吸附动力学方程分别为

$30℃$时，$t/q = 0.0021t + 0.3548$　　$(R^2 = 0.9847)$

$35℃$时，$t/q = 0.002t + 0.4185$　　$(R^2 = 0.9717)$

$40℃$时，$t/q = 0.0021t + 0.5403$　　$(R^2 = 0.9541)$

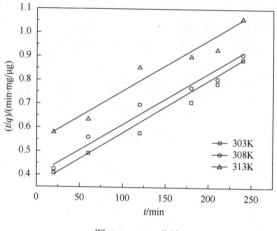

图 5-7　t/q-t 曲线

用一级反应方程对 $30℃$、$35℃$、$40℃$时的吸附动力学曲线进行线性拟合[12]，不同温度下的吸附速率常数见表 5-1。线性关系良好，如图 5-8 所示，结果表明，树脂对金离子的吸附符合动力学一级反应方程。

$$\ln c = -kt + b \tag{5-2}$$

式中，c 为平衡时溶液中金离子的浓度；k 为一级反应速率常数；b 为反应常数。依次得各温度下的线性方程为

$30℃$时，$\ln c = -0.0061t + 3.6489$　　$(R^2 = 0.9896)$

$35℃$时，$\ln c = -0.0062t + 3.7841$　　$(R^2 = 0.9872)$

$40℃$时，$\ln c = -0.005t + 3.833$　　$(R^2 = 0.9730)$

表 5-1　不同温度下的吸附速率常数

T/K	303	308	313
k/min^{-1}	0.0061	0.0062	0.005

以 $\ln k$ 对 $1/T$ 作图得一直线，如图 5-9 所示，其线性方程为 $\ln k = 1873.8/T -$

7.1509，根据直线斜率可求得吸附反应的表观活化能为 15.58kJ/mol。

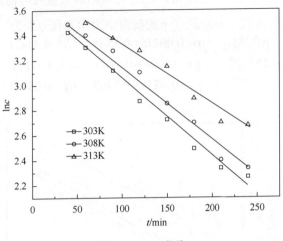

图 5-8　ln$c$-t 曲线

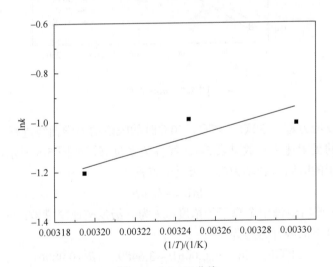

图 5-9　ln$k$-1/T 曲线

3. 等温吸附

在温度分别为 30℃、35℃、40℃的条件下，研究了金离子起始浓度不同时树脂的吸附性能，图 5-10 为吸附量 q 对溶液平衡浓度 c 作的吸附等温线。从图 5-10可以看出，在三种温度下，模板吸附剂对金离子的吸附量随着溶液平衡浓度的升高而逐步增大；从图中还可以看出，温度越高，树脂吸附平衡时对金离子的吸附容量越少，这说明温度升高，不利于吸附剂的吸附，即该吸附反应为放热反应。

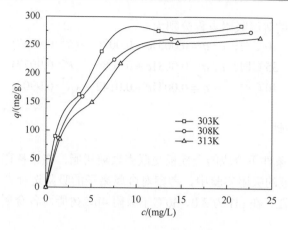

图 5-10　树脂对金离子的吸附等温线

化学吸附的特征之一是单分子吸附，树脂同壳聚糖一样，依靠分子中的 N、O 原子与金属离子螯合来进行吸附，因此，从理论上讲，树脂对金离子的吸附属于化学吸附范畴，其等温吸附应具有单分子层吸附的 Langmuir 特征。

Langmuir 吸附等温方程为

$$\frac{c}{q} = \frac{c}{q_\infty} + \frac{1}{q_\infty K_L} \qquad (5-3)$$

式中，q 为吸附平衡时的吸附量，mg/g；q_∞ 为最大吸附量，mg/g；c 为吸附平衡时的金属离子浓度，mg/L；K_L 为 Langmuir 吸附平衡常数，L/mg。

从图 5-11 中可以看出，吸附平衡时金离子的浓度 c 和吸附量 q 的比值与 c 呈线性关系，具备典型的 Langmuir 吸附特征。

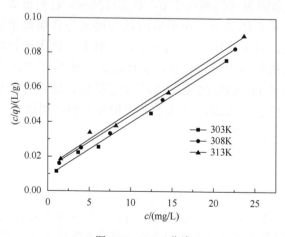

图 5-11　c/q-c 曲线

三种温度下的等温吸附方程分别为

$$30℃时，\quad c/q = 0.0031c + 0.0086 \quad (R^2=0.9947)$$

$$35℃时，\quad c/q = 0.0031c + 0.0086 \quad (R^2=0.9977)$$

$$40℃时，\quad c/q = 0.0031c + 0.0142 \quad (R^2=0.9902)$$

4. 吸附选择性

选用在优化条件下合成的金模板交联壳聚糖树脂，在该树脂对 Au^{3+}、Pt^{2+}、Cu^{2+}、Pb^{2+} 混合液的吸附实验中，考察对金属离子的吸附选择性，各金属离子浓度均为 0.001mol/L，在 pH 为 3.0、30℃下吸附 4h，树脂对各金属离子的吸附量见表 5-2。

表 5-2　模板壳聚糖树脂对不同金属离子的吸附

吸附剂	吸附量/（mmol/g）			
	Au^{3+}	Pt^{2+}	Cu^{2+}	Pb^{2+}
交联壳聚糖树脂	0.267	0.151	0.372	0.039
模板交联壳聚糖树脂	0.771	0.696	0.626	0.146

由表 5-2 可见，在相同的吸附条件下，树脂对四种金属离子混合溶液的吸附过程中，模板法合成的交联壳聚糖树脂对 Au^{3+} 的吸附量最大，而非模板法合成的交联壳聚糖树脂对 Cu^{2+} 的吸附量最大，这说明具有 Au^{3+} 孔穴的交联壳聚糖树脂有很强的"记忆"功能和吸附选择性。而对同族的 Cu^{2+} 吸附量也比较高，这可能是因为它们都属于 d^{10} 型金属离子，它们形成的配合物的稳定性与其共价特性呈正比关系，而形成的共价键又与金属离子的变形性和极化作用呈正比关系，对于 IB 族金属离子从下到上，离子半径减小，导致其离子的变形性和极化作用也依次减小，从而反映出吸附量也依次减小[13]。模板交联壳聚糖树脂对 Pt^{2+} 的吸附量和 Au^{3+} 非常接近，这可能是由于这两种离子在元素周期表上的位置接近，其离子半径相差不多，树脂中 Au^{3+} 的孔穴有利于 Pt^{2+} 的进入。

5.1.3　小结

金离子浓度、交联剂用量、反应温度、pH 等反应条件对合成树脂吸附性能有着重要的影响，随着单个反应条件的改变，树脂的吸附率均出现先增大后减小的趋势，均有一个最佳的吸附率，其树脂合成反应的优化条件为：壳聚糖溶液浓度为 0.02g/mL，金离子浓度为 16mg/L，环硫氯丙烷用量为 2mL，pH 为 11，反应温度为 80℃。

吸附选择性实验表明模板法合成的交联壳聚糖树脂对金离子具有高度的"记忆"能力和选择性，对铂离子、铜离子的吸附量也有较大的提高，对铅离子的吸附量却较小，其吸附量的大小顺序为 $Au^{3+}>Pt^{2+}>Cu^{2+}>Pb^{2+}$。

金离子模板交联壳聚糖树脂对金离子的吸附率是随着溶液 pH 的增大而出现了先增大后减小的趋势，pH 为 3 时的吸附量最大。

通过对模板交联壳聚糖的动力学研究可知，该法合成的树脂对金离子的吸附量最高可达到 284μg/mg；在温度为 30～40℃时对金离子的吸附符合单分子吸附动力学方程，均符合动力学一级反应过程，同时得出其吸附反应的表观活化能为 15.58kJ/mol。

在 30℃、35℃、40℃下的等温吸附实验表明，在相同吸附条件下，温度升高不利于树脂对金离子的吸附，即该吸附反应为放热反应，树脂对金离子的吸附平衡数据符合 Langmuir 等温吸附方程。

5.2　Cu^{2+}模板法合成交联壳聚糖树脂及其对铜的吸附性能

壳聚糖是天然氨基多糖，环境相容性好，可用作金属离子的吸附剂[14, 15]。由于壳聚糖分子中的—NH₂ 在 pH 较低的水溶液中易形成 NH_3^+ 而溶解流失，用壳聚糖作为离子交换剂和吸附剂时，要使之能多次重复使用，必须对其进行化学改性，转变成不熔不溶的交联聚合物[16]。以往对壳聚糖改性的研究常常是在壳聚糖分子的氨基上进行交联，交联后的壳聚糖虽然不溶于酸性溶液，但是其分子中的吸附活性点氨基减少，降低了壳聚糖对金属离子的吸附容量。为此，人们改变了直接交联的方法，采用模板法[17]对氨基进行保护，使交联反应发生在—OH 上，再利用酸溶液使—NH₂ 显露出来，这些方法既能提高壳聚糖的化学稳定性，又能提高壳聚糖对金属离子的吸附容量。模板法还具有对模板金属离子的"记忆"功能，对模板金属离子具有较高的吸附容量和吸附选择性。已见报道的作为印迹模板的金属离子主要为 Cu^{2+}[18]、Pb^{2+}[19]、Zn^{2+}[20]等，使用的交联剂主要有戊二醛[21]、环氧氯丙烷[22]、乙二醇双缩水甘油醚[23]等。本章根据模板印迹原理，采用微波加热技术，先制得了球形壳聚糖铜络合物，然后用环氧氯丙烷交联壳聚糖铜络合物，以四乙烯五胺作胺化剂，得到了具有铜离子空穴的球形多胺化交联壳聚糖树脂。重点研究了致孔剂用量、交联剂用量、胺化剂条件对壳聚糖树脂的吸附性能的影响，以及其对低浓度金、银离子溶液和高浓度铜离子溶液的吸附。

5.2.1　实验材料与方法

1. 实验试剂及仪器

壳聚糖粉，脱乙酰度 90%；环氧氯丙烷（ECH），分析纯；四乙烯五胺，分析纯；硫酸铜（$CuSO_4 \cdot 5H_2O$），分析纯；三乙烯四胺，分析纯；二乙烯三胺，分析纯；其他试剂均为分析纯。

山东威高 ZYS33-M10 医用注射器；中国美的 PJ21C-B1 微波炉；日本日立 S-3400 扫描电子显微镜；WQF-410 傅里叶变换红外光谱仪，北京第二光学仪器厂；荷兰帕纳克 PW3040/60 型 X 射线衍射仪（XRD）；韩国美卡希斯 Optizen2120UV 紫外-可见分光光度计。

2. 多胺化交联壳聚糖树脂的合成

取 1g 壳聚糖与 3mL 无水乙醇混合，用滴加成球法制备成球（CB），浸入由 1.41g $CuSO_4 \cdot 5H_2O$ 配制的 Cu(Ⅱ)溶液，微波螯合 3min 后，冷却，用蒸馏水、乙醇过滤洗涤，得到蓝色的球形壳聚糖 Cu(Ⅱ)络合物（Cu-CB）。

将壳聚糖 Cu(Ⅱ)络合物移入装有混合均匀的 20mL H_2O、一定量的环氧氯丙烷、3mL 异丙醇和 10mL 的 3wt% NaOH 的聚四氟乙烯容器中，微波加热 3min，冷却，依次用蒸馏水、乙醇、丙酮过滤洗涤，得到螯合铜的球形交联壳聚糖（Cu-CCB）。

将树脂移入盛有适量蒸馏水、四乙烯五胺和 3wt% NaOH 的聚四氟乙烯容器中。微波加热一定时间，冷却，用蒸馏水、乙醇过滤洗涤，得到螯合铜的球形多胺化交联壳聚糖（Cu-PCCB）。加入 1.0mol/L 盐酸溶液 30mL，微波加热 2min，脱去 Cu(Ⅱ)，再用蒸馏水洗涤至中性，得到具有 Cu(Ⅱ)空穴的多胺化交联壳聚糖树脂（PCCB），湿态保存。

3. 性能测定

1）抗酸碱性

称取一定量树脂于三角烧瓶中，加入 1mol/L H_2SO_4 溶液 20mL，静置 12h，水洗抽滤，加入 0.5% NaOH 溶液，磁力搅拌 2h，抽滤、水洗至中性，丙酮洗涤。60℃恒温烘干至恒重，称重，则：

$$失重率(\%) = \frac{w_0 - w_1}{w_0} \times 100\%　　　　　（5-4）$$

式中，w_1 为烘干后树脂的质量；w_0 为树脂的原始质量。

2）溶胀度

取一定直径的干树脂于三角烧瓶中，在蒸馏水中浸泡 24h，充分溶胀后，过滤，测量树脂直径，则：

$$溶胀度(\%)=\frac{V_e-V_0}{V_0}\times100\%=\frac{D_e^3-D_0^3}{D_0^3}\times100\% \quad (5-5)$$

式中，V_e 为溶胀平衡时（水中浸泡 24h）树脂的体积；V_0 为溶胀前干树脂的体积；D_e 为溶胀平衡时球的直径；D_0 为溶胀前球的直径。

3）吸水率

称取一定量干树脂于三角烧瓶中，在蒸馏水中浸泡 24h，充分溶胀后，过滤，吸干树脂表面水分，称重，则：

$$吸水率(\%)=\frac{w_e-w_0}{w_e}\times100\% \quad (5-6)$$

式中，w_e 为溶胀平衡时（水中浸泡 24h）树脂的质量；w_0 为溶胀前干树脂的质量。

4）吸附量

准确称取一定量的 PCCB 树脂，置入 10mL 初始浓度为 8mg/mL 的 $CuSO_4$ 溶液，微波辐射下吸附 30s 后，过滤，取澄清滤液用紫外-可见分光光度计在 810nm 处测定吸光度值 A_{810}，对照 $CuSO_4$ 标准曲线，得到溶液中铜离子的残余浓度，则：

$$q=\frac{c_0-c_e}{w}V \quad (5-7)$$

式中，V 为金属离子溶液体积，mL；w 为树脂质量，g；c_0 为吸附前 $Cu(II)$ 溶液浓度，mg/mL；c_e 为吸附后 $Cu(II)$ 溶液的浓度，mg/mL；q 为吸附量，mg/g。

4. 制备条件优化

对比不同制备条件下得到的产物对铜的吸附量，得到合成 PCCB 树脂的最佳实验条件。实验条件参数变化如下：

改变壳聚糖与乙醇比例为：1:2、1:3、1:4、1:5（g:mL），制备 PCCB。其他条件分别为：2mL 环氧氯丙烷，5mL 四乙烯五胺，微波交联时间 3min，微波胺化时间 3min。

改变壳聚糖与环氧氯丙烷比例为：1:2、1:3.5、1:5、1:7（g:mL），制备 PCCB。其他条件分别为：4mL 无水乙醇，5mL 四乙烯五胺，微波交联时间 3min，微波胺化时间 3min。

改变壳聚糖与四乙烯五胺比例为：1:4、1:7、1:9、1:11、1:15（g:mL），制备 PCCB。其他条件分别为：4mL 无水乙醇，5.0mL 环氧氯丙烷，微波交联时间 3min，微波胺化时间 3min。

改变微波胺化时间为：1min、3min、7min、10min，制备 PCCB。其他条件分别为：4mL 无水乙醇，5.0mL 环氧氯丙烷，15mL 四乙烯五胺，微波交联时间 3min。

5. 吸附实验

1）CuSO$_4$ 标准溶液的配制

将准确称取的 1.964g CuSO$_4$·5H$_2$O 溶于水中，滴入几滴硫酸，移入 50mL 容量瓶中，准确稀释至刻度，混匀即可得到铜离子标准溶液。

2）吸附条件优化

改变吸附介质的 pH 为 1、2、3、4 和 5，在 10mL 初始浓度为 8mg/mL 的 CuSO$_4$ 溶液中加入 0.1g PCCB 树脂，微波辐射下吸附 30s，测定吸附量。改变吸附温度为 20℃、30℃、40℃ 和 50℃，在 10mL 初始浓度为 8mg/mL 的 CuSO$_4$ 溶液中加入 0.1g PCCB 树脂，微波辐射下吸附 30s，测定吸附量。改变吸附介质的初始浓度为 2mg/mL、4mg/mL、6mg/mL、8mg/mL 和 10mg/mL，在 10mL pH 为 5 的 CuSO$_4$ 溶液中加入 0.1g PCCB 树脂，50℃ 下恒温吸附 360min，测定吸附量。在 50℃ 下用 0.1g PCCB 树脂吸附 10mL pH 为 5 的 CuSO$_4$ 溶液，测定不同吸附时间（10min、30min、60min、180min、240min 和 360min）的吸附量。

3）吸附动力学实验

称取 0.1g PCCB 树脂于 50mL 容量瓶中，加入浓度为 8mg/L 的 10mL CuSO$_4$ 溶液，并分别于不同温度下在恒温振荡器中以 100r/min 恒速振荡，定时取样测定吸附量。

4）吸附等温线的测定

将一系列浓度为 6mg/L、8mg/L、10mg/L、12mg/L 和 14mg/L 的 10mL CuSO$_4$ 与 0.1g PCCB 混合，在 20℃、30℃、40℃ 和 50℃ 下分别振荡至吸附平衡，测定平衡吸附量和平衡浓度。

5.2.2　多胺化交联壳聚糖树脂的合成机理

多胺化交联壳聚糖树脂合成路线和预期结构如图 5-12 所示。首先将壳聚糖与适量 1%乙酸反应使其完全溶解。采用微波加热技术，与 CuSO$_4$·5H$_2$O 制得了壳聚糖铜络合物，然后用环氧氯丙烷交联壳聚糖 Cu(Ⅱ)络合物，得到了具有铜离子模板孔穴的交联树脂。C$_6$—OH 的反应活性比 C$_3$—OH 大，所以环氧氯丙烷首先与壳聚糖上的 C$_6$—OH 发生开环反应，分子中引入了烷基氯，然后烷基氯与另一分子或同一分子中另一结构单元的 C$_6$—OH 发生反应，实现交联。未活化的环氧氯丙烷交联壳聚糖与四乙烯五胺发生反应，即四乙烯五胺取代未活化的环氧氯丙烷交联壳聚糖中的氯，使分子中引入大量的有吸附活性的氨基。最后在酸性条件下脱去未活化的环氧氯丙烷交联壳聚糖上的 C═N 基团，且使 Cu(Ⅱ)完全脱去，经过一系列反应后得到了多孔多胺化的改性壳聚糖树脂，同时在壳聚糖的分子上引入新的氨基吸附活性点，有较高的强度和硬度，在酸性条件下无软化且有良好的重复使用稳定性和再生性能，进一步提高壳聚糖对重金属离子的吸附容量。

图 5-12　PCCB 的反应示意图

1. 形貌分析

图 5-13 为 2000 倍下测得的树脂制备过程中产物的微观形貌。图 5-13（a）为原料壳聚糖的表面形貌，可以看到其表面比较平整紧实，有生产加工时留下的不规则裂痕，壳聚糖通过成球，与铜螯合，并交联胺化后，树脂表面变得粗糙不平，有明显细碎的颗粒，如图 5-13（b）所示，而在稀硫酸溶液中脱附 Cu(II)后，表面的球形壳聚糖树脂表面变得更加清晰，有明显的颗粒凸起结构，而且比较规则，并没有明显孔洞[图 5-13（c）]，这说明树脂干燥前有可能具有规则的表面颗粒结构并有孔隙存在，干燥时由于收缩而导致颗粒致密。

(a) CS

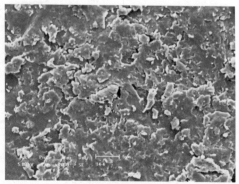

(b) Cu-PCCB

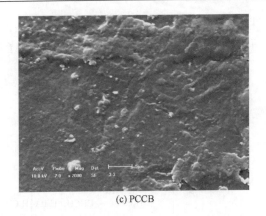

(c) PCCB

图 5-13　不同制备阶段下产物的微观形貌

2. XRD 分析

图 5-14 显示了多胺化交联壳聚糖树脂在制备过程的各个阶段时产物的 XRD
图，反映了产物的结晶度与各个反应的关系。壳聚糖大分子链上分布着羟基、
氨基，还有一些 N-乙酰氨基，它们会形成各种分子内的和分子间的氢键，除了
羟基与羟基之间的作用，C_2 氨基和 C_6 羟基也可形成分子内和分子间的氢键。就
是因为这些氢键的存在和分子的规整性，使得壳聚糖分子容易形成结晶区。由
图可见，在 10°～90°，壳聚糖具有四个较明显的衍射峰，其中在 20.3°左右的衍
射峰为文献中已经报道的壳聚糖的 FormⅡ型特征峰，另外，在 29.4°、72.6°和
88.2°处也有三个衍射峰。壳聚糖与 Cu 螯合后发生了交联反应，20.3°处的尖锐
峰转化成馒头峰，说明螯合和交联反应发生在壳聚糖分子的氨基和羟基上，使

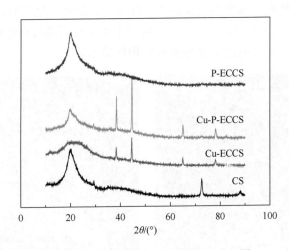

图 5-14　不同制备阶段下产物的 XRD 图

得氢键减少，壳聚糖由晶相向非晶相转变，此时 38.3°、44.7°、64.9°和 78.1°处也出现了四个小衍射峰，这是在硫酸铜溶液中吸附铜离子后带来的效果。胺化反应后，Form II 型特征峰的强度增加，说明分子中的氢键增多，即胺化反应后，确实引入了大量的氨基。采用硫酸稀溶液浸泡树脂后，原有氨基螯合的 Cu 被洗脱，Form II 型特征峰又增强，其他小峰消失，说明原有氨基暴露了出来，分子内氢键增强。反应按照预期进行，在保护原有氨基的基础上，又引入了新的氨基，能够增强壳聚糖的吸附作用。该树脂的高结晶度也使得其具有很稳定的物理化学性质，更适合在多种环境下使用。

3. FTIR 分析

图 5-15 为不同制备阶段时产物的红外光谱图。在壳聚糖的红外光谱图中，$3400cm^{-1}$ 左右的宽峰是 O—H 的伸缩振动吸收峰与 N—H 的伸缩振动吸收峰重叠而成的多重吸收峰，也就是与糖残基上的羟基和氨基（或乙酰氨基）相对应。$2922cm^{-1}$ 和 $2880cm^{-1}$ 分别是糖残基上的甲基或次甲基的 C—H 伸缩振动吸收峰。壳聚糖的酰胺 I 在 $1658\sim1656cm^{-1}$，显示壳聚糖还有一部分的乙酰氨基。$1593cm^{-1}$ 是—NH_2 的吸收谱带。$1422cm^{-1}$ 是壳聚糖的 C—H 弯曲和—CH_3 的吸收峰，C—H 弯曲和—CH_3 对称变形振动吸收峰在 $1379cm^{-1}$ 处。$1013cm^{-1}$ 为 C_6—OH 一级羟基的特征吸收峰，$1120cm^{-1}$ 为 C_3—OH 二级羟基的特征吸收峰；指纹区 $898cm^{-1}$ 出现的吸收峰为多糖的特征峰。脱除铜离子的交联壳聚糖的红外光谱曲线显示交联后 $3400cm^{-1}$ 左右的峰反映壳聚糖分子间和分子内氢键强弱的吸收变得窄了一些，说明壳聚糖分子上的羟基和氨基可能发生了反应，乙酰氨基和氨基的吸收谱带与壳聚糖相比略微增强，而且向低波数的方向稍微偏移，也说明氨基曾经发生过反应，

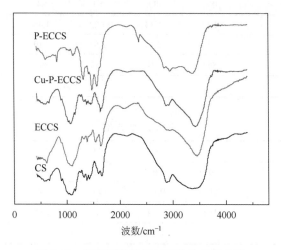

图 5-15　不同制备阶段时产物的红外光谱

甲基和亚甲基的吸收峰减弱。未脱除铜的多胺化交联壳聚糖的红外光谱显示，$1593cm^{-1}$ 处的氨基吸收峰基本消失，说明铜离子被吸附在壳聚糖活性氨基上。从 PCCB 的红外光谱图中我们看到，脱除铜后氨基的吸收峰重新暴露出来并向低波数方向移动，特别的是，其峰强比原始壳聚糖高得多，说明胺化反应确实引入了更多氨基，这将有利于金属离子的吸附，与此同时，$1376cm^{-1}$ 处 C—H 弯曲振动的吸收峰增强。

5.2.3　性能分析

在实际应用环境中，树脂必须具有很好的化学稳定性即抗酸碱性。抗酸碱性实验结果表明，经过化学改性后的交联壳聚糖树脂有较强的抗酸碱性，且在酸碱性环境中使用只溶胀而不会产生溶解现象，这说明树脂的交联结构具有较高的强度和刚性，能够重复使用（表 5-3）。树脂又具有很高的吸水率和溶胀度，这为树脂与环境溶液中的金属离子能够完全接触提供了很好的基础，即有可能获得较大的吸附量（表 5-4 和表 5-5）。

表 5-3　抗酸碱性

样品	S1	S2	S3	S4	S5	S6
失重率/%	1.01	1.77	1.54	1.78	1.00	1.34
平均失重率/%			1.41			

表 5-4　溶胀率

样品	S1	S2	S3	S4	S5	S6
D_0/mm	1.12	1.34	1.22	1.46	1.07	1.28
D_e/mm	2.38	2.76	2.67	3.10	2.30	2.69
溶胀率/%	863	771	952	880	889	827
平均溶胀率/%			864			

表 5-5　吸水率

样品	S1	S2	S3	S4	S5	S6
w_0/g	0.056	0.051	0.050	0.050	0.052	0.051
w_e/g	0.146	0.155	0.151	0.149	0.155	0.148
吸水率/%	161	204	202	198	198	190
平均吸水率/%			192			

5.2.4　制备条件对吸附性能的影响

1. 乙醇用量

保持其他条件不变，只改变无水乙醇的用量，合成壳聚糖树脂，并测定其对 Cu(Ⅱ)的吸附量，结果如图 5-16 所示。

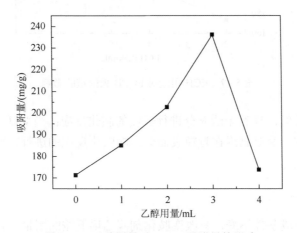

图 5-16　乙醇用量对 PCCB 吸附量的影响

由图 5-16 可见，无水乙醇可提高 PCCB 对铜离子的吸附量，随着无水乙醇用量的增加，PCCB 对 Cu(Ⅱ)的吸附量也逐渐增加，这是由于当乙醇用量增大时，壳聚糖孔隙率增加，比表面积逐渐增大，从而使 Cu(Ⅱ)更易进入孔隙中。当用量为 3mL 时，所得树脂吸附量最大；用量大于 3mL 后，吸附量急速下降，这可能是过量的乙醇容易造成壳聚糖小球内部孔洞的坍塌，使得小球更加紧实，不利于所得树脂对金属离子的吸附。另外，过量的乙醇也会影响滴球过程中小球成球的形状，导致壳聚糖小球的稳定性较差，不利于随后的改性过程和吸附过程，因此最终选择乙醇的最佳用量为 3mL。

2. 交联剂用量

保持其他合成条件不变，只改变交联剂环氧氯丙烷的用量，合成 PCCB，并测定其对 Cu(Ⅱ)的吸附量，结果如图 5-17 所示。

由图 5-17 可见，随着环氧氯丙烷用量的增加，壳聚糖树脂对 Cu(Ⅱ)的吸附量逐渐增加，当环氧氯丙烷为 5mL 时，所得树脂对 Cu(Ⅱ)的吸附量最大，为 326.55mg/g；随后树脂的吸附容量开始下降。这可能是环氧氯丙烷用量较少时，

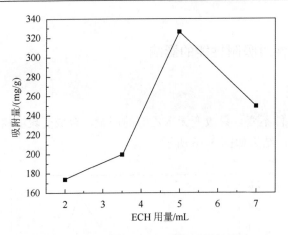

图 5-17　ECH 用量对 PCCB 吸附量的影响

树脂交联程度太低，导致无法充分进行后续的胺化反应；当交联反应平衡时，过量的环氧氯丙烷，容易黏附在颗粒表面会影响胺化反应的进行，减少了 PCCB 的氨基活性吸附点。

3. 胺化条件

保持其他合成条件不变，只改变胺化剂四乙烯五胺的用量，合成 PCCB，测定其对 Cu(Ⅱ)的吸附量，结果如图 5-18 所示。

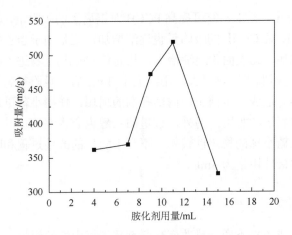

图 5-18　胺化剂用量对 PCCB 吸附量的影响

壳聚糖树脂与四乙烯五胺反应，其目的是在壳聚糖的分子上引入大量的具有较强络合能力的自由氨基。由图 5-18 可见，随着四乙烯五胺用量的增大，壳聚糖树脂对 Cu(Ⅱ)的吸附量也逐渐增大，当四乙烯五胺的用量为 11mL 时，吸附量达到最高值，为 519.27mg/g，之后，树脂吸附量开始下降。这说明胺化反应可以通过增加吸附点——活性氨基使树脂对金属离子的吸附能力增强，即对 Cu(II) 的吸附量增大，当胺化反应达到平衡时，吸附量最大。过量的四乙烯五胺不利于反应的正向进行。

保持其他合成条件不变，只改变微波辐射下的胺化时间，合成 PCCB，测定其对 Cu(II) 的吸附量，结果如图 5-19 所示。

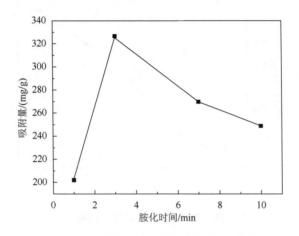

图 5-19　胺化时间对 PCCB 吸附量的影响

由图 5-19 可见，微波胺化时间为 3min 时，PCCB 对 Cu(II) 的吸附量最大，为 326.55mg/g；当胺化时间大于 3min 时，树脂吸附量开始下降。这是由于随着微波时间的增加，交联壳聚糖与四乙烯五胺的反应将更加充分，壳聚糖分子上的活性氨基数量增加，提高了树脂的吸附性能。然而，微波时间过长可能导致"热效应"剧烈，破坏了聚合物的稳定性和活性氨基的分子结构，导致树脂的吸附活性位数目减少，其对 Cu(II) 的吸附量也降低。

5.2.5　铜的吸附

1. 吸附条件研究

1）初始 pH

以初始 pH（1～5）为研究对象，在微波辐射下用 0.1g PCCB 吸附 10mL CuSO₄ 溶液，并计算出 PCCB 对 Cu(II) 的吸附量，结果如图 5-20 所示。由图可见，吸附质的 pH 对 PCCB 吸附 Cu(II) 的吸附性能影响很大，随着 pH 增加，吸附量也逐渐增加，当 pH=5，吸附量可达到 372.5mg/g。这是由 PCCB 对 Cu(II) 的吸附机理决定的。PCCB 上的自由氨基在强酸性条件下容易被质子化成—NH_3^+，而此时铜主要以 Cu^{2+} 和 $Cu(OH)^+$ 的形式大量存在，因此树脂不容易吸附铜离子。当 pH 升高时，氨基对 Cu(II)的吸附能力会逐渐大于 H^+，所以吸附量也逐渐升高。当 pH 大于等于 6 时，溶液中已开始转变为沉淀 $Cu(OH)_2$，此时的吸附量与实际不符，不予考虑。

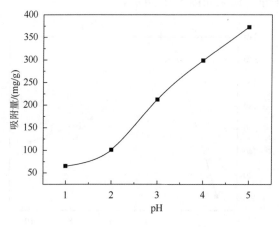

图 5-20　pH 对吸附量的影响

2）温度

以吸附温度（20～50℃）为研究对象，在微波辐射下用 0.1g PCCB 吸附 10mL 初始浓度为 8mg/mL 的 $CuSO_4$ 溶液，并计算出 PCCB 对 Cu(II)的吸附量，结果如图 5-21 所示。由图可见，在 20～50℃，PCCB 对 Cu(II)的吸附量随温度的升高而增大，即升高温度有利于吸附，说明 PCCB 对 Cu(II)的吸附可能为化学吸附。

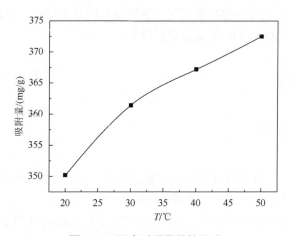

图 5-21　温度对吸附量的影响

3）初始浓度

以硫酸铜溶液的初始浓度（2～10mg/mL）为研究对象，在50℃用0.1g PCCB吸附10mL pH为5的CuSO$_4$溶液，结果如图5-22所示。PCCB对Cu(Ⅱ)的吸附过程受浓度影响很大，即对初始浓度很敏感，随着铜离子浓度的增加，浓度推动力增加，铜离子可以更迅速地从液体扩散到树脂表面，有利于吸附。因此，当初始浓度由2mg/mL增长到10mg/mL，PCCB对Cu(Ⅱ)的吸附量从196.2mg/g增加到529.4mg/g。这也证明了PCCB可以有效地吸附高浓度的铜溶液。

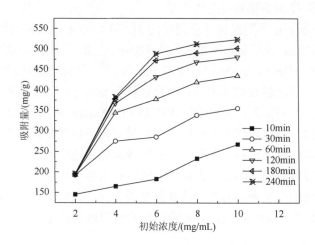

图 5-22　初始浓度对吸附量的影响

4）吸附时间

以吸附时间（0～360min）为研究对象，在50℃用0.1g PCCB吸附10mL pH为5的CuSO$_4$溶液，结果如图5-23所示。在不同初始浓度的情况下，PCCB对

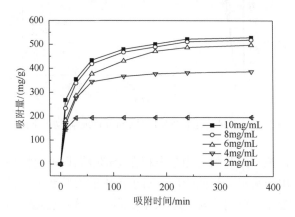

图 5-23　吸附时间对吸附量的影响

Cu(Ⅱ)的吸附量均随时间的增加而增大,吸附速率基本随时间的增加而减小,说明,随着溶液中铜离子的减少,浓度推动力减弱,吸附增加量也减小。

2. 动力学分析

吸附动力学是表征吸附速率的物理量,所谓吸附速率是指单位质量吸附剂在单位时间内所吸附的物质的质量。一个性能优良的吸附体系不但要求有较高的吸附效率,而且还应有较快的吸附速率,因此研究吸附动力学规律,对了解溶质吸附的速率及吸附控制步骤显得尤为重要。

图 5-24 显示了在不同温度下不同时间 PCCB 对 Cu(Ⅱ)的吸附量,由图可见,在吸附的初始阶段,吸附量迅速增长,从 120min 开始,吸附时间越长,吸附量的增长越缓慢,在 360min 时,吸附基本趋于平衡。这说明在吸附的初始阶段,铜离子主要被吸附在树脂颗粒的外表面,吸附过程容易进行,因而吸附速率较大,此时应为固液界面的膜扩散;而随着溶液中 Cu(Ⅱ)的浓度减小,吸附过程的推动力有所减小,扩散阻力逐渐增大,同时,吸附过程也不仅仅是表面作用,铜离子开始沿树脂的孔隙向内部迁移、扩散,内扩散成为吸附速率的控制步骤,因而吸附速率下降;到吸附后期,溶液中铜离子的浓度越来越小,直至浓度推动力趋近于零,吸附也渐渐趋近平衡。另外,随着温度的上升,吸附量也上升,说明温度的升高有利于树脂对 Cu(Ⅱ)的吸附,此吸附过程有可能为化学吸附。

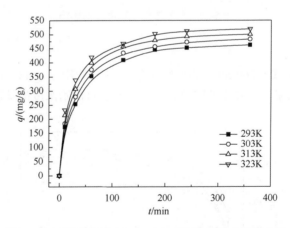

图 5-24　不同温度下 PCCB 对 Cu(Ⅱ)的吸附动力学曲线

一般情况下,拟一级吸附动力学方程在全部吸附时间范围内的相关性并不是很好,通常只适用于吸附的初始阶段。对于图中的实验数据来说,通过方程拟合计算后的相关性较差,得到的 q_e 也远低于实际值,这可能是吸附边界层的存在或者是吸附过程开始时的外部传质阻力造成的。因此认为 PCCB 树脂对 Cu(Ⅱ)的吸附数据并不符合拟一级吸附动力学模型。与拟一级动力学模型不同，拟二级动力学模型是建立在整个吸附平衡时间范围内的，通常能更好地说明吸附机理。拟二级动力学模型包含吸附的所有过程，如外部液膜扩散、表面吸附和颗粒内部扩散等。拟二级吸附动力学方程为

$$\frac{t}{q_t} = \frac{1}{k_2 q_e^2} + \frac{1}{q_e} t \qquad (5-8)$$

式中，q_e、q_t 分别为吸附平衡及 t 时刻的吸附量，mg/g；t 为吸附时间，min；k_2 为拟二级吸附速率常数，g/(mg·min)。

根据拟二级动力学方程对图 5-24 中的数据进行线性回归处理，以 t/q_t 对 t 作图，拟合为相应的直线（图 5-25），由直线的斜率和截距可分别求得吸附速率常数 k 和平衡吸附量 q_e。数据拟合结果见表 5-6。由表 5-6 可见，树脂在不同温度下对 Cu(Ⅱ)的吸附均能用拟二级动力学速率方程拟合，而且 $R^2 > 0.99$，表明拟合相关性较好。而且计算得到的 q_e 与实验值极为接近，这表明采用拟二级动力学方程描述树脂吸附 Cu(Ⅱ)的动力学行为较为合适。

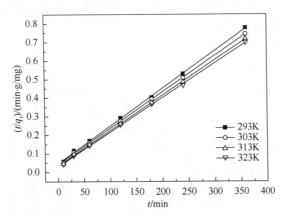

图 5-25　不同温度下 t/q_t 对 t 的曲线

表 5-6　不同温度下 PCCB 对 Cu(Ⅱ)的吸附动力学参数

T/K	二级动力学方程			颗粒内扩散方程			
	k	q_e	R^2	$k_{int_{0-120}}$	R^2	$k_{int_{120-360}}$	R^2
293	8.684×10^{-6}	495.0	0.9996	31.10	0.9509	6.179	0.7157
303	9.077×10^{-6}	512.8	0.9996	32.40	0.9458	6.098	0.8950
313	1.057×10^{-5}	526.3	0.9991	31.64	0.9479	5.199	0.8519
323	1.149×10^{-5}	537.6	0.9996	30.12	0.9138	5.870	0.7662

　　对于毫米级的球形树脂来说，吸附质从吸附剂表面到内部有一个重要的扩散吸附过程，颗粒内扩散模型可以更好地描述此时金属离子的吸附过程。以 q_t 对 $t^{0.5}$ 作图，若可拟合成一条直线，线性拟合很好，则吸附过程为颗粒内扩散控制过程，其斜率是颗粒内扩散系数 k_{int}，而且直线通过原点，则说明物质在颗粒内扩散过程为吸附速率的唯一控制步骤。颗粒内扩散方程：

$$q = kt^{0.5} \tag{5-9}$$

式中，q 为 t 时刻的吸附量，mg/g；t 为吸附时间，min；k 为颗粒内扩散速率常数，$mg/(g \cdot min^{0.5})$。

　　PCCB 吸附 Cu(Ⅱ)的 q_t 对 $t^{0.5}$ 关系曲线如图 5-26 所示，数据拟合结果见表 5-6。在整个吸附时间内，各个点无法很好地拟合成一条直线，而是以 120min 为界限分成了两个阶段，这表明了吸附过程分为两个阶段，颗粒内扩散不是控制吸附过程的唯一步骤，而是由液膜扩散和颗粒内扩散联合控制。第一阶段的直线斜率较大，说明此时吸附速率大，Cu(Ⅱ)扩散到树脂表面，即表面扩散过程；第二阶段的直线斜率很小，说明此时吸附速率小，树脂很快就达到了吸附平衡，随着时间的增长，吸附量也没有明显增加，此时的吸附为颗粒内扩散过程，Cu(Ⅱ) 由树脂表面向内扩散。

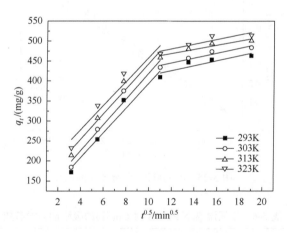

图 5-26　不同温度下 q_t 对 $t^{0.5}$ 的曲线

3. 表观活化能

　　活化能是决定反应速率的一个重要因素。在任何反应中，并不是所有的分子都能参加反应，而且具有一定能量的分子才能参加反应，这些分子称为活化分子（activated molecules）。活化分子的能量与所有分子平均能量的差称为活化能。一般来说活化能受温度的影响很小，很精确的实验却发现温度对活化能是有一定影响的。必须指出，根据在不同温度下实验测定的速率常数来求反应的活化能时，只有对简单反应求得的活化能才有明确的意义。如果是复杂反应，求得的活化能仅仅是表观活化能（apparent activation energy）。

1889 年，S. Arrhenius 指出，由于化学反应的平衡常数 K 与温度 T 的关系可以用 van't Hoff 方程来表示：

$$\frac{\mathrm{d}\ln K}{\mathrm{d}T} = \frac{\Delta H}{RT^2} \qquad (5\text{-}10)$$

而根据质量作用定律，平衡常数又可以用反应的速率常数来表示：

$$K = \frac{k_1}{k_{-1}} \qquad (5\text{-}11)$$

式中，k_1 和 k_{-1} 分别表示正逆反应的速率常数。因此，速率常数与温度的关系可以表示为

$$\frac{\mathrm{d}\ln K}{\mathrm{d}T} = \frac{E}{RT^2} \qquad (5\text{-}12)$$

即

$$E_{\mathrm{a}} = RT^2 \frac{\mathrm{d}\ln k}{\mathrm{d}T} \qquad (5\text{-}13)$$

E 被称为反应的活化能（activation energy），单位为 kJ/mol。如果 E 与温度无关，则积分式（5-13）得

$$\ln k = -\frac{E}{RT} + \ln A \qquad (5\text{-}14)$$

式中，$\ln A$ 为积分常数。由式（5-14）可得

$$k = A\exp\left(-\frac{E}{RT}\right) \qquad (5\text{-}15)$$

A 被称为频率因子（frequency factor）或指数前因子（pre-exponential factor）。前三个公式就是著名的 Arrhenius 公式。Arrhenius 公式是根据实验数据归纳出来的，因此是一个经验公式。

根据 Arrhenius 方程积分式的指数式：

$$k = k_0 \exp\left(-\frac{E_{\mathrm{a}}}{RT}\right) \qquad (5\text{-}16)$$

得出其对数式为

$$\ln k = -\frac{E_{\mathrm{a}}}{R}\frac{1}{T} + \ln k_0 \qquad (5\text{-}17)$$

式中，E_{a} 为活化能，J/mol；R 为摩尔气体常量，8.314J/(mol·K)；k 为速率常数；k_0 为频率因子；T 为开尔文温度，K。

根据公式，以 $\ln k$ 对 $1/T$ 作图，拟合可得直线，如图 5-27 所示，铜在 PCCB 上的吸附速率常数与温度的关系用 Arrhenius 公式可表示为：$\ln k = 0.9349 \times 1000/T -$

8.4845（R^2=0.9562）。由直线斜率可求出吸附过程的表观活化能 E_a=7.773kJ/mol，由截距可求出 k_0=0.000207。这表明温度对吸附速率的影响符合 Arrhenius 方程。表观活化能超过 4.2kJ/mol，说明吸附过程可能是化学吸附，是吸热过程，PCCB 吸附铜离子必须经过和克服一定的能垒。表观活化能小于 40kJ/mol，说明吸附速率较快，即 PCCB 对铜离子吸附为快速吸附反应，即使在常温下吸附也可快速进行。温度对吸附过程的反应速率常数的影响很大，整个吸附过程为速率控制步骤。

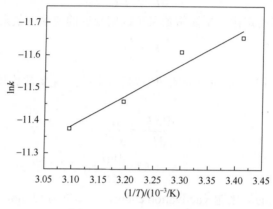

图 5-27　$\ln k$ 对 $1/T$ 的曲线

4. 吸附等温特性

称取 0.1g PCCB 置于不同浓度的 10mL Cu(Ⅱ)溶液中。在 293K、303K、313K 和 323K 下，恒速振荡 6h 达吸附平衡后测定 Cu(Ⅱ)的残余浓度，并计算树脂的吸附量，绘制吸附等温线（图 5-28）。由图可见，随着平衡浓度的增大，PCCB 树脂对 Cu(Ⅱ)的平衡吸附量增大；随着温度的升高，吸附量也增加。

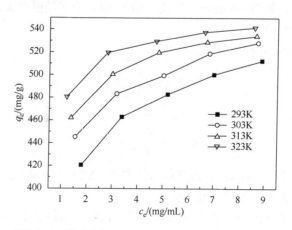

图 5-28　不同温度下 PCCB 对 Cu(Ⅱ)的吸附等温线

在众多对吸附平衡结果进行拟合的模型中，Langmuir 方程和 Freundlich 方程的应用最为广泛，本节采用这两种方程对实验得到的吸附等温线数据进行拟合。

Langmuir 方程：

$$\frac{1}{q_e} = \frac{1}{q_\infty} + \frac{1}{q_\infty K_L c_e} \tag{5-18}$$

Freundlich 方程：

$$\ln q_e = \frac{1}{n}\ln c_e + \ln K_F \tag{5-19}$$

式中，q_e 为吸附平衡时的吸附量，mg/g；q_∞ 为最大吸附量，mg/g；K_L 为 Langmuir 吸附平衡常数，L/mg；K_F 为 Freundlich 吸附平衡常数，$g^{-1}\cdot L^{1/n}\cdot mg^{(1-1/n)}$；$n$ 为 Freundlich 常数。

分别以 $1/q_e$ 对 $1/c_e$ 作图，以 $\ln q_e$ 对 $\ln c_e$ 作图，用 Langmuir 方程和 Freundlich 方程对图 5-28 中的数据进行线性回归处理，可拟合为相应的直线（图 5-29 和图 5-30），利用直线的斜率和截距可求得单层最大吸附量 Langmuir 和 Freundlich 吸附平衡常数及 Freundlich 常数，具体数值见表 5-7。

表 5-7　PCCB 吸附 Cu(Ⅱ)的 Langmuir 和 Freundlich 等温线参数

T/K	Langmuir 模型			Freundlich 模型		
	K_L/(mL/mg)	q_∞/(mg/g)	R^2	K_F/($g^{-1}\cdot L^{1/n}\cdot mg^{(1-1/n)}$)	n	R^2
293	2.011	534.7	0.9849	394.4	8.183	0.9878
303	2.891	540.5	0.9614	428.2	10.17	0.9916
313	3.791	549.4	0.9925	454.2	12.53	0.9668
323	5.656	552.4	0.9969	480.3	16.63	0.9314

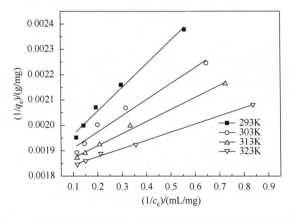

图 5-29　不同温度下 PCCB 对 Cu(Ⅱ)的 Langmuir 吸附等温线

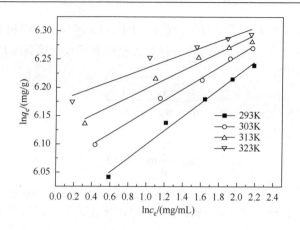

图 5-30　不同 PCCB 对 Cu(Ⅱ)的 Freundlich 吸附等温线

　　从表 5-7 中 q_∞ 值可知，随着温度的升高，PCCB 对 Cu(Ⅱ)的单层最大吸附量逐渐增加。该现象表明，PCCB 吸附 Cu(Ⅱ)时，升高外界环境温度，对它的吸附是有利的，即高温时它会发生优先吸附，且吸附过程是吸热的。所得 Langmuir 和 Freundlich 拟合方程的相关系数 R^2 并不是在每个温度上都大于 0.99，说明吸附过程比较剧烈，数据有无规律的偏差。Freundlich 常数 n 大于 1，说明 PCCB 可以很容易地吸附铜离子，为优惠吸附，并且适合于对不同浓度 $CuSO_4$ 的处理。K_F 为吸附能力的标志，其随温度升高而增大，证明吸附能力随温度升高而增大。

5. **热力学参数**

　　根据 Clausius-Clapeyron 方程：

$$\ln c_e = \frac{\Delta H}{RT} + K \tag{5-20}$$

式中，ΔH 为等量吸附焓，kJ/mol；K 为吸附反应的平衡常数；c_e 为平衡浓度（按所取的 q_e 值，根据 Freundlich 方程求得），mg/mL；R 为摩尔气体常量。

　　以 $\ln c_e$-$1/T$ 等吸附量下（500mg/g、450mg/g 和 400mg/g）的吸附等量线，如图 5-31 所示。可以看出，$\ln c_e$ 与 $1/T$ 有较好的线性关系，通过对应的斜率求出不同吸附量时 PCCB 对 Cu(Ⅱ)的等量吸附焓 ΔH。

　　由 Gibbs 吸附方程，可得到如下衍生方程：

$$\Delta G = -RT \int_0^a q \, da/a \tag{5-21}$$

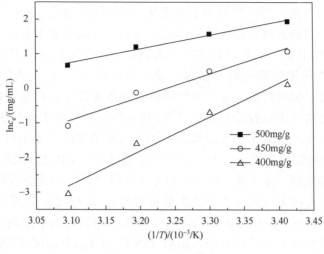

图 5-31　$\ln c_e$-$1/T$ 曲线

式中，ΔG 为吸附自由能，kJ/g；q 为吸附量，mg/g；a 为吸附质在溶液中的活度；T 为温度，K；R 为摩尔气体常量。

当溶液浓度较低时，吸附质在溶液中的活度可由其摩尔浓度代替，则得出如下方程：

$$\Delta G = -RT\int_0^x q\,\mathrm{d}x/x \tag{5-22}$$

式中，x 为平衡溶液中吸附质的摩尔分数。

代入适用于本体系的 Freundlich 吸附等温方程，可以得到：

$$\Delta G = -nRT \tag{5-23}$$

由 Gibbs-Helmhotz 方程，可以得到：

$$\Delta S = (\Delta H - \Delta G)/T \tag{5-24}$$

PCCB 吸附 Cu(Ⅱ)的具体热力学参数（等量吸附焓 ΔH、吸附自由能 ΔG 和吸附熵变 ΔS）见表 5-8。

表 5-8　热力学参数

T/K	$\Delta H/(\text{kJ/mol})$			$\Delta G/(\text{kJ/mol})$	$\Delta S/[\text{kJ}/(\text{mol·K})]$		
	500mg/g	450mg/g	400mg/g		500mg/g	450mg/g	400mg/g
293	32.21	54.57	79.57	−19.93	0.1779	0.2543	0.3396
303	32.21	54.57	79.57	−25.63	0.1909	0.2647	0.3472
313	32.21	54.57	79.57	−32.61	0.2071	0.2785	0.3584
323	32.21	54.57	79.57	−44.68	0.2381	0.3073	0.3847

由表 5-8 可见，随吸附量的不断增加，ΔH 依次增大。ΔH 均为正值，表明在实验所研究的温度范围内吸附为吸热过程，升温有利于吸附。PCCB 吸附 Cu(II)的焓变主要包括溶质 $CuSO_4$ 的吸附热、高分子链间作用力、链规整性破坏及构象变化等所需能量（简称高分子链活化能）、溶剂水的脱附热、因 $CuSO_4$ 吸附而引起的溶液冲淡热及吸附位点和溶质分子的再溶剂化热等。吸附过程的焓变是这些因素综合作用的结果，焓变的正负取决于总放热效应与总吸热效应的对比情况。对于本实验体系来说，总放热效应主要来自于 $CuSO_4$ 的吸附热，总吸热效应主要来自于 PCCB 分子链活化能。PCCB 吸附 Cu(II)后可能导致其结晶度进一步下降，分子内和分子间氢键进一步遭到破坏，则其分子构象会向不稳定状态变化（由 XRD 分析可得），这些过程会消耗许多能量。当温度升高时，PCCB 对 Cu(II)的吸附量增加，则消耗更多能量。总体看来，$CuSO_4$ 的吸附热少于总吸热效应，所以 PCCB 对 Cu(II)的吸附为吸热过程。这可以用溶剂置换理论来解释，金属离子的吸附是放热过程，水分子的脱附是吸热过程。吸附剂表面上吸附质的吸附和溶剂解吸两个独立过程的总量决定热力学参数，吸附 1 个溶质分子需要解吸较多水分子，从而导致了整个过程为吸热过程。

吸附自由能变是吸附驱动力的体现，自由能变为负值，表明吸附是自发过程，吸附质倾向于从溶液中吸附到吸附剂的表面。表 5-8 中 ΔG 数据表明，PCCB 对 Cu(II)的吸附为自发进行的物理吸附过程。同时随着温度的升高，吸附自由能的绝对值增大，说明温度的升高有利于吸附。

实验范围内吸附熵变 ΔS 总是大于 0，说明吸附过程为熵增加的过程，吸附的混乱度增加。而且 ΔS 随温度升高而增加，说明水溶液中 Cu(II)在 PCCB 上的吸附都是熵推动过程。这是由于吸附过程实质上是水溶液中的 Cu(II)和 PCCB 上原先已吸附的水分子交换的过程：吸附 Cu(II)的运动比在溶液中受到更大的限制，所以吸附 Cu(II)的熵变为负值；吸附 Cu(II)的同时，有很多水分子被解吸下来，由原来在 PCCB 上的紧密排列到解吸后在溶液中的自由运动，其熵变是增大的，且为正值。因为水的摩尔体积比 Cu(II)的摩尔体积小得多，所以在置换过程中，被置换的水分子比被吸附的 Cu(II)多，最终导致了吸附过程的总熵变为正值。

5.2.6 吸附选择性

采用 PCCB 树脂对铜、银、金离子分别进行吸附，得到了相关的吸附动力学、表观活化能、等温吸附、热力学数据列于表 5-9，并进行比较。

表 5-9　30℃下 PCCB 吸附各种金属离子的参数

物理量/单位	Cu(II)	Ag(I)	Au(III)
k_2/[g/(mg·min)]	$1.057×10^{-5}$	$1.9482×10^{-4}$	$1.4198×10^{-4}$
Q_e/(mg/g)	526.3	106.8	100.0
E_a/(kJ/mol)	7.773	10.92	负值
n	12.53	2.663	4.185
K_F/(L$^{1/n}$·mg$^{(1-1/n)}$/g)	454.2	23.08	30.33
ΔG^0/(kJ/mol)	−32.61	−6.154	−12.60

注：Cu(II)K_F的单位为：mL$^{1/n}$·mg$^{(1-1/n)}$/g

由表 5-9 可知，总体看来 PCCB 对铜的吸附能力最强，这说明铜离子模板法制备 PCCB 对 Cu(II)有一定的记忆功能。

配制铜、银、金溶液的初始浓度均为 100mg/L，体积为 50mL，混合后，投入 PCCB 树脂 0.6g，30℃下吸附 24h 后得出铜、银、金的吸附量。得到并与单组分体系的吸附量进行对比，得到对比表 5-10。

表 5-10　各种金属离子的吸附量比较（mg/g）

体系	Cu(II)	Ag(I)	Au(III)
单组分体系	198.2	96.43	87.62
混合体系	143.4	64.56	34.34

从表 5-10 中可以看出，在混合体系与单组分体系中，金属离子的竞争吸附趋势相类似，依照铜＞银＞金的顺序吸附效果依次减弱。这也能证明 PCCB 对 Cu(II)有一定的记忆功能，在混合溶液吸附时会优先吸附 Cu(II)。

5.2.7　小结

本章在微波辐射下以 Cu(II)为模板，四乙烯五胺为胺化剂合成了溶胀而不溶解抗酸碱的吸附性能优良的球形多胺化交联壳聚糖（PCCB）树脂。得出以下结论：

（1）PCCB 树脂具有较好的抗酸碱性、吸水溶胀性、结晶性，分子中具有比壳聚糖更多的氨基，表面颗粒化，有利于吸附金属离子。

（2）最佳制备条件为：3mL 乙醇，5mL 环氧氯丙烷，11mL 四乙烯五胺，微波胺化时间 3min。

采用 CuPCCB 对 Cu(II)的吸附实验表明：可有效吸附高浓度的 CuSO₄ 溶液，最佳吸附 pH 为 5，吸附平衡时间为 6h。拟二级动力学模型和颗粒内扩散模型可以很好地描述动力学数据，吸附过程由液膜扩散和颗粒内扩散联合控制。吸附等温线既符合Langmuir模型又符合Freundlich模型。表观活化能和热力学参数表明，吸附过程为吸热过程，升高温度有利于吸附，吸附应为快速化学吸附。

吸附选择性实验表明：PCCB在混合溶液中优先吸附Cu(Ⅱ)，其次是Ag(Ⅰ)，最后是Au(Ⅲ)。

5.3 Ni^{2+}模板法合成交联壳聚糖树脂及其对镍的吸附性能

5.3.1 实验材料及方法

1. 实验试剂及仪器

壳聚糖（脱乙酰度为93%），浙江金壳生物化学有限公司；镍丝；硝酸，优级纯；其他试剂均为分析纯试剂。

PHS-2C型精密酸度计；3150型原子吸收分光光度计；紫外分光光度计；电子天平；SHA-C型恒温水浴振荡器。

2. 镍溶液的配制及其浓度的测定

1）镍溶液的配制

用电子天平准确称取光谱纯镍丝1.000g，准确到0.0001g，加硝酸（3∶1）10mL，加热使其完全溶解，用去离子水稀释至1000mL，每毫升溶液含1.00mg镍。

2）工作曲线的绘制

将镍溶液分别稀释成浓度为0.5mg/L、1.0mg/L、2.0mg/L、3.0mg/L、4.0mg/L的溶液，然后用原子吸收分光光度计分别测其吸光度值。绘制工作曲线如图5-32所示。

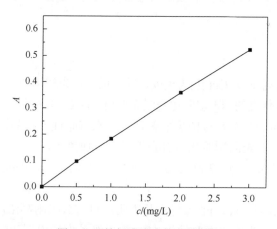

图5-32　镍标准溶液的工作曲线

3）镍溶液浓度的测定

用原子吸收分光光度计测定一定浓度的镍溶液的吸光度值，然后根据镍标准溶液的工作曲线查出对应的镍溶液浓度。

3. 交联壳聚糖模板树脂的合成

称取一定量的壳聚糖于烧杯中，与过量的 $NiSO_4$ 溶液混合，恒温振荡一定时间，抽滤出生成的壳聚糖-镍络合物，用蒸馏水洗至 Na_2S 检验不出滤液中有 Ni^{2+} 为止，恒温干燥至恒重。

取上述干燥产品悬浮于 50mL 蒸馏水中，与定量的 50%的戊二醛在一定温度下进行交联，过滤，洗涤，得交联壳聚糖-镍络合物。

在室温搅拌下将产物用稀 HCl 处理，直至检验不出 Ni^{2+} 后，再用稀 NaOH 溶液浸泡 5～8h，过滤洗涤至中性，再用乙醇、乙醚洗涤，恒温干燥至恒重，得 Ni^{2+} 模板树脂。

4. 树脂吸附镍过程的影响因素

用树脂处理含重金属离子废水时，多种因素影响实验效果。本节以树脂静态吸附溶液中的 Ni^{2+} 为例，分析溶液 pH、溶液的初始浓度、振荡时间、吸附温度对吸附性能的影响。

1）酸度对树脂吸附量的影响

分别在 8 个锥形瓶中加入 0.05g 树脂和浓度为 40mg/L 的镍溶液 25mL，用 HCl 和 NaOH 调整溶液至不同 pH，在 35℃下振荡吸附至平衡，测定残余溶液中的镍浓度，计算吸附量。以吸附量 q 对 pH 作图，考察酸度对树脂吸附量的影响。

2）振荡时间对树脂吸附量的影响

准确称取树脂 0.05g 于锥形瓶中，加入浓度为 40mg/L 的镍溶液 25mL，在恒温振荡器中振荡，分别于 30min、60min、90min、120min、150min、180min、240min、300min 取样测定其吸光度值，求出不同时间溶液中的镍浓度，并计算吸附量。以吸附量 q 对吸附时间 t 作图，测定时间对树脂吸附量的影响。

3）吸附温度对树脂吸附量的影响

准确称取 0.05g 树脂 4 份于锥形瓶中，分别加入浓度为 40mg/L 的镍溶液 25mL，改变温度分别为 20℃、30℃、40℃、50℃，振荡吸附至平衡，并计算出树脂对镍的吸附量。以吸附量 q 对温度作图，测定温度对树脂吸附量的影响。

5. 吸附实验

1）吸附动力学实验

准确称取树脂 0.05g 于锥形瓶中，加入浓度为 50mg/L 的镍溶液 50mL，并分别于不同温度下在恒温振荡器中振荡，定时取样测定其吸光度值，求出不同时间溶液中镍离子浓度，并计算吸附量。

2）等温吸附实验

准确称取 0.05g 树脂 5 份于锥形瓶中，分别加入不同浓度的镍溶液，于恒温振荡器中振荡吸附至平衡，以平衡吸附量 q_e 对吸附平衡时的浓度 c_e 作图，测定不同温度下不同平衡浓度时树脂对镍的吸附量，以考察其等温吸附特性。

3）选择吸附性实验

考察模板交联壳聚糖树脂对 Ni^{2+}、Cu^{2+}、Zn^{2+} 的选择吸附性。主要是从吸附量和吸附速率等方面进行考察。

4）再生性能实验

将吸附镍离子后的金属-吸附剂螯合物取出，放入锥形瓶中，用 0.1mol/L 的盐酸再生 24h 后，倾去盐酸溶液，用去离子水洗至中性，干燥后在同样的条件下重复做吸附容量测试。重复进行此步骤多次再生，比较不同再生次数后的交联壳聚糖树脂吸附量。

5.3.2　结果与讨论

1. 树脂吸附镍过程的影响因素

1）溶液 pH 对吸附的影响

在不同 pH 的溶液中测定树脂对镍的吸附量，结果如图 5-33 所示。由图 5-33 可见，随着溶液酸度的降低，吸附量增大，但酸度继续降低时，吸附量又随之下降。这是因为 pH 对吸附质在水溶液中的存在形态和溶解度均有影响。而且 pH 对

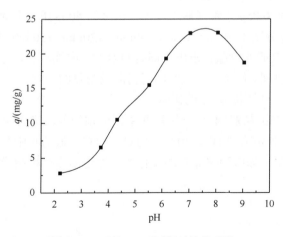

图 5-33　不同 pH 下树脂对镍的吸附

吸附的影响还与吸附剂的性质有关。酸度过高时，溶液中 H^+ 浓度较高，树脂分子链上的 NH_2 结合了 H^+，形成带正电荷的—NH_3^+，失去了螯合金属离子的能力，同时使吸附剂分子表面带正电荷，与带同种电荷的镍离子产生静电斥力，使螯合机会减小。另外，氢离子与镍离子存在着竞争吸附，从而使树脂对镍离子的吸附量下降。而当溶液 pH 过大时，会出现 $Ni(OH)_2$ 沉淀，影响树脂对镍的吸附，因而酸度过低会导致吸附量降低[1]。由图 5-33 可见，当 pH 为 7～8 时吸附效果最好。

2）振荡时间对吸附的影响

令同质量的树脂在同等条件下吸附同样浓度的镍，分别于不同时间取样测定其吸光度值，求出不同时间溶液中的 Ni^{2+} 浓度，进而计算吸附量。结果如图 5-34 所示。从图中可见，在吸附的初始阶段，吸附量迅速上升，随着吸附时间的延长，吸附量的上升逐渐减缓，在 240min 时，吸附基本趋于平衡。该吸附过程的机理基本符合溶液中的物质在多孔性吸附剂上吸附的三个必要步骤：①在吸附的初始阶段，Ni^{2+} 主要被吸附在树脂颗粒的外表面，吸附过程容易进行，因而吸附速率较大；②随着溶液中 Ni^{2+} 的浓度减小，吸附过程的推动力有所减小，同时，吸附过程也不仅仅是表面作用，Ni^{2+} 开始沿树脂的孔隙向内部迁移、扩散，内扩散成为吸附速率的控制步骤，因而吸附速率下降；③到吸附后期，溶液中 Ni^{2+} 的浓度越来越小，直至浓度推动力趋近于零，吸附也渐渐趋近于平衡[2]。

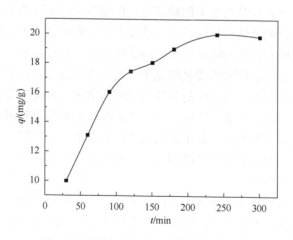

图 5-34　不同振荡时间下树脂对镍的吸附

3）吸附温度对吸附的影响

在不同温度下测定树脂对镍离子的吸附量，结果如图 5-35 所示。

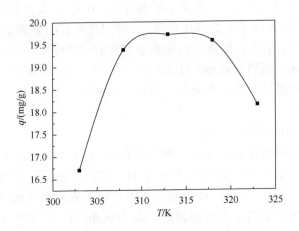

图 5-35　不同温度下树脂对镍的吸附

由图 5-35 可见，当升高温度时，溶液离子运动速度加快，树脂活性增加，有利于吸附进行，因此树脂吸附量增大。再升高温度，反应是放热反应，根据平衡理论，温度升高不利于吸附，因此吸附量降低[3]。

2. 吸附动力学

吸附动力学是表征吸附速率的物理量，所谓吸附速率是指单位质量吸附剂在单位时间内所吸附的物质的质量。一个性能优良的吸附体系不但要求有较高的吸附效率，而且还应有较快的吸附速率，因此吸附平衡及吸附动力学规律，对了解溶质吸附的速率及吸附控制步骤显得尤为重要。吸附速率取决于吸附剂对吸附质的吸附过程。吸附剂对溶液中吸附质吸附过程基本上可分为三个连续阶段：①颗粒外部扩散（又称为膜扩散）阶段，吸附质从溶液中扩散到吸附剂表面；②孔隙扩散阶段，吸附质在吸附剂孔隙中继续向吸附点扩散；③吸附反应阶段，吸附质被吸附在吸附剂孔隙内的活性官能团上。一般而言，吸附速率主要由膜扩散速率和孔隙扩散速率来控制[4]。

分别测定不同时间下镍溶液的浓度，并分别于不同温度下测定，以了解树脂对溶液中镍的表观吸附动力学，结果如图 5-36 所示。从图中可以看出，温度对吸附也有一定的影响，在相同的时间内，40℃时的吸附量略大于 30℃时的吸附量，而 50℃时的吸附量最小。这是因为当温度升高时，溶液离子运动速率加快，树脂活性增加，有利于吸附进行，因此树脂吸附量增大。再升高温度，反应是放热反应，根据平衡理论，温度升高不利于吸附，因此吸附量降低。

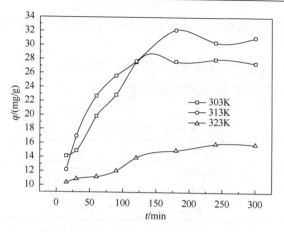

图 5-36 镍在树脂上的吸附动力学曲线

为了考察树脂吸附金属离子过程的动力学规律，用一级动力学模型和二级动力学模型对树脂的吸附过程进行研究。

一级动力学模型公式为[5]

$$-\ln(1-q_t/q)=k_1t \tag{5-25}$$

式中，q_t 为 t 时间内的吸附量，mg/g；q 为平衡吸附量；t 为吸附时间；k_1 为一级吸附速率常数。

以 $-\ln(1-q_t/q)=k_1t$ 对 t 作图，对镍离子在 30℃、40℃和 50℃时的动力学曲线进行线性拟合，结果如图 5-37 所示。

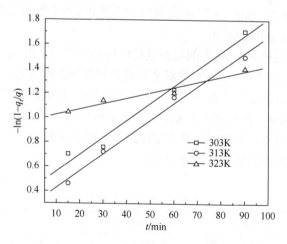

图 5-37 不同温度下的 $-\ln(1-q_t/q)$ 与 t 的关系曲线

由图可得到直线的相关系数和斜率，由此可求得一级反应速率常数 k_1，将结果列于表 5-11 中，k_1 数值的大小反映吸附速率的快慢，k_1 数值越大则吸附速率越快。

由图 5-37 可见，吸附动力学数据的线性相关性较好，即符合一级动力学方程。表 5-11 是对图 5-37 中曲线的线性分析结果。

表 5-11　动力学参数表

T/K	拟合方程	k_1	R^2
303	$y=1.9932x$	1.9932	0.9979
313	$y=3.98x$	3.98	0.9955
323	$y=5.9673x$	5.9673	0.9947

由表 5-11 中的数据可知树脂对不同温度下镍离子的吸附速率常数 k_1 大小顺序为：$k_{323} > k_{313} > k_{303}$，因此在前 90min 内，温度越高，吸附速率越快。

用 Lagergren 二级速率方程对吸附动力学数据进行线性拟合。方程表达式为[6]

$$\frac{dq}{dt} = k(q_e - q)^2 \qquad (5-26)$$

对方程进行积分可得

$$\frac{t}{q} = \frac{1}{kq_e^2} + \frac{1}{q_e}t \qquad (5-27)$$

式中，t 为吸附时间，min；q 和 q_e 分别为 t 时刻和吸附平衡时的吸附量，mg/g；k 为吸附速率常数，g/(mg·min)。

根据上述方程对图 5-36 中的数据进行线性回归处理，以 t/q 对 t 作图，拟合为相应的直线（图 5-38），由直线的斜率和截距可分别求得吸附速率常数 k 和平衡吸附量 q_e。数据拟合结果见表 5-12。由表 5-12 可见，树脂在不同温度下对镍的吸附均能用 Lagergren 二级速率方程拟合，$R^2 > 0.99$，表明拟合程度较好。吸附过程符合二级动力学方程，说明吸附速率受浓度变化的影响较大，即树脂吸附镍过程的速率对含镍溶液的初始浓度较为敏感。

表 5-12　动力学参数表

T/K	拟合方程	$k/[\mathrm{g/(mg \cdot min)}]$	$q_e/(\mathrm{mg/g})$	R^2
303	$t/q=0.0329t+0.7837$	5.614×10^{-4}	30.395	0.9939
313	$t/q=0.0289t+0.8296$	1.007×10^{-3}	34.602	0.9960
323	$t/q=0.0585t+1.3221$	1.381×10^{-3}	17.094	0.9922

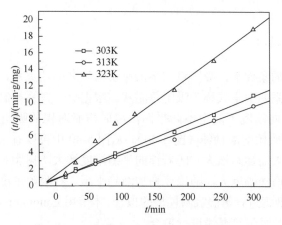

图 5-38　不同温度下的 t/q 与 t 的关系曲线

由各个曲线的相关系数说明：在多数情况下二级动力学方程都能很好地应用于吸附方面的研究。

3. 表观活化能

根据 Arrhenius 方程

$$k = k_0 \exp\left(\frac{-E_a}{RT}\right) \tag{5-28}$$

以 $\ln k$ 对 $1/T$ 作图，进行线性拟合，可得如图 5-39 所示的直线，根据直线斜率求得表观活化能为 E_a=36.7kJ/mol，镍在树脂上的吸附速率常数与温度的关系用 Arrhenius 公式可表示为：$\ln k$=$-4.4143\times10^3/T$+7.1132（R^2=0.9837）。对于表观活化能低于 40kJ/mol 的吸附，一般可称为快速吸附反应，吸附在室温条件下即可很快完成。

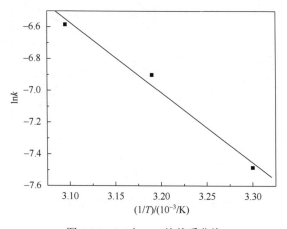

图 5-39　$\ln k$ 与 $1/T$ 的关系曲线

4. 等温吸附特性

在温度恒定的条件下，吸附量与溶液平衡浓度之间的关系，称为等温吸附规律。表达这一关系的数学式称为吸附等温式。根据这一关系绘制的曲线图称为吸附等温线。在不同温度下测定不同平衡浓度时树脂对镍的吸附量，将数据列于表 5-13 中，得到吸附等温曲线（图 5-40）。从图 5-40 中可以看出吸附量随金属离子的初始浓度增大而逐渐增大。随着镍的平衡浓度增大，树脂对镍的平衡吸附量增大；低浓度时增加幅度大，随浓度增加渐趋平缓。在吸附浓度范围内，对本实验温度下的吸附数据进行等温吸附模型的拟合。本节用 Langmuir 方程和 Freundlich 方程对实验得到的吸附等温线进行拟合。

表 5-13　树脂吸附镍的平衡浓度与吸附量的关系

初始浓度 c_0	20℃		30℃		40℃		50℃	
	c_e	q_e	c_e	q_e	c_e	q_e	c_e	q_e
10	1.961	4.016	1.381	4.31	1.285	4.358	1.012	4.494
20	4.237	7.874	2.698	8.651	2.488	8.756	2.165	8.918
30	6.579	11.764	4.284	12.858	3.906	13.047	3.817	13.092
40	9.984	15.008	5.704	17.146	5.376	17.312	6.41	16.795
50	13.158	18.519	8.62	20.69	6.767	21.617	8.491	20.755

注：以上 c_0、c_e 单位为 mg/L；q_e 单位为 mg/g

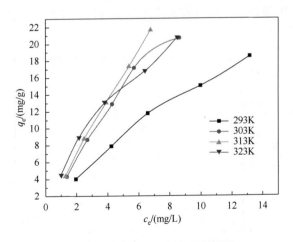

图 5-40　镍在树脂上的吸附等温线

Langmuir 等温线和 Freundlich 等温线常用来描述金属离子在天然颗粒物表面的吸附行为。Langmuir 认为吸附剂固体表面有大量的活性吸附中心点，吸附只在这些活性中心点发生，活性中心的吸附作用范围大致与分子大小相当，每个活性中心只能吸附一个分子，当表面吸附活性中心全部被占满时，吸附量达到饱和值，在吸附剂表面上分布被吸附物质的单分子层[5]。

根据 Langmuir 方程：

$$\frac{1}{q_e} = \frac{1}{q_\infty} + \frac{1}{q_\infty K_L c_e} \qquad (5\text{-}29)$$

和 Freundlich 方程：

$$\ln q_e = \frac{1}{n}\ln c_e + \ln K_F \qquad (5\text{-}30)$$

式中，q_e 为吸附平衡时的吸附量，mg/g；q_∞ 为最大吸附量，mg/g；K_L（单位为 L/mg）、K_F（单位为 $g^{-1}\cdot L^{1/n}\cdot mg^{(1-1/n)}$）分别为 Langmuir 吸附平衡常数和 Freundlich 吸附平衡常数；n 为常数。

分别以 $1/q_e$ 对 $1/c_e$ 作图，以 $\ln q_e$ 对 $\ln c_e$ 作图，用 Langmuir 方程和 Freundlich 方程对图 5-40 中的数据进行线性回归处理，可拟合为相应的直线（图 5-41 和图 5-42），由直线的斜率和截距求得吸附平衡常数和单层最大吸附量，结果见表 5-14。

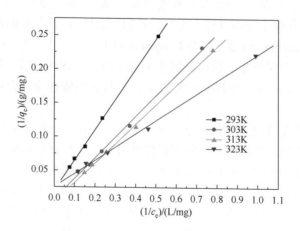

图 5-41　不同温度下的 $1/q_e$-$1/c_e$ 曲线

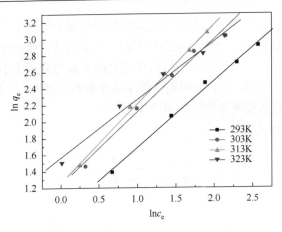

图 5-42 不同温度下的 $\ln q_e$-$\ln c_e$ 曲线

表 5-14 吸附等温线参数

T/K	Langmuir 方程			Freundlich 方程		
	K_L/(L/mg)	q_∞/(mg/g)	R^2	K_F/(g^{-1}·L$^{1/n}$·mg$^{1-1/n}$)	n	R^2
293K	0.0443	50.251	0.9994	2.4213	1.2463	0.9945
303K	0.0218	149.254	0.9970	3.4529	1.1397	0.9852
313K	0.0087	400.0	0.9987	3.5205	1.0474	0.9982
323K	0.1271	39.84	0.9980	4.7884	1.4280	0.9866

　　由两种拟合方程产生的相关系数可见，吸附剂对 Ni^{2+}吸附 Langmuir 和 Freundlich 曲线在整个吸附过程中都有很好的相关性，这说明吸附剂对 Ni^{2+}的吸附行为既符合 Freundlich 模型又符合 Langmuir 模型，这一结果表明吸附剂对 Ni^{2+}的吸附可能属于单分子吸附，也可能属于多分子吸附，或两种情况同时存在[1]。等温吸附过程中 Freundlich 方程中的常数 n 大于 1，说明镍在交联壳聚糖树脂上的吸附容易进行。

　　四种不同温度对应的等温线存在交叉现象，总体上低浓度时随温度升高吸附量增加，而高浓度时随温度升高吸附量降低且有进一步降低趋势。影响吸附量的主要因素是温度、溶液浓度和吸附方式，上述复杂现象可能是三种主要因素综合作用的结果[7]。在 20～40℃时，镍离子的最大吸附量随着温度升高而升高，原因是在较高的温度下，颗粒表面的部分壳聚糖分子发生了降解，有效的活性基团增多，在其他条件不变的情况下，吸附量增大。再升高温度，反应是放热反应，根据平衡理论，温度升高不利于吸附，因此吸附量降低。根据 Freundlich 理论，Freundlich 常数 K_F 用于表示吸附能力的相对大小。对于同一种树脂，K_F 随温度的升高而升高，表明升高温度有利于吸附[8]。

5. 吸附选择性

工业废水处理过程中，可能同时存在两种或两种以上的重金属离子，有时它们的处理要求是不同的，因此有必要考察交联壳聚糖树脂对不同金属的吸附选择性。为此，本实验考察了树脂对不同重金属（以 Cu^{2+}、Zn^{2+} 为例）的选择性。主要从吸附速率和吸附量等的差别进行了比较。

1）吸附速率的计算

吸附速率取决于溶质扩散到壳聚糖表面的速率及找到壳聚糖表面未被占据空隙所需要的时间。这对气体来说是容易的，但对于液体就不同了：在开始的一段短暂时间内，速率较大，随后将减小很多，特别是当溶液的浓度较高时更为突出。

$$-\frac{dc}{dt} = k(c_0 - c_t) \tag{5-31}$$

式中，c_0 为吸附质浓度，mg/L；t 为时间，min；k 为吸附速率常数；c_t 为 t 时刻吸附质的浓度，mg/L。

将上式移项积分：

$$\int_{c_0}^{c_t} -\frac{dc}{c_0 - c_e} = \int_0^t kdt \tag{5-32}$$

解积分式得

$$c_t = c_0 e^{-kt} \tag{5-33}$$

取对数得

$$\ln c_t = \ln c_0 - kt \tag{5-34}$$

即：

$$kt = \ln(c_0 / c_t) \tag{5-35}$$

由公式 $kt = \ln(c_0 / c_t)$，以时间 t 对 $\ln(c_0/c_t)$ 作图，得到一系列直线。直线的斜率即为 k（吸附速率常数）。我们总希望有较大的 k 值和随时间变化而 k 值不突变的吸附速率系数曲线[9]。

2）吸附速率的比较

在温度为 30℃，pH 为 6～7，溶液体积 V=50mL，含铜、镍、锌的初始浓度均为 50mg/L，树脂的投加量均为 0.05g 的条件下，测定不同时间下树脂对三种离子的吸附量，从而比较树脂对铜、镍、锌的吸附速率，实验结果如图 5-43 所示。

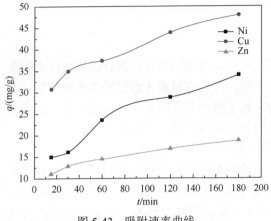

图 5-43　吸附速率曲线

由图可知，交联壳聚糖树脂对铜离子的吸附速率最大，其次是镍离子和锌离子。这可能是由于吸附剂与配位数较低的 Cu^{2+}（四配位）比和配位数较高的 Ni^{2+}、Zn^{2+}（六配位）更容易形成稳定的螯合物。由公式 $kt=\ln(c_0/c)$[6]，以时间 t 对 $\ln(c_0/c)$ 作图，得到图 5-44 的系列直线。直线的斜率即为 k（吸附速率常数）。我们总希望有较大的 k 值。表 5-15 是对图 5-44 的曲线分析结果。

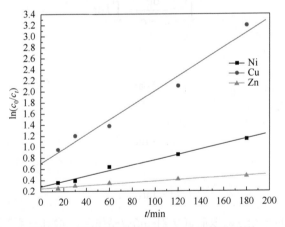

图 5-44　不同金属离子 $\ln(c_0/c_t)$ 与 t 的关系图

表 5-15　镍、铜、锌的动力学参数表

吸附速率常数	Ni	Cu	Zn
k	0.0048	0.0131	0.0013

从表 5-15 的数据中可以看出，树脂对三种金属离子的吸附速率常数 k 大小顺序为：$k_{Cu} > k_{Ni} > k_{Zn}$，因此树脂 Cu^{2+} 的吸附速率最大，其次是 Ni^{2+} 和 Zn^{2+}。

3）吸附容量的比较

考察交联壳聚糖树脂吸附重金属离子镍、铜、锌的实验条件为 30℃，溶液体积各为 25mL，初始浓度分别为 10mg/L、20mg/L、30mg/L、40mg/L、50mg/L，树脂投加量为 0.05g。将树脂吸附镍、铜、锌等温式参数列于表 5-16。

表 5-16　镍、铜、锌的吸附等温线参数

金属	镍	铜	锌
Freundlich 方程	$y=0.8774x+1.2392$	$y=0.9287x+1.322$	$y=0.7795x+0.5414$
n	1.140	1.077	1.283
$K_F/(g^{-1}\cdot L^{1/n}\cdot mg^{1-1/n})$	3.453	3.751	1.718
R^2	0.9858	0.9911	0.9710

图 5-45 为三种金属离子在该条件下的等温吸附曲线。将吸附平衡所得的数据用 Freundlich 等温式处理[10]，得到树脂吸附镍、铜、锌的拟合曲线如图 5-46 所示。

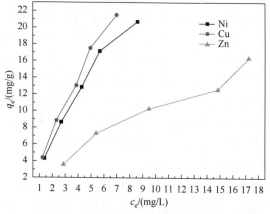

图 5-45　Ni^{2+}、Cu^{2+}、Zn^{2+}在树脂上的吸附等温线

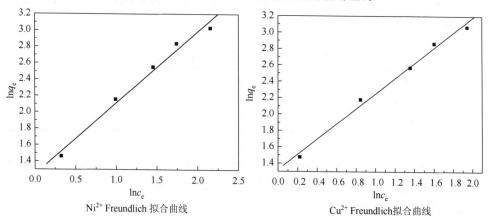

Ni^{2+} Freundlich 拟合曲线　　　　　　　Cu^{2+} Freundlich 拟合曲线

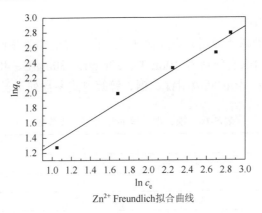

Zn²⁺ Freundlich拟合曲线

图 5-46　不同金属离子的 $\ln q_e$-$\ln c_e$ 曲线

由拟合方程产生的相关系数可见，吸附剂对三种金属离子的吸附 Freundlich 曲线在整个吸附过程中都有很好的相关性，这说明吸附剂对 Ni^{2+}、Cu^{2+}、Zn^{2+} 的吸附行为符合 Freundlich 模型。根据 Freundlich 理论，Freundlich 常数 K_F 用于表示吸附能力的相对大小[11]。对比它们的等温式和等温吸附曲线，可以得到如下结论：①饱和吸附量 q 依铜＞镍＞锌的顺序递减；②K_F 依照铜＞镍＞锌的顺序递减，说明壳聚糖对铜的选择性较好；③双组分溶液中金属离子的选择吸附性。

前人的研究表明[10, 12]，对于双组分体系可以借助扩展的 Langmuir 等温式预知吸附选择性。扩展的 Langmuir 等温式认为，每一种溶质都遵守 Langmuir 等温式并在每一个组分的平衡参数的基础上，预知每一组分与其他组分的竞争吸附。对于不同吸附质，平衡吸附量的比例关系可以表示为：$q_i/q_j=a_ic_i/a_jc_j$，式中，q、a、c 是相应单组分体系的吸附等温式参数。

进行双组分选择性实验的条件为：温度为 30℃，镍、铜、锌的初始浓度均为 50mg/L，体积为 50mL，树脂的投加量均为 0.1g。选取镍、铜共混溶液和镍、锌共混溶液两组双组分体系。吸附平衡后得出镍、铜、锌的吸附量之比，并与单组分体系的吸附量进行对比，得到对比表 5-17。

表 5-17　镍、铜、锌的吸附量之比

体系	q_{Ni}/q_{Cu}	q_{Ni}/q_{Zn}
单组分体系	0.13	4.25
双组分体系	0.71	1.31

从表 5-17 中可以看出，在双组分与单组分体系中，金属离子的竞争吸附趋势相类似，依照铜＞镍＞锌的顺序吸附效果减弱，镍分别与铜、锌共存时，锌对镍的吸附程度的影响较大。

6. 再生性实验

所谓再生，就是吸附剂本身不发生或极少发生变化的情况下，用某种方法将吸附质从吸附剂微孔中除去，恢复它的吸附能力，以达到重复使用的目的[13]。当pH 小于 1 时，交联吸附剂对金属离子几乎无吸附能力。本实验采用的是酸式再生法，即通过将吸附剂与稀盐酸共振荡使金属离子转化为易溶于水的盐解吸下来。

模板树脂再生三次之后的吸附结果见表 5-18。由表 5-18 可见树脂质量损失、吸附量变化不大，可多次使用。

表 5-18 吸附剂再生结果（mg/g）

金属离子	Ni^{2+}	Cu^{2+}	Zn^{2+}
原吸附剂	46.62	50.48	37.20
吸附及再生 1	45.33	47.57	34.82
吸附及再生 2	44.28	45.32	32.37
吸附及再生 3	44.17	44.92	32.35

表 5-19 是不同文献所报道的吸附剂的再生情况，由表 5-19 可知经过改性的壳聚糖都能经过再生实验后重复使用。

表 5-19 吸附剂再生情况比较

吸附剂	二乙烯三胺壳聚糖	硫脲乙酸壳聚糖	环氧氯丙烷交联壳聚糖
吸附量降幅/%	4	1~2	2

5.3.3 小结

（1）镍离子模板交联壳聚糖树脂对 Ni^{2+} 的吸附实验结果表明：树脂对 Ni^{2+} 具有较大的吸附量。树脂静态吸附镍离子在 4h 左右达到平衡；溶液的 pH 强烈影响壳聚糖的吸附效果。酸性条件下，壳聚糖吸附重金属的效率较低，随着 pH 升高，壳聚糖对重金属的吸附量增加，pH 在 7.0~8.0 时，吸附量最大。pH＞8.0 以后，壳聚糖对金属的吸附呈下降趋势；吸附量随金属离子的初始浓度的增大而逐渐增大；温度范围在 30~40℃时，树脂的吸附量随温度的升高而增大，而当温度继续升高时，吸附量降低。

（2）对 Ni^{2+} 吸附的动力学分析结果表明：树脂对 Ni^{2+} 的吸附并不适用于一级反应动力学规律的整个过程的所有时间。而该吸附过程符合二级反应动力学规律；对 Ni^{2+} 吸附等温实验结果表明：吸附剂对 Ni^{2+} 的吸附行为既符合 Freundlich 模型又符合 Langmuir 模型。等温吸附过程中 Freundlich 方程中的常数 n 大于 1，说明镍在交联壳聚糖树脂上的吸附容易进行；对表观活化能的分析表明吸附为快速吸附反应，在室温条件下即可很快完成。

（3）交联壳聚糖树脂对三种重金属离子的吸附效果为依照铜＞镍＞锌的顺序递减，说明壳聚糖对铜的选择性较好；在双组分与单组分体系中，金属离子的竞争吸附趋势类似，依照铜＞镍＞锌的顺序吸附效果减弱，镍分别与铜、锌共存时，锌对镍的吸附程度的影响较大。

（4）树脂再生后质量损失、吸附量变化不大，可重复使用。

参 考 文 献

[1] 丁纯梅，方磊，裴飞. 交联壳聚糖的制备及对铅离子的吸附作用[J]. 安徽工程科技学院学报，2004，19（4）：10-13.

[2] Wan Ngah W S，Kamari A，Koay Y J. Equilibrium and kinetics studies of adsorption of copper(Ⅱ) on chitosan and chitosan/PVA beads[J]. International Journal of Biological Macromolecules，2004，34：155-161.

[3] Qian S H，Xue A F，Xiao M. Application of crosslinked chitosan in the analysis of ultratrace Mo(Ⅵ) [J]. Journal of Applied Polymer Science，2006，101：432-435.

[4] 谭天伟. 壳聚糖金属离子印迹树脂的吸附模型[J]. 化工学报，2001，（52）2：176-178.

[5] 曲荣君. 镍离子模板壳聚糖树脂的合成及特性[J]. 高分子材料科学与工程，1996，12（7）：140-143.

[6] 曲荣君. 交联壳聚糖树脂的制备及其吸附性能[J]. 水处理技术，1997，（23）4：230-235.

[7] 黄晓佳. 模板交联壳聚糖对过渡金属离子吸附性能的研究[J]. 离子交换与吸附，2000，6（3）：262-268.

[8] Sun S，Wang A. Adsorption properties of carboxymethyl-chitosan and cross-linked carboxymethyl-chitosan resin with Cu(Ⅱ)as template[J]. Separation and Purification Technology，2006，49：197-204.

[9] 丁纯梅，陈宁生，李倩. 壳聚糖和 Ag(Ⅰ)空位壳聚糖膜与 Ag(Ⅰ)的螯合反应[J]. 应用化学，2005，22（3）：312-315.

[10] Sun S，Wang A. Adsorption kinetics of Cu(Ⅱ) ions using N, O -carboxymethyl-chitosan[J]. Journal of Hazardous Materials，2006，131：103-111.

[11] 庄国顺，陈松，艾宏稻. 固液界面吸附活化能的测定及其原理[J]. 化学学报，1984，42（10）：1085-1089.

[12] 傅献彩，沈文霞. 物理化学[M]. 第四版. 北京：高等教育出版社，1990.

[13] 慈云祥，周天峰. 分析化学中的配位化合物[M]. 北京：北京大学出版社，1986.

[14] Varma A，Deshpande S，Kennedy J. Metal complexation by chitosan and its derivatives：A review[J]. Carbohydrate Polymers，2004，55（1）：77-93.

[15] Guibal E. Interactions of metal ions with chitosan-based sorbents：A review[J]. Separation and Purification Technology，2004，38（1）：43-74.

[16] Yuan Y，Chen B，Wang R. Studies of properties and preparation of chitosan resin crosslinked by formaldehyde and epichlorohydrin[J]. Polymer Materials Science and Engineering，2004，20（1）：53-57.

[17] Tianwei T，Xiaojing H，Weixia D. Adsorption behaviour of metal ions on imprinted chitosan resin[J]. Journal of Chemical Technology and Biotechnology，2001，76（2）：191-195.

[18] Sun S，Wang A. Adsorption properties of carboxymethyl-chitosan and cross-linked carboxymethyl-chitosan resin with Cu(Ⅱ)as template[J]. Separation and Purification Technology，2006，49（3）：197-204.

[19]　Sun S，Wang L，Wang A. Adsorption properties of crosslinked carboxymethyl-chitosan resin with Pb(Ⅱ) as template ions[J]. Journal of Hazardous Materials，2006，136（3）：930-937.

[20]　Sun S，Wang A. Adsorption properties and mechanism of cross-linked carboxymethyl-chitosan resin with Zn(Ⅱ) as template ion[J]. Reactive and Functional Polymers，2006，66（8）：819-826.

[21]　Wan Ngah W，Endud C，Mayanar R. Removal of copper(Ⅱ) ions from aqueous solution onto chitosan and cross-linked chitosan beads[J]. Reactive and Functional Polymers，2002，50（2）：181-190.

[22]　曾淼，张廷安，党明岩，等. 微波辐射下 Cu^{2+} 模板法制备胺化交联壳聚糖树脂[J]. 东北大学学报（自然科学版），2012，33（8）：1167-1170.

[23]　Qu R. Studies of natural macromolecular adsorbent Ⅰ. Preparation of chitosan crosslinked by ethylene glycol bisglycidyl ether and its properties of adsorbing Cu(Ⅱ) and Ni(Ⅱ) [J]. Chinese Journal of Applied Chemistry，1996，13：22-25.

第6章 壳聚糖膜

　　壳聚糖是甲壳素脱乙酰化产物，是一种结晶性粉末，pK_a为 6.3，能溶于无机酸以及水杨酸、酒石酸和抗坏血酸等有机酸中。壳聚糖分子保留了甲壳素的结构骨架，分子结构中含有两个羟基和一个游离氨基，是一种天然阳离子活性聚合物，具有保温、防尘、成膜特性。它能通过分子中的氨基和羟基与许多金属离子形成稳定的螯合物，因此可以有效地吸附溶液中的金属离子。壳聚糖可加以化学修饰，通过交联与接枝、酰化、醚化、酯化、羧甲基化、烷基化等反应，制成具有各种特殊性和选择性功能的新材料。这其中，壳聚糖膜尤为引人关注。

　　壳聚糖分子之间能够通过交联形成一种空间网络结构，易成膜，这种膜拉伸强度大、韧性好、耐碱和耐有机溶剂。因此壳聚糖作为一种优良的膜材料，能在食品、医药、生物、纺织、化工、造纸、检测和冶金等各种领域中得到应用[1]。

　　壳聚糖作为食品保鲜膜可对果蔬进行保鲜，通过将果蔬与周围环境隔绝开来，可有效阻止果蔬水分的流失并减少果蔬对氧的吸收，从而延长储存时间[2]；作为可食用膜和生物可降解包装膜可用于果脯、糕点、方便面汤料和其他多种方便食品的内包装，也能用于药的胶囊和其他包装，对人体无害，可降解；作为防粘连膜能明显地减少腹腔术后粘连[3]；作为人工肾透析膜也比较理想，具有很好的机械强度，可以透过尿素、肌酐等小分子有机物，但不透过血清蛋白，透水性好[4]；壳聚糖膜还是人造皮肤的优良材料，能够迅速地透过氧气和水蒸气；壳聚糖成膜后具有良好的生物相容性和通透性，在缓释药物和定向运送药物方面具有重要的开发和研究价值，常用作药物缓释的载体[5]。

　　在冶金工业中，壳聚糖膜常常作为分离滤膜使用，如超滤膜、反渗透膜和气体分离膜等[6]。壳聚糖可直接成膜用于醇水分离[7]，效果良好。但在低醇含量的水溶液中，壳聚糖膜溶胀度大，膜尺寸稳定性差[8]。壳聚糖可与交联剂作用制成离子交换树脂，该树脂可吸附金属离子，从而可用于工业废水的处理及有价金属的提取等。

　　本节将从壳聚糖交联膜的制备开始，对膜的结构性能进行表征和分析，用半经验 AM1 和从头算 STO-3G 计算方法分别优化了阳离子膜和阴离子膜的结构，讨论了两种膜的几何构型、能量键序和电子迁移，最后重点研究了壳聚糖交联膜在冶金工业中离子分离方面的应用。

6.1 膜 的 制 备

通过将虾蟹壳进行酸化脱钙、碱化多蛋白、脱色制备甲壳素，脱乙酰化制备壳聚糖，最后采用交联剂制备壳聚糖交联膜。

甲壳素的制备过程如下：室温下，2mol/L HCl 浸泡虾、蟹外壳 5h，水洗、干燥、粉碎。室温下，2mol/L HCl 浸泡 48h 充分脱除 $CaCO_3$，水洗。100℃下，1mol/L NaOH 处理 12h，脱除蛋白质得粗甲壳素。$KMnO_4$ 溶液脱色，草酸溶液还原过量 $KMnO_4$，得白色甲壳素。

壳聚糖的制备过程如下：用 100mL 50% NaOH 处理 2g 甲壳素，在 N_2 保护条件下加热一定时间脱乙酰基。过滤，滤渣水洗至中性。用稀乙酸溶出壳聚糖，加入过量丙酮，析出壳聚糖乙酸盐，碱洗、干燥得壳聚糖。

壳聚糖戊二醛交联膜的制备过程如下：定量壳聚糖溶于稀乙酸中，无纺布上流延，干燥制得乙酸壳聚糖膜。活性膜加碱中和，水洗至中性，干燥得壳聚糖膜。定量壳聚糖溶于稀乙酸，加入戊二醛，加热，无纺布上流延，中和、水洗、干燥得壳聚糖戊二醛交联膜。

6.1.1 壳聚糖转化率优化

甲壳素脱乙酰度直接反映出壳聚糖转化率，而壳聚糖转化率可由碱处理甲壳素后滤渣的稀乙酸中溶解量来考查。因此，温度、时间、反应气氛对甲壳素脱乙酰度的影响对高产量壳聚糖的获得尤为重要。

1. 温度的影响

温度对脱乙酰基影响显著，实验结果见表 6-1。由表 6-1 可见，升高温度，有利于甲壳素的脱乙酰反应。温度达到 110℃时，得高产率壳聚糖。

表 6-1　温度对甲壳素脱乙酰度的影响

温度/℃	50	70	80	110
稀乙酸溶解量	无	极少	少	多
脱乙酰度	无	极低	低	高

2. 时间的影响

实验中发现，反应时间低于 2h，壳聚糖产率不高，但时间过长会造成甲壳素的降解，实验结果表明，脱乙酰反应时间以 3h 为宜。

3. 反应气氛的影响

110℃反应 3h，N_2 保护条件下所得产物大量溶于稀乙酸，而无 N_2 保护时只有少量可溶，说明 N_2 保护是甲壳素脱乙酰基的必要条件。

综上所述，在 N_2 保护下，110℃时以浓碱溶液处理甲壳素 3h 可得高产率壳聚糖。

6.1.2 制膜条件优化

从研究过程中发现，影响成膜的主要因素有壳聚糖与戊二醛的配比、加热时间及温度、干燥温度。

1. 壳聚糖与戊二醛的配比

在 50mL 烧杯中加入 1g 壳聚糖、10mL 稀乙酸和定量戊二醛，加热至 80℃，保温 1h，然后在无纺布上流延，稀碱中和，水洗，红外灯下烤干，观察壳聚糖成膜情况。结果见表 6-2。

表 6-2　壳聚糖与戊二醛的配比影响成膜情况

戊二醛质量/g	0.2	0.5	0.8	1.0	1.2
成膜情况	不成膜	不成膜	少量成膜	成膜	成膜

2. 加热时间

实验条件同上。流延前加热时间不同，观察壳聚糖成膜情况。结果列于表 6-3。

表 6-3　加热时间对成膜的影响

时间/min	20	40	60	80
成膜情况	不成膜	不成膜	成膜	成膜

3. 加热温度

实验条件同上。流延前加热温度不同，观察壳聚糖成膜情况。结果列于表 6-4。

表 6-4　加热温度对成膜的影响

温度/℃	20	40	60	80
成膜情况	不成膜	不成膜	少量成膜	成膜

4. 干燥温度和方式

实验条件同上。采用不同干燥方式，观察壳聚糖成膜情况。结果列于表 6-5。

表 6-5　干燥方式对成膜的影响

干燥方式	自然晾干	红外灯下烤干（80℃）	红外灯下烤干（120℃）
成膜情况	成膜	成膜	膜裂

由上述实验结果看出，制膜的最好条件是：壳聚糖与戊二醛的配比（质量比）为 1，加热时间 1h，加热温度不低于 80℃，自然晾干或 80℃红外灯下烤干，为了加快成膜时间，采用红外灯下烤干为宜，但要严格控制温度。

6.2　膜的结构及性能

壳聚糖具有很好的成膜特性，但是普通的壳聚糖交联膜选择性较差，不能有效实现离子的分离。壳聚糖是甲壳素的 N-脱乙酰产物，是唯一的碱性天然多糖。它的氨基极易形成铵离子，有阴离子交换作用，对过渡金属有良好的螯合作用。用金属离子把壳聚糖分子中的氨基保护起来，使氨基不参加交联，再用稀酸溶液将金属离子洗下，壳聚糖分子中的氨基能结合溶液中的 H^+，形成带正电荷的碱性活性基团，这种带正电荷的碱性活性基团的膜为阴离子膜。

这种阴离子膜的制备过程如下：取一定量的 1%壳聚糖乙酸溶液，加入一定量金属离子的盐溶液，搅拌后静置 30min。将络合金属离子的壳聚糖乙酸溶液倒入一定量的 25%戊二醛溶液中，立刻用玻璃棒搅拌均匀并倾于无纺布上，浸润后平铺于玻璃板上。红外干燥后，用 0.1mol/L HCl 溶液浸泡膜 15min 将金属离子洗下；水洗，氢氧化钠溶液洗至中性，再红外干燥即可。

通过红外光谱和扫描电镜对壳聚糖交联膜的结构进行了表征，并考察壳聚糖交联阴离子膜的性能，如膜的溶胀度、厚度、含水率、离子交换容量、孔径、水电渗透量、面电阻和实际迁移数等。

6.2.1　壳聚糖交联膜的结构

壳聚糖分子结构中含有两个羟基和一个游离氨基，是一种天然阳离子活性聚合物。它能通过分子中的氨基和羟基与许多金属离子形成稳定的螯合物。

在壳聚糖交联膜的制备过程中，首先在壳聚糖乙酸溶液中加入一种金属离子进行螯合把氨基保护起来，使之不参加交联。然后加入戊二醛交联剂，戊二醛分子中的醛基同壳聚糖分子中的羟基进行羟醛缩合，形成缩醛。

图 6-1 为壳聚糖膜和交联壳聚糖膜的红外光谱图，检测结果显示：在 $3300\sim3400cm^{-1}$ 处有 N—H 伸缩振动吸收峰，在 $3200\sim3600cm^{-1}$ 处有 O—H 伸缩振动吸收峰，在 $1050\sim1200cm^{-1}$ 处有 C—O 伸缩振动吸收峰，$1100\sim1140cm^{-1}$ 处有 C—O—C 伸缩振动吸收峰。对于壳聚糖交联膜来说，在 $3200\sim3500cm^{-1}$ 处仍有 N—H 伸缩振动吸收峰，在 $800\sim1140cm^{-1}$ 处有强而宽的 C—O—C 伸缩振动吸收峰，这是由于有新的 C—O—C 键形成的缘故。从壳聚糖交联膜红外光谱可以看出，金属离子把氨基有效地保护起来，戊二醛与壳聚糖分子通过羟醛缩合进行交联。尽管用金属离子保护了壳聚糖上的络合基团，戊二醛对壳聚糖的交联反应并不受影响。这主要是由壳聚糖的一级结构决定的。在每个壳聚糖残基上除了有一个氨基外，还有两个羟基，它们均可能参加反应，从而保证了交联反应能充分进行。中国科学院环境化学研究所的吴莘等[9]在交联氨基葡聚糖树脂性能的评价实验中已证实了这一点，他们还用 Hg^+ 测定螯合贯流曲线，说明用金属离子络合后再交联的方法有效地保护了壳聚糖上的络合基团。

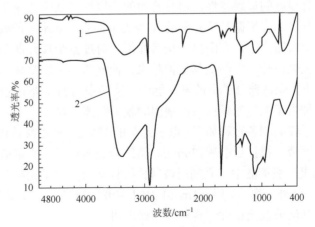

图 6-1　壳聚糖膜和交联壳聚糖膜的红外光谱图

1. 交联壳聚糖膜；2. 壳聚糖膜

图 6-2（a）是用金属离子保护络合基团的壳聚糖交联膜扫描电镜照片，图中白色圆点代表金属离子。图 6-2（b）是用稀酸洗去金属离子后的壳聚糖交联膜扫描电镜照片。通过对比图 6-2（a）和（b）可以看出，用稀酸确实完全洗下了被壳聚糖螯合的金属离子。

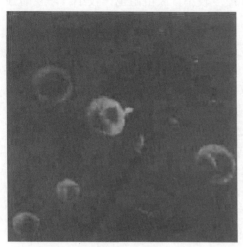

(a) 螯合金属离子   (b) 脱去金属离子

图 6-2 酸洗脱去金属离子前后壳聚糖交联膜的扫描电镜照片

6.2.2 壳聚糖交联膜的性能

1. 膜的溶胀度

溶胀度是指离子交换膜在规定溶液中浸泡后，它的面积或体积变化的百分数。即

$$溶胀度 = \frac{湿态膜面积 - 干态膜面积}{干态膜面积} \times 100\% \qquad (6-1)$$

裁取 5cm×5cm 壳聚糖干膜充分溶胀后测其溶胀度为

$$溶胀度 = \frac{25.5cm^2 - 25.0cm^2}{25.0cm^2} \times 100\% = 2.0\% \qquad (6-2)$$

壳聚糖交联膜的溶胀度比较小，所以膜在已固定的隔板框中的变形性比较小。

2. 膜的厚度

膜在水中充分溶胀达平衡后，用滤纸拭去膜表面附着的水分，立即用千分卡尺取任意三点测其厚度，求其平均值。

壳聚糖交联膜厚度为 52μm，无纺布厚度为 40μm，膜的活性层（壳聚糖）厚度为 12μm。

由南京化工学院的曾宪放等研制的壳聚糖渗透蒸发膜活性层厚度为 15μm[9]，由黄培等研制的壳聚糖/聚丙烯腈复合膜活性层厚度为 10μm[10]，本节研制的壳聚糖交联膜活性层厚度与以上两种膜相近，厚度较小，膜电阻也比较小。厚膜的强度较好，但膜电阻也相应变大，使电渗析的耗电量提高。

3. 膜的含水率

含水率是指每克干膜中的含水百分数。取 3～4g 样品离子膜，用普通水浸渍过夜使之达平衡。取出膜用滤纸轻轻吸去膜面附着的水分，立即剪裁成 $1cm^2$ 左右的膜片，置于称量瓶中，准确称取样品 1.5g 置于恒重的称量瓶中，放入真空干燥箱中，在 80℃下干燥至恒重，计算干燥前后的质量变化。

$$含水率 = \frac{失水质量}{样品质量} \times 100\% \tag{6-3}$$

壳聚糖交联膜含水率为 20%。聚砜季铵阴膜含水率为 35%～40%，脂肪族阴离子交换膜含水率为 30%，含水率高的膜比较柔软，但机械强度较差，本节研制的壳聚糖交联膜含水率比较低，机械强度比较好。

4. 膜的离子交换容量

离子交换容量是指每克干膜或湿膜与外界溶液中的相应离子进行等量交换的物质的量数值。拭去膜上附着的水分，称取一定质量的膜置于 250mL 干燥的带磨口塞的三角烧瓶中，用吸管加入标定过的浓度为 0.105mol/L 的 HCl 溶液 18.5mL，间断振摆，放置过夜。在另一个三角烧瓶中加入 19.5mL 标定过的浓度为 0.0976mol/L 的 NaOH 溶液，滴入两滴酚酞，用浸泡过膜的 HCl 溶液滴定 NaOH 溶液，至溶液由红色变为无色。

$$
\begin{aligned}
离子交换容量 &= \frac{HCl的毫升数 \times HCl的浓度 - NaOH的毫升数 \times NaOH的浓度}{样品质量 \times (1 - 含水率)} \\
&= \frac{18.5mL \times 0.105mol/L - 19.5mL \times 0.0876mol/L}{0.2405g \times (1 - 20\%)} \\
&= 0.20mmol/g
\end{aligned}
\tag{6-4}
$$

酚醛缩聚型弱碱阴膜离子交换容量为 0.982mmol/g，低于以上两种膜的数值。脂肪族阴离子交换膜[10]离子交换容量为 2.2mmol/g，离子交换容量大的膜，导电性能较好，但是由于活性基团的亲水性，膜的含水率也相应提高，膜的孔径变大，结果电解质溶液进入膜内，降低了膜的选择性。本节研制的壳聚糖交联膜离子交换容量数值比较低，膜的选择性比较好。

5. 膜孔径

孔径是指膜中微孔的直径，常以 μm 为单位。膜的最大孔径：

$$d = \frac{k\sigma\cos\theta}{p} \tag{6-5}$$

式中，d 为最大孔径，cm；k 为膜形修正系数；σ 为表面张力，N/cm；θ 为液固体接触角；p 为压力，N/cm^2 或 Pa。可简化为

$$d = \frac{4\sigma \times 10^{-2}}{p}(\mu m) \tag{6-6}$$

在 25℃时，水-空气的表面张力 σ 为 71.97N/cm。壳聚糖交联膜孔径：

$$d = \frac{4\sigma \times 10^{-2}}{p} = \frac{4 \times 71.97 \times 10^{-2}}{400} = 0.007197 \; (\mu m) \tag{6-7}$$

膜中具有适当大小的微孔，对提高膜的电导有利。本节研制的壳聚糖交联膜孔径比较小，这有利于把直径比较大的微粒和直径比较小的微粒分开。

6. 水在膜中的电渗透

在电渗析过程中，水分子伴随着离子通过离子交换膜的电迁移，称为水的电渗透。

通过直流电时，在膜的两侧发生离子及水分子的移动，在对离子移动方向上的水的移动用式（6-8）表达：

$$W = \bar{t}_w \, It / 96500 \tag{6-8}$$

式中，W 为通过膜的水的流量，$mol/(cm^2 \cdot s)$；I 为电流密度，A/cm^2；$\bar{t}_w$ 为通过膜的水的电渗透系数，mol/F；t 为通电时间，s。

在两极室中分别装入 300mg/L Na_2SnO_3 溶液 300mL，阳极溶液质量为 309g，通电 1h 后阳极溶液质量为 324g，阳极溶液增重为 15g，电流密度 I=0.00306A/cm²，膜面积为 4.9cm²。

$$W = \frac{15g/(18g/mol)}{4.9cm^2}/3600s = 0.00004722 mol/(cm^2 \cdot s) \tag{6-9}$$

$$\bar{t}_w = \frac{W \times 96500}{It} = \frac{0.00004722 \times 96500}{0.00306 \times 3600} = 7.445 mol/(F \cdot s) \tag{6-10}$$

膜的水电渗透量为 2~10mol/F，影响水的电渗透的因素有膜的含水率、膜外溶液浓度和膜外溶液中的电解质种类[11]。

7. 膜电导

膜电导是指膜外电解质溶液中的离子，可以凭借离子交换膜的解离离子传导

电流的一种行为。经常采用交流电进行测定。

壳聚糖交联膜的面电阻为 $1.7\Omega\cdot cm^2$（0.5mol/L NaCl）。酚醛缩聚型阴膜的面电阻为 $8\sim12\Omega\cdot cm^2$、$10\sim16\Omega\cdot cm^2$（0.05mol/L KCl），脂肪族阴离子交换膜的面电阻为 $21\Omega\cdot cm^2$（0.5mol/L NaCl），本节研制的壳聚糖交联膜的面电阻小于以上两种膜的面电阻。影响膜电导的因素有解离离子的类型、膜外溶液的浓度和温度。另外，膜的交换容量、含水率、交联度都会影响膜电导，膜电导随交换容量和含水率的提高而提高。

8. 膜的实际迁移数

实际迁移数是指在电渗析过程中，每通过 1 个法拉第所移动的离子当量数。

配制一定浓度的 NaCl 溶液，分别注入电解槽的两个室使膜达平衡后，将阳极室的溶液取出，用滤纸拭去阳极室膜面、电极表面及室内残液，向阳极室注入与阴极浓度相同的 NaCl 溶液，搅拌，通直流电，电流密度为 $1\sim3A/dm^2$，按照规定时间停止通电和搅拌，取出阴极液分析 Cl⁻含量，求出 Cl⁻的减少量 Δm，代入

$$\bar{t} = \Delta m \frac{F}{Q} \tag{6-11}$$

式中，F 为法拉第常量；Q 为通电量。

电渗析前阴极室 Cl⁻浓度为 0.0986mol/L，电渗析后阴极室 Cl⁻浓度为 0.09553mol/L，所以 Δm=0.09869−0.09553=0.00316(mol/L)，电流强度 I=0.10A，通电时间 t=1h，电量

$$Q = It = 0.10\times3600 = 360(C) \tag{6-12}$$

$$\bar{t} = \Delta m \frac{F}{Q} = 0.00316\times\frac{96500}{360} = 0.847 \tag{6-13}$$

综上所述，由采用金属离子预先保护氨基的方法制备的壳聚糖交联膜的溶胀度小，厚度较小，含水率低，交换容量低，相应的变形性小，膜电阻小，机械强度比较好。同时膜孔径小，膜的选择性好，对阴离子的选择透过性好，是用于元素分离理想的膜材料。

6.3　量子化学计算

量子化学是理论化学的一个分支学科，是应用量子力学的基本原理和方法研究化学问题的一门学科。近十几年来，由于电子计算机的飞速发展和普及，量子化学计算变得更迅速、更方便，已在化学、固体物理、生物和材料科学中得到广泛应用[4]。

量子化学的研究范围主要包括稳定和不稳定分子的结构、性能，及其结构与

性能之间的关系；分子与分子之间的相互作用；分子与分子之间的相互碰撞和相互反应等问题。生物大分子体系的量子化学计算一直是一个具有挑战性的研究领域，尤其是生物大分子体系的理论研究具有重要意义[5]。由于量子化学可以在分子、电子水平上对体系进行精细的理论研究，是其他理论研究方法难以替代的。壳聚糖属于生物大分子化合物，以往研究学者都是通过实验设计和一些检测手段的结合来分析壳聚糖及其衍生物的结构。

本节将采用量子化学中的半经验 AM1 计算方法分别优化阳离子膜和阴离子膜的结构，再用从头算 STO-3G 做优化计算，讨论两种膜的几何构型、能量键序和电子迁移。

6.3.1 计算方法

采用 Gaussian92 程序，用 AM1 半经验量子化学计算方法优化氢饱和的壳聚糖-戊二醛膜分子单体（$C_{17}O_{10}N_2H_{30}$）的分子结构。计算时先设置好各原子的坐标，用变量表示出键长、键角和二面角三个坐标参数。在优化结果的基础上，用量子化学从头算 STO-3G 法进行优化。

6.3.2 计算模型

1. 阳离子膜的计算模型

壳聚糖的单体成为椅式构象[图 6-3（a）]。在量子化学计算中为了便于结构坐标的运用，可以处理成另一种形式[图 6-3（b）]，即取原构象中三个相间隔的原子组成一个平面。在一个平面上取一点（一般选在三点中央）作垂直于另一个平面的一点，然后分别与这个平面上原来的三个原子相连。

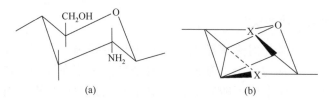

$$(a) \qquad (b)$$

图 6-3　壳聚糖单体的变形

在环的取代基中有 a 和 e 两种键，a 键表示垂直于两个平面的键，称为直立键；e 表示平行于两个环的键，称为平伏键。二者可以在振动翻转时互换，a 键的斥力大一些。用五个碳原子将两个氨基连接起来，两端以氢饱和，得到壳聚糖与戊二醛经氨醛缩合而交联形成阳离子膜的单元结构（图 6-4）。

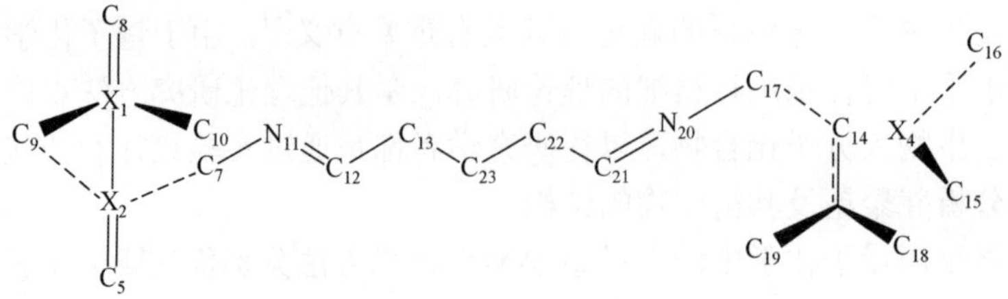

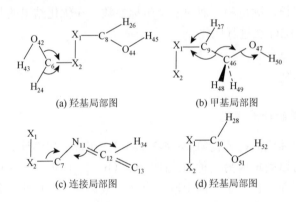

图 6-4　壳聚糖阳离子膜的空间结构

图 6-4 中的 X_1、X_2、X_3 和 X_4 为四个虚原子，连接的键也是虚键。取四个虚原子的中心参照原子，使环内其他原子的坐标得到简化。将侧链的重要部分作旋转剖视，得到图 6-5。图 6-5 是图 6-4 的左半部的侧链图（其右半部与之对称）。各原子的标号即为坐标输入序号。

图 6-5　壳聚糖膜的局部图

2. 阴离子膜的计算模型

制备阴离子膜是先对壳聚糖上的氨基进行金属离子保护，反应为羟醛缩合，缩合时两个羟基与一个醛基反应，两个氧原子连在同一个碳原子上，从而又形成一个环。这个环不能以 e 键与原来的壳聚糖环相连，而只能以 a 键相连，所以两个环构成垂直关系，也构成接近于椅式的结构（图 6-6）。图中原子 C_3、C_{21}、O_{22} 三个原子基本在一个平面且与 C_9、C_{10}、O_{23}、C_{24} 组成的平面大致平行；另一端与之对称的 C_{15}、C_{14}、O_{26} 及 C_{18}、C_{19}、O_{27}、C_{28} 也同样存在上述关系。壳聚糖单体的六元环结构仍采用前面讨论过的椅式构型，键长和键角值也借用初值。氨基采用金属离子保护，待反应完成后再解除，其余的主键部分的取代基基本不变。

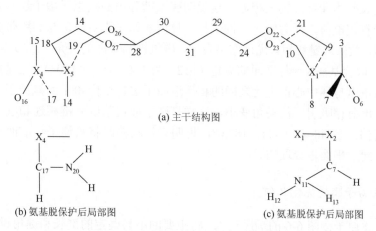

(a) 主干结构图

(b) 氨基脱保护后局部图

(c) 氨基脱保护后局部图

图 6-6　壳聚糖阴离子膜的空间结构图

6.3.3　优化几何

1. 阳离子膜的优化几何

将原子按图 6-5 的顺序输入，主要键长和键角设为变量，经 AM1 优化，结果见表 6-6。

表 6-6　阳离子膜的优化值

变量（键长）	优化值/10^{-1}nm	变量（夹角）	优化值/(°)	变量（二面角）	优化值/(°)
$r(C_5\text{—}C_{10})$	1.565	$\angle 1$	101.091	$\angle(6\text{-}2\text{-}1\text{-}5)$	123.2594
$r(C_5\text{—}C_9)$	1.548	$\angle 2$	150.202	$\angle(7\text{-}2\text{-}1\text{-}5)$	241.0709
$r(C_7\text{—}C_8)$	1.551	$\angle 3$	116.5021	$\angle(9\text{-}1\text{-}2\text{-}5)$	−64.3553
$r(C_7\text{—}C_{10})$	1.571	$\angle 4$	123.7889	$\angle(10\text{-}1\text{-}2\text{-}5)$	60.0286
$r(C_5\text{—}O_{42})$	1.418	$\angle 5$	124.3391	$\angle(12\text{-}11\text{-}7\text{-}2)$	−4.8696
$r(C_{10}\text{—}O_{51})$	1.395	$\angle 6$	145.9035	$\angle(13\text{-}12\text{-}11\text{-}7)$	182.6545
$r(C_{46}\text{—}O_{47})$	1.395	$\angle 7$	107.2315	$\angle(23\text{-}13\text{-}12\text{-}11)$	181.7333
$r(O_6\text{—}C_9)$	1.425	$\angle 8$	148.6528	$\angle(48\text{-}46\text{-}9\text{-}47)$	110.4857
$r(O_6\text{—}C_8)$	1.412	$\angle 9$	132.9924		182.2177
$r(C_7\text{—}N_{11})$	1.472	$\angle 10$	108.1582		
$r(C_{12}\text{=}N_{11})$	1.286	$\angle 11$	117.3075		
$r(O_{42}\text{—}H_{43})$	0.964				

由表 6-6 可见，环内各碳原子间的键长比标准键长要长一些，而取代基和直链上的键长基本和标准键长相近。这说明壳聚糖环内的碳原子由于连有羟基和氮原子，带有正电荷，斥力较大，键变长。环内氧原子带负电，与碳所带的正电荷相互吸引，故碳氧键稍短。优化结果表明，碳氢键与平面的夹角（∠1）为 105.42°（>90°）；取代基—N≡与平面的夹角（∠2）为 150.20°（∠180°）。这显然是由于氢原子带正电与环中心正电荷之间的相斥造成了∠1 大于 90°；而氮原子带负电则与中心正电荷相吸引，使夹角变小，这样打破了取代基以 e 键相连和氢以 a 键相连的原结构。∠(48-46-9-47)、182.0°，说明设计结构时将氧原子与前面相连的几个原子在同一平面是合理的。

2. 阴离子膜的优化几何

将上述原子按图 6-6 的顺序输入，将主要的不易确定的键长和键角设为变量，用 AM1 法优化，结果见表 6-7。

表 6-7　阴离子的优化值

变量（键长）	优化值/10^{-1}nm	变量（夹角）	优化值/(°)	变量（二面角）	优化值/(°)
$r(C_3—C_9)$	1.573	$\angle(N_{11}—C_7—X_2)$	139.0493	$\angle(O_6—X_2—X_1—C_3)$	124.3085
$r(C_7—C_{10})$	1.543	$\angle(O_{42}—C_3—X_2)$	135.6683	$\angle(C_9—X_1—X_2—C_3)$	239.3875
$r(C_7—C_8)$	1.558	$\angle(H_{32}—C_3—X_2)$	122.9362	$\angle(C_9—X_1—X_2—C_3)$	−64.3115
$r(C_9—C_{21})$	1.539	$\angle(H_{12}—N_{11}—C_7)$	108.4119	$\angle(C_{10}—X_1—X_2—C_3)$	60.6026
$r(C_7—N_{11})$	1.520	$\angle(C_{21}—C_9—C_{10})$	104.1169	$\angle(H_{12}—N_{11}—C_7—X_2)$	121.5067
$r(C_3—O_{42})$	1.492	$\angle(O_{22}—C_{10}—C_9)$	102.2512	$\angle(C_{21}—C_9—C_{10}—C_3)$	98.0544
$r(C_{10}—O_{22})$	1.445	$\angle(O_{23}—C_{21}—O_{22})$	43.5784	$\angle(O_{22}—C_{10}—C_9—C_3)$	−96.1025
$r(C_9—O_6)$	1.462	$\angle(C_{24}—O_{22}—C_{21})$	43.8107	$\angle(O_{23}—C_{21}—O_{22}—C_{10})$	234.1513
$r(C_{21}—O_{23})$	1.441	$\angle(C_{29}—C_{24}—O_{22})$	118.8868	$\angle(C_{24}—C_{21}—O_{22}—C_9)$	−185.8676
$r(C_{24}—O_{23})$	1.391	$\angle(C_{31}—C_{29}—C_{30})$	31.2971	$\angle(C_{29}—C_{24}—O_{22}—C_{10})$	212.1152
$r(O_{42}—H_{43})$	1.462			$\angle(C_{31}—C_{29}—C_{30}—C_{28})$	62.8789
$r(C_{30}—C_{31})$	0.963				

显然，新缩合而成的环上的碳氧键比标准键长要长，而原壳聚糖六元环上的碳碳键变短。其原因是新环上氧原子较原环多，吸电子的倾向增大，于是新环上的电子云密度增加而相互之间吸引力减弱，于是环增大，键长也增加。而原环上的碳原子和氧原子为保持其共价键电子云重叠只好缩短距离。

6.3.4 能量与轨道

表 6-8 和表 6-9 是阳离子膜和阴离子膜的能量值。

表 6-8 阳离子膜的能量值

计算变量	不同计算方法得到的能量值/（kJ/mol）	
	AM1	STO-SG
E_T	−1879.9253	−1644.4547
HOMO	−0.3883	−0.3037
LUMO	0	0
ΔE_g	0.3883	0.3037

表 6-9 阴离子膜的能量值

计算变量	不同计算方法得到的能量值/（kJ/mol）	
	AM1	STO-SG
E_T	−787.640	−1498.830
HOMO	−0.2527	−0.08636
LUMO	0	0
ΔE_g	0.2527	0.08636

阳离子膜的计算结果显示，能量值因不同算法而结果相差较大，这是由于羧基的存在引起了次外层电子的变化。如果设 $n_{外}$ 和 $n_{从}$ 分别代表电子总数的两种计算结果，则有：$n_{外}$=最外层电子=17C+10O+2N+30H=17×4+10×6+2×5+30×1=168。考虑到每个轨道有两个自旋方向相反的电子，那么轨道数为 84，其前线轨道是 84 个，最低空轨道（LUMO）是第 85 条。

而 $n_{从}$=最外层电子+次外层电子=17（C+2）+10（O+2）+2（N+2）+30×1=17×6+10×8+2×7+30×1=226，

于是轨道数为 113，前线轨道为 113 个，最低空轨道为 114 号轨道。

表 6-9 为阴离子膜的能量值。由 STO-3G 法计算的 E_T 值（生成焓）为 −1498.83kJ/mol，而阳离子膜的 E_T 值为−1644.45kJ/mol。显然，在一般条件下，生成阳离子膜的概率要大得多。如果在交联之前加入金属离子保护氨基，则羟醛缩合几乎不能进行。

6.3.5　前线轨道组成

在表 6-10 中，各原子参与前线轨道的电子云分量即为电子进入 HOMO 轨道的概率，也就是该原子上的电子发生迁移的可能性。环内氧原子没有参与反应。

表 6-10　阳离子膜前线轨道组成

特征数值			HOMO	特征数值			HOMO	特征数值			HOMO
3	C	$2p_y$	−0.22066			$2p_x$	0.11354	33	H	1s	−0.14209
		$2p_z$	0.112162	15	C	$2p_y$	−0.13491	38	O	$2p_x$	−0.13619
6	C		0.13195	16	N	2s	−0.17316	40	O	$2p_x$	−0.10729
7	N	2s	0.17588			$2p_y$	−0.24136	46	O	$2p_x$	0.10153
		$2p_y$	0.19749			$2p_z$	−0.26904			$2p_y$	−0.21439
		$2p_z$	−0.27309	17	C	$2p_y$	−0.15477	48	O	$2p_x$	−0.13730
8	C	$2p_y$	0.15135			$2p_z$	0.11629	50	O	$2p_x$	−0.11004
		$2p_x$	0.11852	18	C	$2p_x$	−0.13513	56	O	$2p_x$	0.10257
9	C	$2p_x$	−0.13458	19	C	$2p_x$	0.13340			$2p_x$	0.21736
13	C	$2p_y$	0.22282	30	H	1s	0.14451				

表 6-11 为阴离子交换膜的前线轨道组成。与图 6-6 相比，阴离子膜的前线轨道组成较简单，参与反应的原子较少。氮原子未参与前线轨道，使其有较好的阴离子交换机能。

表 6-11　阴离子交换膜的前线轨道组成

特征数值			HOMO	特征数值			HOMO	特征数值			HOMO
15	C	$2p_x$	−0.17800			$2p_y$	0.25809	26	C	2s	−0.17203
		2s	0.11791			$2p_z$	0.33962			$2p_x$	−0.27185
		$2p_z$	0.11063	23	O	$2p_y$	0.21380			$2p_y$	0.15041
21	C	$2p_z$	−0.11963	24	C	2s	0.49618	55	H	1s	0.18488
22	O	2s	−0.21856			$2p_z$	−0.64701				

6.3.6　键序

键序是用来表征原子间共价键成分的，它标志了电子云的重叠程度。表 6-12

和表 6-13 分别为阳离子膜和阴离子膜的键序，分别采用 AM1 半经验法和从头算 STO-3G 法计算。

表 6-12 阳离子膜的键序

相连原子	AM1 键序	STO-3G 键序	相连原子	AM1	STO-3G 键序	相连原子	AM1 键序	STO-3G 键序
C_1C_5	0.307707	0.344710	C_{52}	0.297152	0.348333	O_{50}	0.239630	0.267850
C_6	0.305120	0.342738	$C_{15}H_{20}$	0.361816	0.382251	$C_{11}C_{14}$	0.307708	0.344711
H_{20}	0.364895	0.383643	O_{56}	0.245431	0.367538	C_{15}	0.305118	0.342737
O_{38}	0.237704	0.263486	$N_{16}C_{18}$	0.387235	0.321452	H_{25}	0.364575	0.383642
O_2C_4	0.225712	0.262102	$C_{17}C_{18}$	0.329072	0.371306	O_{48}	0.237704	0.263484
C_5	0.230356	0.260708	H_{33}	0.357563	0.382650	$C_{19}H_{36}$	0.372823	0.388208
C_3C_4	0.302324	0.342525	$H_{18}C_{19}$	0.329689	0.357548	H_{37}	0.372491	0.387872
C_6	0.302891	0.338879	H_{34}	0.370153	0.385707	$O_{38}H_{39}$	0.214243	0.260622
H_{21}	0.358907	0.383357	H_{35}	0.371604	0.386111	$O_{40}H_{41}$	0.214130	0.260507
N_7	0.249802	0.310156	C_6C_{46}	0.245437	0.367541	$C_{42}O_{43}$	0.241013	0.283317
C_4H_{22}	0.358334	0.372457	N_7C_8	0.387251	0.521525	O_{44}	0.353398	0.425216
O_{40}	0.239627	0.267850	C_8C_9	0.328872	0.371048	$O_{43}H_{45}$	0.315441	0.266637
C_5H_{20}	0.361417	0.374112	H_{30}	0.357458	0.382569	$O_{46}H_{47}$	0.212578	0.257599
C_{42}	0.297551	0.348333	C_9C_{19}	0.330338	0.358417	$O_{48}H_{49}$	0.214243	0.260621
C_6H_{20}	0.361816	0.381149	H_{31}	0.370108	0.385330	$O_{50}H_{51}$	0.214132	0.260510
$O_{12}C_{14}$	0.230356	0.260707	H_{32}	0.371968	0.386336	$C_{52}O_{53}$	0.241073	0.283317
$C_{13}C_{15}$	0.302890	0.338875	$C_{10}O_{12}$	0.225713	0.262103	O_{54}	0.353398	0.425216
N_{16}	0.249803	0.310132	C_{13}	0.302328	0.342514	$O_{53}H_{55}$	0.215441	0.266637
H_{26}	0.358908	0.383353	H_{27}	0.335838	0.372458	$O_{56}H_{57}$	0.212577	0.257596
$C_{14}H_{28}$	0.361417	0.374112						

表 6-13 阴离子膜的键序

相连原子	AM1 键序	STO-3G 键序	相连原子	AM1 键序	STO-3G 键序	相连原子	AM1 键序	STO-3G 键序
C_1C_5	0.299945	0.333716	H_{29}	0.362054	0.388062	$N_{16}H_{58}$	0.268284	0.334005
C_6	0.301420	0.337063	C_4H_{30}	0.360056	0.376075	H_{59}	0.267262	0.335556
H_{28}	0.370400	0.387732	O_{40}	0.227068	0.256539	$C_{17}O_{19}$	0.221248	0.257298
O_{38}	0.227097	0.258344	C_5C_{17}	0.310984	0.353204	H_{46}	0.363687	0.378580
O_2C_4	0.231291	0.270432	H_{31}	0.359969	0.378498	H_{47}	0.363907	0.378580
C_5	0.222421	0.257372	C_6O_{18}	0.225323	0.260603	$O_{18}C_{20}$	0.211584	0.263948
C_3C_4	0.309421	0.349122	H_{52}	0.360918	0.378479	$O_{19}C_{20}$	0.279274	0.263259
C_6	0.309265	0.341730	$C_{15}O_{22}$	0.197339	0.250292	$C_{20}C_{25}$	0.311338	0.352322
N_7	0.268066	0.314026	H_{37}	0.357445	0.375706	H_{48}	0.359055	0.380434

相连原子	AM1 键序	STO-3G 键序	相连原子	AM1 键序	STO-3G 键序	相连原子	AM1 键序	STO-3G 键序
$C_{21}O_{23}$	0.286557	0.250824	H_{33}	0.371177	0.388748	H_{52}	0.369478	0.383584
H_{49}	0.363860	0.380989	O_{42}	0.226883	0.255122	$O_{26}C_{27}$	0.330963	0.360493
H_{50}	0.363477	0.377971	$O_{12}C_{14}$	0.221516	0.256891	H_{54}	0.369478	0.380066
$C_{22}C_{24}$	0.093776	0.120054	$C_{13}C_{15}$	0.312734	0.345477	H_{56}	0.372447	0.385850
N_7H_8	0.269819	0.355022	N_{16}	0.267007	0.312229	H_{55}	0.357190	0.376776
H_9	0.265636	0.332966	H_{34}	0.362584	0.389401	$C_{27}H_{56}$	0.373365	0.388334
$C_{10}O_{12}$	0.232968	0.271685	$C_{14}C_{21}$	0.309835	0.352101	H_{57}	0.373365	0.385850
C_{13}	0.308534	0.348219	H_{36}	0.360321	0.378636	$O_{38}H_{39}$	0.210186	0.257624
H_{33}	0.360728	0.377004	$O_{22}H_{51}$	0.193769	0.257182	$O_{40}H_{41}$	0.214281	0.259109
O_{44}	0.227274	0.257013	$O_{23}H_{24}$	0.255731	0.269299	$O_{42}H_{43}$	0.205326	0.250148
$C_{11}C_{14}$	0.300943	0.334052	$O_{24}H_{26}$	0.256892	0.344573	$O_{44}H_{45}$	0.214509	0.260085
C_{15}	0.310066	0.342934	$C_{25}C_{27}$	0.338909	0.365859			

比较表 6-12 和表 6-13，可以发现阴离子膜原环内碳碳键的键序值略小于阳离子膜的值；而碳氧键的键序值略大于阳离子膜的值。以 C_1C_5、O_2C_4 为例，前者键序值分别为 0.3337 和 0.3870；而后者分别为 0.3481 和 0.2645，这与前面的分析完全一致。

6.3.7　总电子迁移

总电量指各原子带的电荷，一般电负性较大的 O、N，其吸引电子的能力较强，带负电，电负性小的氢原子带正电，碳原子则可带正电也可带负电。表 6-14 为阳离子膜的总电子迁移，表 6-15 为阴离子膜的总电子迁移。二者相比可以发现原子间吸引力的变化，这与前面讨论的几何构型、键序的结论基本一致。

表 6-14　阳离子膜的总电子迁移

序号	原子	AM1 法带电量	STO-3G 法带电量
1	C	−0.081212	0.060852
2	O	−0.282236	−0.249111
3	C	−0.183259	0.016357
4	C	0.146151	0.187005
5	C	0.031808	0.052760
6	N	−0.021623	0.068806
7	C	−0.251194	−0.267636

续表

序号	原子	AM1 法带电量	STO-3G 法带电量
8	C	−0.092660	0.061343
9	C	−0.0246277	−0.115282
10	C	0.146201	0.187017
11	C	−0.081209	0.060848
12	O	−0.282231	−0.249106
13	C	−0.183258	0.016331
14	C	0.031807	0.052760
15	C	−0.021694	0.068780
16	N	−0.251291	−0.267697
17	C	−0.092807	0.061268
18	C	−0.247686	−0.114766
19	C	−0.265950	−0.101259
20	H	0.209984	0.085647
21	H	0.187570	0.077216
22	H	0.153529	0.059984
23	H	0.185795	0.078498
24	H	0.215419	0.085450
25	H	0.209977	0.085638
26	H	0.187515	0.077159
27	H	0.153581	0.060000
28	H	0.185800	0.078449
29	H	0.215420	0.085433
30	H	0.173000	0.054801
31	H	0.162694	0.071965
32	H	0.156042	0.065606
33	H	0.173105	0.051918
34	H	0.156729	0.065430
35	H	0.156729	0.065430
36	H	0.145657	0.059694
37	H	0.145415	0.059424
38	O	−0.376783	−0.314261
39	H	0.256247	0.194846
40	O	−0.355045	−0.302440
41	H	0.254146	0.197024
42	C	0.327439	0.289658

序号	原子	AM1 法带电量	STO-3G 法带电量
43	O	−0.367294	−0.311752
44	O	−0.391126	−0.272993
45	H	0.293961	0.229527
46	O	−0.362888	0.306495
47	H	0.245570	0.193865
48	O	−0.376784	−0.314266
49	H	0.256745	0.194840
50	O	−0355049	−0.302442
51	H	0.254167	0.197039
52	C	0.327441	0.289659
53	O	−0.367291	−0.311751
54	O	−0.391130	−0.272996
55	H	0.293962	0.229526
56	O	−0.362912	−0.306513
57	H	0.245583	0.193850

表 6-15　阴离子膜的总电子迁移

序号	原子	AM1 法带电量	STO-3G 法带电量
1	C	−0.109610	0.046221
2	O	−0.307911	−0.270489
3	C	−0.153249	0.021354
4	C	0.161179	0.189163
5	C	−0.047460	0.056353
6	C	0.011041	0.051883
7	N	−0.423143	−0.377100
8	H	0.190462	0.144512
9	H	0.172122	0.135418
10	C	0.167280	0.194446
11	C	−0.093695	0.048738
12	O	−0.308854	−0.267481
13	C	−0.130430	0.027263
14	C	−0.035297	0.061837
15	C	−0.054223	0.065417
16	N	−0.431440	−0.376887

续表

序号	原子	AM1 法带电量	STO-3G 法带电量
17	C	−0.110371	−0.006834
18	O	−0.307475	−0.266723
19	O	−0.315719	−0.264536
20	C	0.150405	0.196070
21	C	−0.089828	−0.004450
22	O	−0.225573	−0.185949
23	O	−0.302825	−0.290993
24	C	−0.070549	−0.063463
25	C	−0.250471	−0.110681
26	C	−0.191311	−0.122495
27	C	−0.238939	−0.096610
28	H	0.141184	0.0487772
29	H	0.147168	0.061197
30	H	0.163629	0.066960
31	H	0.186409	0.074061
32	H	0.183063	0.076750
33	H	0.185873	0.053599
34	H	0.153357	0.0745337
35	H	0.164924	0.075248
36	H	0.181707	0.068727
37	H	0.170108	0.101870
38	O	−0.378023	−0.312606
39	H	0.233503	0.183858
40	O	−0.413324	−0.323886
41	H	0.242183	0.176812
42	O	−0.342944	−0.289123
43	H	0.209043	0.176402
44	O	−0.413854	−0.323616
45	H	0.244517	0.181477
46	H	0.177744	0.075908
47	H	0.160392	0.079462
48	H	0.153152	0.082501
49	H	0.166488	0.061885
50	H	0.166511	0.074870
51	H	0.385200	0.326159

续表

序号	原子	AM1 法带电量	STO-3G 法带电量
52	H	0.154564	0.062310
53	H	0.171422	0.073497
54	H	0.121845	0.019372
55	H	0.139961	0.036144
56	H	0.114703	0.037846
57	H	0.154234	0.072833
58	H	0.183105	0.142043
59	H	0.183097	0.150053

分析 AM1 法和 STO-3G 法的数值可以发现，以 STO-3G 计算所得到的氢原子与氮氧连接时的带电量大于与碳连接的带电量，这说明 STO-3G 法的计算更符合实际情况。

由以上计算结果可知：阳离子膜交联是通过壳聚糖上的氨基与交联剂戊二醛上的羰基以氨醛缩合的形式交联，壳聚糖上的 C—OH 被氧化为羧基，使其具有交换阳离子的功能。阴离子膜的形成是由于壳聚糖上的氨基先与加入的金属离子形成络合物，迫使壳聚糖上的羟基与戊二醛进行羟醛缩合而形成膜，再用弱酸洗去络合的金属离子后，便形成氨基作为交换基团的阴离子膜。

6.4　膜的分离与提取

膜分离技术是一门新兴的综合性边缘科学，是当今世界发展非常迅速的一门新兴技术。膜分离的最大优点是条件温和、选择性强。此外，膜介质可被加工成各种形状，因而对设备的适应性很强[1]。

离子交换膜的应用主要是电渗析法，它是利用离子交换膜的选择透过性，以电位差为推动力的一种膜分离过程，是专门用于处理溶液中的离子或带电粒子的。传统的渗析过程中，溶质是在两种液体化学位差的作用下发生扩散的，其速率很慢；而采用电位梯度可以使带电荷物质在介质中的迁移速率加快，实现加速分离的目的。溶液大部分盐类和矿物质是以阴离子或正电粒子、阴离子或负电粒子的形式存在，对溶液通直流电，正电粒子在电场作用下向阴极迁移，负电粒子则向阳极迁移，调节两极间的电位，迁移速率就会发生变化，在两极板之间加阳离子或阴离子交换膜，由于离子交换膜的选择性，溶液中就会有一种离子在迁移过程中被膜吸收，而另一种离子则穿过膜，并在膜的一侧聚集，从而达到浓缩某种离子或减少某种离子的目的。所以对电渗析用膜的要求是：膜电阻要小，离子选择透过性高，水的渗透性和电解质的扩散要小。

壳聚糖是甲壳素脱乙酰化产物，其分子中含有两个羟基和一个游离氨基，是一种天然阳离子聚合物，具有成膜特性。甲壳素是地球上最丰富的有机质之一，所以壳聚糖是来源丰富的天然高分子膜材料。壳聚糖能通过分子中的氨基和羟基与许多金属离子形成稳定的螯合物，可有效地吸附或捕集溶液中的有价金属离子[3]。另外，其分子结构中的两个羟基和一个游离氨基，可以经过化学修饰制成可用于离子分离和提取的膜产品。

6.4.1　对 Sc^{3+} 的电渗析作用

采用两种离子交换膜——壳聚糖交联膜 I 和壳聚糖交联膜 II 对 Sc^{3+} 的电渗析作用，考查了槽电压、溶液酸度和溶液浓度对电渗析的影响，同时对两种壳聚糖交联膜对 Sc^{3+} 的电渗析作用进行了比较。两种膜的制备过程如下：将壳聚糖溶解于稀乙酸溶液中，以戊二醛溶液为交联剂，以无纺布为膜支撑体，用流延法制膜，红外干燥后用氢氧化钠溶液洗至中性后水洗再红外干燥，可制得壳聚糖交联膜 I。若再用氧化剂处理，可使壳聚糖分子上的羟基变为羧基，得到壳聚糖交联膜 II。

电渗析过程如下：在原液室中放入含 Sc^{3+} 溶液，在扩散室中放入某种酸度的水溶液，在一定的槽电压下进行电渗析实验，用偶氮胂III吸光光度法[4]分析扩散室的[Sc^{3+}]。

1. 槽电压对电渗析的影响

首先用壳聚糖交联膜 I 对 Sc^{3+} 进行电渗析实验。在原液室中分别放入含 Sc^{3+} 浓度分别为 0.7244μg/mL、1.4488μg/mL、3.622μg/mL 的溶液，在扩散室中放入同等酸度的水溶液，给定不同的槽电压，分别通电半小时，用偶氮胂III吸光光度法分析扩散室的钪。实验结果如图 6-7 所示。

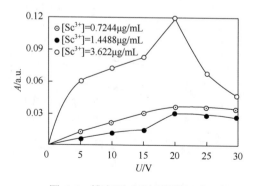

图 6-7　槽电压对电渗析的影响

由图 6-7 可见，当槽电压为 20V 时，电渗析效果最好，所以壳聚糖交联膜 I 对 Sc^{3+} 进行电渗析实验的最佳槽电压为 20V。用壳聚糖交联膜 II 对 Sc^{3+} 进行电渗析实验。在原液室中分别放入含 Sc^{3+} 浓度为 50mg/L、100mg/L、200mg/L 的溶液，在扩散室中放入同等酸度的水溶液，给定不同的槽电压，分别通电半小时，用偶氮胂III吸光光度法分析扩散室的钪，实验结果如图 6-8 所示。

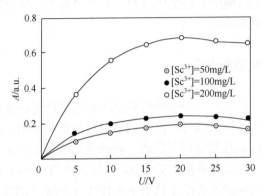

图 6-8　电压对电渗析的影响

由图 6-8 可见，当槽电压为 20V 时，电渗析效果最好，所以用壳聚糖交联膜 II 对 Sc^{3+} 进行电渗析实验的最佳槽电压为 20V。

2. 溶液酸度对电渗析的影响

在原液室中放入[Sc^{3+}]=100mg/L 的溶液，在扩散室中放入同等酸度的水溶液，在槽电压为 20V 的条件下，用壳聚糖交联膜 II 对 Sc^{3+} 进行电渗析实验。在实验过程中用酸度计调控酸度，使原液室和扩散室溶液保持同等酸度。再用壳聚糖交联膜 I 代替壳聚糖交联膜 II 做同样的实验，实验结果如图 6-9 所示。图中的渗析率是透过膜的 Sc^{3+} 浓度值与 Sc^{3+} 的原始浓度值之比。

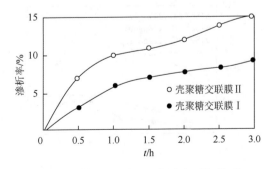

图 6-9　在同等酸度下渗析率与时间关系

　　由图 6-9 可见，在同等酸度条件下，壳聚糖交联膜Ⅱ对 Sc^{3+} 电渗析效果比壳聚糖交联膜Ⅰ好。对于壳聚糖交联膜Ⅰ，壳聚糖分子中含有两个羟基，是弱酸性基团，所以壳聚糖交联膜Ⅰ为弱阳离子交换膜，它对阳离子的选择透过性比较弱。对于壳聚糖交联膜Ⅱ，壳聚糖分子中的两个羟基被氧化成羧基，所以壳聚糖交联膜Ⅱ为强阳离子交换膜，对阳离子的选择透过性较强，因此对 Sc^{3+} 的电渗析效果比较好。

　　在原液室中放入 $[Sc^{3+}]$=100mg/L 的溶液，调其 pH=5.0，在扩散室中放入 pH=0 的盐酸水溶液，使 ΔpH=5，在槽电压为 20V 条件下，用壳聚糖交联膜Ⅱ对 Sc^{3+} 进行电渗析实验，在实验过程中用酸度计调控酸度使 ΔpH=5。再用壳聚糖交联膜Ⅰ代替壳聚糖交联膜Ⅱ进行同样的实验，实验结果如图 6-10 所示。

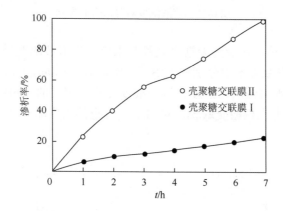

图 6-10　在 ΔpH=5 条件下渗析率与时间的关系

　　由图 6-10 可见，在 ΔpH=5 的条件下，壳聚糖交联膜Ⅱ对 Sc^{3+} 电渗析效果比壳聚糖交联膜Ⅰ效果好，若实验时间延长至 7h，Sc^{3+} 的渗析率可达 100%。由图 6-9 和图 6-10 的实验结果进行比较可以看出，原液室和扩散室溶液保持一定的酸度差有利于 Sc^{3+} 的电渗析，能够提高 Sc^{3+} 的渗析率。原液室溶液的 pH 越高，阳离子交换膜的活性基团越容易选择吸附阳离子，扩散室溶液的 pH 越低，被选择透过的阳离子越容易从膜体上解离。因此，保持一定的酸度差有利于 Sc^{3+} 的电渗析。

3. 溶液浓度对电渗析的影响

　　在原液室中分别放入 $[Sc^{3+}]$=100mg/L、$[Sc^{3+}]$=200mg/L 的溶液，在扩散室中放入水溶液，用酸度计调控酸度使两室溶液的 ΔpH=5，在槽电压为 20V 的条件下，用壳聚糖交联膜Ⅱ对 Sc^{3+}进行电渗析实验，实验结果如图 6-11 所示。

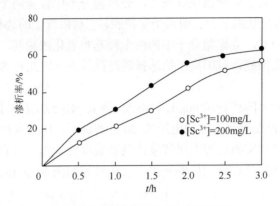

图 6-11　溶液浓度对电渗析的影响

由图 6-11 可见，对于壳聚糖交联膜Ⅱ来说，当溶液浓度增大时，对 Sc^{3+}的渗析效果好些。在原液室中分别放入[Sc^{3+}]=50mg/L、100mg/L、200mg/L 的溶液，在扩散室中放入水溶液，用酸度计调控酸度使两室溶液的 ΔpH=5，在槽电压为20V 的条件下，用壳聚糖交联膜Ⅰ对 Sc^{3+}进行电渗析实验，实验结果如图 6-12所示。

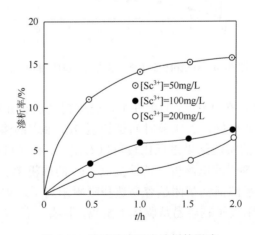

图 6-12　溶液浓度对电渗析的影响

由图 6-12 可见，对于壳聚糖交联膜Ⅰ来说，当溶液浓度增大时，对 Sc^{3+}的电渗析效果不如浓度低的溶液好。

以上实验结果表明，应用壳聚糖交联膜Ⅰ和壳聚糖交联膜Ⅱ对 Sc^{3+}进行电渗析实验的最佳槽电压均为 20V；原液室和扩散室溶液保持一定酸度差有利于提高

Sc^{3+} 的渗析率；壳聚糖交联膜具有不溶性，机械强度好。对于壳聚糖交联膜 II，因为壳聚糖分子中的两个羟基被氧化成羧基，所以为强阳离子交换膜，对阳离子的选择透过性强，因此对 Sc^{3+} 的电渗析效果优于壳聚糖交联膜 I；溶液浓度越低，壳聚糖交联膜 I 对 Sc^{3+} 的电渗析效果越好。溶液浓度增大时，壳聚糖交联膜 II 用于对 Sc^{3+} 的电渗析效果好些。

6.4.2　钛与钪的分离

稀散元素钪主要分布于铀、钍、钨、锡和钛等矿中[1]，一般从副产品中回收。我国钛铁矿资源丰富，一直是提取钪的主要来源。国内许多文章报道了从氯化烟尘和钛白水解母液中提取钪的方法，其中大部分为萃取法[6]。在钛的副产品中，钪的含量往往很低，如钛白水解母液中，Sc^{3+} 的含量仅为 0.015～0.025g/L[3]，这正适合膜的分离与提取。钪与钛同属第三周期，又为相邻元素，原子半径和离子半径相近，分离比较困难[12]。

本节实验采用壳聚糖阳离子膜和阴离子膜的电渗析法对水溶液中的 TiO^{2+} 与 Sc^{3+} 进行分离，讨论了电压、浓度、酸度对钛与钪分离的影响。

膜的制备过程如下：在含 2%壳聚糖乙酸溶液中加入交联剂，用延流法在无纺布上成膜，红外灯下烘干后，用弱碱性水溶液洗至中性，制成膜 A；如果在加入交联剂前先加入金属离子，振荡充分后再加入交联剂，则可制成膜 B。电化学检测显示，膜 A 为阳离子膜，而膜 B 为阴离子膜。

电渗析过程如下：将膜置于两室中间固定好，将溶解的氧化钪和氧化钛混合液装入原料室中，扩散室装入去离子水，调好 pH，两室的电位差为 8V。研究两种离子穿过膜的条件，每半小时取样分析检测。

钪与钛采用 7221 分光光度计检测，钪的显色剂为偶氮胂Ⅲ，钛的显色剂为过氧化氢。

1. 阳离子膜分离钛与钪

调节原液室 pH=1，扩散室 pH=10，两室电位差为 8V，加入含 TiO^{2+} 和 Sc^{3+} 的溶液（浓度均为 100mg/L）到原液室中。电渗析 240min，结果如图 6-13 所示。

一般条件下，钛的四价离子在水溶液中以 TiO^{2+} 的形式存在，而钪离子则以 Sc^{3+} 的形式存在，二者均为阳离子形式，在价态上 Sc^{3+} 比 TiO^{2+} 多一价，一般认为，利用此差异可通过渗析速度不同实现二者的分离。图 6-13 的结果表明，利用价态差异难以实现 TiO^{2+} 与 Sc^{3+} 的分离，因为二者几乎以同样的速度通过膜。

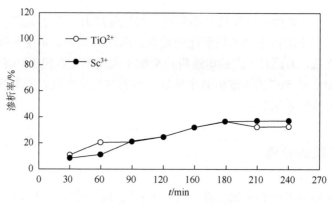

图 6-13　阳离子膜对 TiO^{2+} 与 Sc^{3+} 的分离效果

在原液中加入络合剂磺基水杨酸，铁与磺基水杨酸的稳定常数（1×10^{14}）远大于钪与磺基水杨酸的稳定常数（$1 \times 10^{2.7}$）。采用上述相同渗析条件，结果发现，渗析结果同图 6-13。分析结果表明，在电渗析条件下，配合物在通过膜时基本解体，磺基水杨酸根阴离子被阻于膜的一侧，而 TiO^{2+} 以阳离子形式通过膜 A。

2. 阴离子膜分离钪与钛

膜 B 为阴离子膜，磺基水杨酸与 TiO^{2+} 形成络阴离子可以穿过，实验证实了这一点。图 6-14 中曲线 1 为 TiO^{2+} 的渗析率，曲线 2 为 Sc^{3+} 的截留率。由于 Sc^{3+} 与磺基水杨酸形成的络阴离子稳定常数小，在 TiO^{2+} 的强烈竞争下，加之控制络合剂的加入量，几乎难以形成络合物。TiO^{2+} 与磺基水杨酸形成络合物后，迅速通过膜上的阳离子基团—NH_3^+ 才穿过膜，而 Sc^{3+} 以阳离子形式无法穿过膜，从而实现了二者的分离。

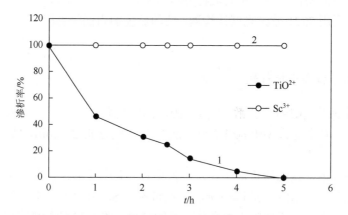

图 6-14　阴离子膜 B 分离 TiO^{2+} 与 Sc^{3+} 的结果

渗析液 pH=1，渗出液 pH=7，Sc^{3+} 和 TiO^{2+} 的初始浓度为 200mg/L

由膜 A 和膜 B 的分离结果可以看出，在电渗析的作用下，溶液中离子的电性是实现分离的主要因素。对于阳离子膜，溶液中的阳离子难以实现分离。即使离子的电荷数不同，离子的半径有差异，它们通过膜的速度的差别也相当小。在此情况下，加入的络合剂却由于电场影响而不起作用。相反，对于阴离子交换膜，由于形成的络阴离子与膜上基团的作用而进入扩散室，可以将 TiO^{2+} 与 Sc^{3+} 分离。

3. 阴离子膜对 TiO^{2+} 的电渗析作用

实验采用阴离子交换膜（膜 B），考查了电位差、溶液浓度、酸度对于 TiO^{2+} 的电渗析的影响。由于 Sc^{3+} 不通过膜，未加以考查。

1）电位差对 TiO^{2+} 渗析的影响

两极的电位差对电渗析结果影响很大。实验结果如图 6-15 所示。

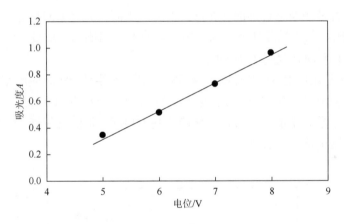

图 6-15　电位差对 TiO^{2+} 渗析量的影响

渗析液 pH=1，渗出液 pH=7，$[TiO^{2+}]$=200mg/L

随着电位差的增加，扩散室内 TiO^{2+} 的量迅速增加，吸光度值增大。这说明电位差增大加快了 TiO^{2+} 的扩散速率，有利于渗析进行。

在膜两侧选用不同的酸度值，考查此条件对 TiO^{2+} 渗析的影响。由于 TiO^{2+} 易水解，原液室的 pH 不能大于 1。每小时取样分析 TiO^{2+} 的透过率，结果如图 6-16 所示。

由图 6-16 可见，随着两室酸度差的增大，同样时间内的透过率明显增加。在曲线 1 的条件下，4h 后 TiO^{2+} 全通过；而在曲线 3 的条件下，8h 才能全通过。在水溶液化学中，酸度总是一个重要影响因素。在不同酸度下，溶液中离子的存在状

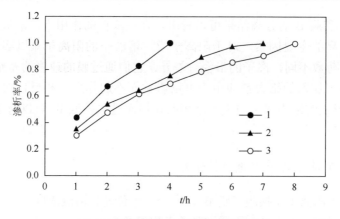

图 6-16　酸度对 TiO^{2+} 透过率的影响

1. 渗析液 pH=0，渗出液 pH=5.5；2. 渗析液 pH=0.5，渗出液 pH=6.5；3. 渗析液 pH=1，渗出液 pH=7.5；
$[TiO^{2+}]$=200mg/L，外加电压为 8V

态、膜上活性基团及络合剂的存在形式都有所不同。壳聚糖阴离子交换膜的活性基团为—NH_2，在酸性条件下形成—NH_3^+，有利于络阴离子通过。

2）浓度对 TiO^{2+} 透过率的影响

图 6-17 是浓度对 TiO^{2+} 透过率的影响。浓度条件对于实际应用相当重要。实验选择了三种浓度，即 TiO^{2+} 的浓度（以 Ti 计算）分别为 100mg/L、200mg/L 和 300mg/L。从图 6-17 的结果看，变化趋势基本相同。但深度越高，全部通过所需时间越长；这也符合一般规律。

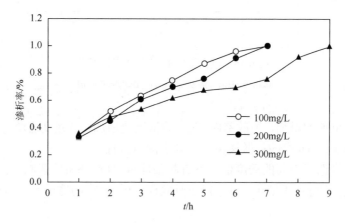

图 6-17　浓度对 TiO^{2+} 透过率的影响

渗析液 pH=1，渗出液 pH=7

由以上实验结果可知：对于电渗析膜分离来讲，膜自身的性能起主导作用，这主要取决于膜上的活性基团；壳聚糖阴离子膜分离钪与钛时，溶液的酸度、电压对离子通过的影响较大，而浓度影响较小。

6.4.3 高纯钪的提取

高纯氧化钪是用于宇航、电子、超导和核工业的重要材料[1, 4]，它的制备方法包括简单的沉淀法、溶剂萃取法、离子交换法或几种方法的联用[13]。溶剂萃取法与沉淀法的结合是最常用的方法，如用 P204 萃取，在反萃液中加入硫代硫酸盐、酒石酸盐和氟化物等，可将钪与钛、锆、钍分离。离子交换用于高纯氧化钪的制备也要与化学沉淀法结合，这样可除去 Fe^{2+}、Ca^{2+}、Mg^{2+}、Ti^{3+}等离子[3]。

钪是一种典型的稀散元素，几乎总是以痕量状态与黑钨矿、钛铁矿和稀土矿伴生在一起，所以提取钪很困难，制备高纯钪更是困难。有人采用火法冶金与湿法冶金相结合的方法制备高纯钪。萃取富集-色谱提纯-化学沉淀三结合的方法，使高纯钪的制备进入新阶段。

溶剂萃取法分离钪往往采用 TBP 作萃取剂，但 TBP 与杂质铁会形成相当稳定的络合物，以致反萃取时常出现乳化或生成第三相。另外，钛与钪在元素周期表中相毗邻，性质相近，分离也特别困难。

本实验使用了一种新的制备高纯钪的方法，即膜分离与溶剂萃取相结合的方法。采用壳聚糖膜的电渗析法首先除去铁和钛，再用溶剂萃取法分离钙、镁、铝和锰等杂质。

实验原料采用 99%的 Sc_2O_3，其杂质组成如表 6-16 所示。

表 6-16 Sc_2O_3 的杂质组成

元素	Ti	Fe	Cu	Mg	Al	Mn
浓度/(mg/L)	6.35	8.28	2.51	1.52	0.123	2.32

实验设备采用电渗析槽和萃取设备。

对氧化钪的杂质进行两步分离。首先用壳聚糖膜的电渗析法经四级渗析除去 TiO^{2+} 和 Fe^{2+}，再用 TBP-仲辛醇-煤油体系的溶剂萃取法除去 Mg^{2+}、Ca^{2+}、Mn^{2+} 和 Al^{3+} 等杂质。由于壳聚糖膜为阴离子膜，实验采用磺基水杨酸作络合剂，将 TiO^{2+} 与 Fe^{2+} 生成络阴离子，调整络合剂的用量及浓度，可使 TiO^{2+} 和 Fe^{2+} 除去，而钪的损失极少。

1. 电渗析法分离 Sc^{3+}、TiO^{2+}和 Fe^{2+}

将原料配制成一定的浓度，按 TiO^{2+}和 Fe^{2+}的量加入络合剂磺基水杨酸，形成络阴离子。在装有壳聚膜的渗析槽两侧，分别装入原料液（原液室）和水（扩散室）。原液室的 pH 调到 1，插入负极；扩散室的 pH=6，接通正极，电压 20V。结果如图 6-18 所示。

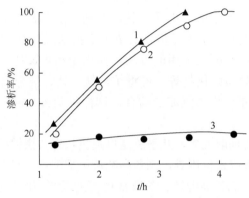

图 6-18　Sc^{3+}、TiO^{2+}和 Fe^{2+}的渗析率

1. TiO^{2+}；2. Fe^{2+}；3. Sc^{3+}

由第一次渗析结果可见，经过 3h 的电渗析作用，混合液中的 TiO^{2+}全部除去；4h 后可除去全部 Fe^{2+}。但由于原液中钪的含量相当高，同时 Sc^{3+}与磺基水杨酸之间也形成少量络离子，有 22%的 Sc^{3+}进入扩散室。因此需继续处理这部分钪，以减少 Sc^{3+}的损失。

采用同样的条件，将扩散室的混合液返回原液室，再一次分离 Sc^{3+}与 TiO^{2+}和 Fe^{2+}，结果如图 6-19 所示。

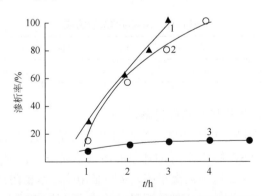

图 6-19　Sc^{3+}、TiO^{2+}和 Fe^{2+}的第二次渗析分离

1. TiO^{2+}；2. Fe^{2+}；3. Sc^{3+}

进一步的分离后，又有 28%的 Sc^{3+} 与 TiO^{2+} 和 Fe^{2+} 一起进入了渗析室，但此时钪的浓度已大大降低。检测显示，此时的混合液中，TiO^{2+} 含量为 2.35mg/L，Fe^{2+} 为 2.28mg/L，Sc^{3+} 为 24.6mg/L。将此液再装入渗析室，进行第三次和第四次电渗析分离，结果如图 6-20 和图 6-21 所示。

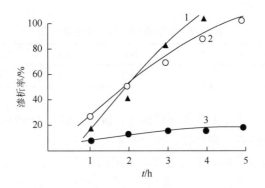

图 6-20 第三次电渗析分离 Sc^{3+} 与 TiO^{2+} 和 Fe^{2+}

1. TiO^{2+}；2. Fe^{2+}；3. Sc^{3+}

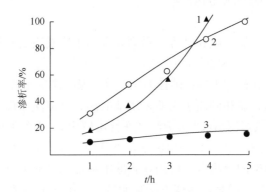

图 6-21 第四次电渗析分离 Sc^{3+} 与 TiO^{2+} 和 Fe^{2+}

1. TiO^{2+}；2. Fe^{2+}；3. Sc^{3+}

第三次电渗析后，随 TiO^{2+} 和 Fe^{2+} 进入渗析室的 Sc^{3+} 仅为 4.8mg/L。而经过第四次渗析后，混合液中 Sc^{3+} 的浓度只有 0.8mg/L。显然，将渗析室组成连续四级渗析室组，可实现高浓度 Sc^{3+} 溶液中杂质 TiO^{2+} 与 Fe^{2+} 的分离。将经过四级电渗析的溶液合并，用萃取法分离除去溶液中的 Ca^{2+}、Mg^{2+}、Mn^{2+} 和 Al^{3+}，使 Sc^{3+} 的提纯更完全[8]。

2. 溶剂萃取法除 Ca^{2+}、Mg^{2+}、Mn^{2+}和 Al^{3+}

有机相组成为 TBP-煤油-仲辛醇，水相酸度为 6mol/L 的 HCl，洗涤相酸的浓度为 8mol/L，反萃液中酸的浓度为 2mol/L。四级萃取后，分析结果如表 6-17 所示。

表 6-17　溶剂萃取后溶液中杂质分析

元素	Ti	Fe	Mn	Ca	Al	Mg
含量/μg	无	无	>0.1	>0.1	>0.1	>0.1

从分析结果看，溶液中杂质含量极少，钪的含量高于 99.99%。由于 Fe^{2+}除得干净，萃取过程中没有出现乳化，也没有第三相生成。

由以上实验结果可知，采用电渗析与溶剂萃取相结合的方法制备高纯钪。用电渗析先除去 Fe^{2+}与 TiO^{2+}，消除溶剂萃取中铁和钛难除的弊端，再用溶剂萃取分离除去 Al^{3+}、Ca^{2+}、Mg^{2+}和 Mn^{2+}等杂质，最终可得到纯度高于 99.99%的 Sc_2O_3。

6.4.4　氟、氯和砷离子的分离

在湿法冶金中，氯、氟和砷等一系列元素由于影响冶金效率、成品质量需要被分离，在工业废（污）水或生活用水中也需要对其进行处理，如锌电解液中 Cl^-、F^-的去除；高氟水中 F^-的去除；砷作为钴、锌、镍的伴生元素也应被去除。目前，研究水溶液中的氟、氯和砷离子主要采用萃取法、沉淀法、离子交换法和还原法等[4]。例如，去除氯可用 AgCl 沉淀法（在锌电解中）；去除氟可用 CaF_2 沉淀法，在 60~90℃时用氟氯（溴）化铅沉淀法，在 130~140℃、有 SiO_2 时用 H_2SiF_6 形式蒸馏挥发法；而砷的分离方法可用在强酸中加还原剂的单质沉淀法，也可用蒸馏挥发法或萃取法[7]。但是，这些方法耗能量大、化学试剂昂贵，并且不易操作；而用离子交换膜通过电渗析法分离，不但耗能小，且操作简单，可行性强，可优化反应过程，不失为一种方便、经济、切实可行的方法[10]。目前这项技术已在海水淡化、苦咸水淡化、工业给水处理、工业废水处理及某些化工过程中得到应用，并广泛应用在医药和食品工业方面[13]。

将壳聚糖膜用作电渗析膜，对于壳聚糖膜的应用也是一种尝试。本节主要研究采用壳聚糖交联膜的电渗析法分离处理湿法冶金中的杂质，如氯、氟和砷。在一定的酸度范围内，可将溶液中的 Cl^-、F^- 和 AsO_2^- 等杂质除去。实验考查了电压、酸度和浓度等条件的影响，得到了分离 Cl^-、F^- 和 AsO_2^- 的最佳电压、酸度和浓度范围。研究结果表明，壳聚糖膜渗析分离 Cl^-、F^- 和 AsO_2^- 的最佳电压依次为 15V、

10V 和 20V；分离 Cl^-、F^-和 AsO_2^{2-}的酸度各有一定范围，但分离中 pH 差值越大，效果越好；浓度的最佳范围均为 200mg/L，符合电渗析适用于处理稀溶液的条件。同时研究了实际体系的应用。

1. 氟的分离

1）槽电压对电渗析的影响

在阴极室中装入 100mg/L 的 NaF 溶液进行电渗析实验，保持两室酸度相同（pH=6），改变电压，实验结果如图 6-22 所示。由图 6-22 可见，用壳聚糖交联膜对 F^-进行电渗析实验，电压为 15V 时效果最好。

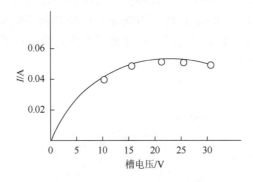

图 6-22 槽电压对电渗析的影响

2）溶液酸度对电渗析分离 F^-的影响

用 200mg/L F^-溶液进行电渗析实验，调节两室溶液 pH 分别为：

阴极室 pH（−）=0，1，6，12

阳极室 pH（+）=6，6，6，4

取槽电压为 15V，实验结果如图 6-23 所示。由图 6-23 可见，pH（−）=0、

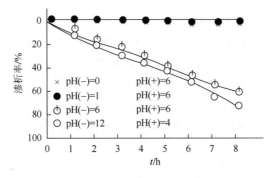

图 6-23 溶液酸度对电渗析率的影响

pH（+）=6 和 pH（-）=1、pH（+）=6 时，氟不能通过壳聚糖交联膜；而 pH（-）=6、pH（+）=6 和 pH（-）=12、pH（+）=4 时比 pH（-）=6、pH（+）=6 时渗透率高。此时氢氟酸作为中强酸，在酸性条件下，氟大多以 HF 或 H_2F^+ 的形式存在，所以不能通过壳聚糖交联膜，也可看出两室的 pH 差值大，分离效果好，此膜对非阴离子具有阻止作用。

3）溶液浓度对电渗析的影响

分别用 100mg/L F⁻、200mg/L F⁻、300mg/L F⁻的溶液进行电渗析实验。取 pH（-）=12，pH（+）=4，槽电压为 15V。实验结果如图 6-24 所示。由图 6-24 可见，F⁻在 200mg/L 时其渗析率最高，300mg/L 时其初期渗析率低于 100mg/L 时的渗析率，但是当浓度为 200mg/L 时渗析率又跃居后者之上。这说明 F⁻浓度在一定范围内增大时（如从 100mg/L 增至 200mg/L），电渗析率提高。但是当浓度过大时，电渗析速率减慢。浓度过大时，导致离子交换膜的选择透过性降低。此膜分离 F⁻的浓度宜在 200mg/L 左右。

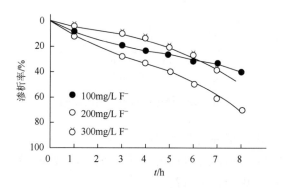

图 6-24　溶液浓度对电渗析率的影响

2. 氯的分离

1）槽电压对电渗析的影响

在阴极室装入 100mg/L Cl⁻溶液进行电渗析实验，保持两室酸度相同（pH=6），改变电压。实验结果如图 6-25 所示。由图 6-25 可以看出，有壳聚糖交联膜电渗析分离 Cl⁻的实验，槽电压选 10V 最好。

2）溶液酸度对电渗析分离 Cl⁻的影响

用 200mg/L Cl⁻溶液进行电渗析实验，用酸度计调节阳极室和阴极室的 pH 分别为：

阴极室 pH（-）=0，1，6

阳极室 pH（+）=6，6，6

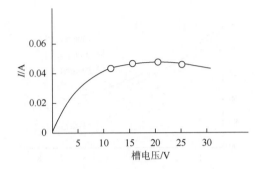

图 6-25 槽电压对电渗析分离 Cl⁻的影响

槽电压为 10V，实验结果如图 6-26 所示。

由图 6-26 可见，当 pH（+）=6，pH（-）越小时，Cl⁻的渗透率越高。pH 小时 Cl⁻浓度本身并没有影响，这说明，壳聚糖交联膜电渗析分离 Cl⁻的效率与 pH 有关，并不仅仅与槽电压相关。而且由图 6-26 可看出，pH 对渗析率的影响比较大。

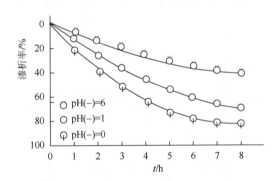

图 6-26 溶液酸度对电渗析分离 Cl⁻的影响

3）溶液浓度对电渗析分离 Cl⁻的影响

分别用 100mg/L、200mg/L、300mg/L Cl⁻进行电渗析，pH（-）=0.5mol/L H_2SO_4、pH（+）=6，槽电压取 10V，实验结果如图 6-27 所示。由图 6-27 可见，Cl⁻的分离情况与 F⁻的分离情况相似，在 Cl⁻浓度为 200mg/L 时其渗析率最高，而在 300mg/L 时渗析率反而比 100mg/L 时低。这更加表明壳聚糖交联膜对离子的分离有个最佳浓度点，适合透过某一个浓度下的阴离子，在阴离子浓度过高时，膜由于选择透过性降低而使渗析率变小。

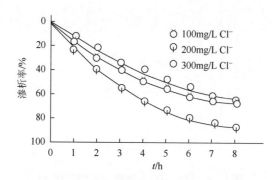

图 6-27　溶液浓度对电渗析分离 Cl⁻的影响

3. 砷的分离

1）槽电压对电渗析分离砷的影响

在阴极室中装入 100mg/L 砷的溶液进行电渗析实验，保持两室酸度相同（pH=6），改变槽电压，实验结果如图 6-28 所示。由图可见，用壳聚糖交联膜对砷进行电渗析实验，电压为 20V 时效果最好（注意：砷溶液用 As_2O_3 配制）。

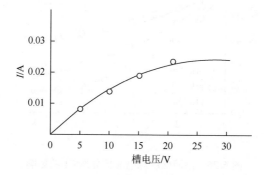

图 6-28　槽电压对电渗析分离 As^{3+} 的影响

2）溶液酸度对分离砷的影响

用 200mg/L 砷的溶液进行电渗析实验，用酸度计调节阳极室和阴极室的 pH 分别为：

阳极室 pH（＋）=6，4

阴极室 pH（－）=1，12

槽电压取 20V，实验结果如图 6-29 所示。

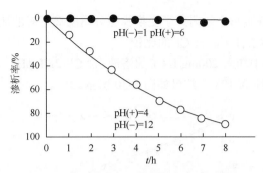

图 6-29 溶液酸度对电渗析分离 As^{3+} 的影响

由图 6-29 可见,当 pH（+）=6、pH（-）=1 时,砷的渗析率几乎为零;当 pH（+）=4、pH（-）=12 时,砷的渗析率在 8h 内达 91%。这是由于 As（III）在酸性溶液中,以 As^{3+} 的形式存在,不能通过壳聚糖交联膜;而在碱性溶液中,以 AsO_3^- 的形式存在,可以通过阴离子膜。进一步说明壳聚糖交联膜对于阳离子有阻挡作用。

4. 与全氟阴离子膜分离 Cl^-、F^- 的比较

1）全氟阴离子交换膜的概况

20 世纪 70 年代初,美国 Dupont 公司最先开发了全氟磺酸膜,其结构式为

$$-(CF_2-CF)_{2n}-(CF-CF_2)-$$
$$O-(CF_2-CF-O)-$$
$$CF_3$$

全氟磺酸膜机械强度高,耐热,化学稳定性好,并有很好的电化学性质。其商品名为 Nafion,主要用于氯碱工业中。1982 年日本在此基础上成功开发了全氟阴离子交换膜（AEM）,与碳氢阴离子膜相比,有着优异的耐热性、耐酸性、耐氧化性及耐碱性,其结构为

$$-(CF-CF)-(CF_2CF_2)-$$
$$O$$
$$F_3C-CF$$
$$O-(CF_2)_n$$

AEM 膜在反渗析、电渗析、电解、分离、贵金属回收、电池等方面有广泛的应用,它与全氟酸基膜等堪称离子交换膜之王。

2）壳聚糖交联膜与全氟阴离子交换膜在分离阴离子时的比较

a. 两膜在相同条件下分离 Cl⁻ 的比较

两膜在阴极室中加入 200mg/L Cl⁻ 的溶液，含 Cl⁻ 2g/L pH（−）=1，10g/L H₂SO₄，pH（+）=6，槽电压为 10V。结果如图 6-30 所示。

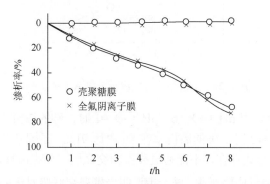

图 6-30   壳聚糖膜和全氟阴离子膜分离 Cl⁻ 的结果

由图 6-30 可见，壳聚糖膜在开始一段时间里，其渗析率比全氟阴离子膜高，但在后面的阶段，全氟阴离子膜的渗析率跃居在前。但总的看，相同条件下对 Cl⁻ 的渗析率差不多。从图 6-30 中可以看出两膜对 Cl⁻ 的渗析率为 0。AEM 在工业中已有了广泛应用，从实验情况可以得出，壳聚糖交联膜的前景是非常可观的。

b. 两膜在相同条件下分离 F⁻ 的比较

分别在阴极室加入 200mg/L F⁻ 的溶液，用酸度计调节 pH（−）=12、pH（+）=4，槽电压为 15V，结果如图 6-31 所示。

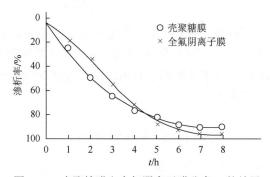

图 6-31   壳聚糖膜和全氟阴离子膜分离 F⁻ 的结果

由图 6-31 可见，壳聚糖交联膜与全氟阴离子交换膜对于 F⁻ 和 Cl⁻ 的分离情况相似。这更加证实了壳聚糖交联膜经增大其机械强度，加厚支撑骨架，完全可用于工业分离阴离子。在 pH=12 和 pH=1、10g/L H₂SO₄ 的强碱强酸性条件中没有被破坏，说明此膜具有耐酸碱性。

通过用壳聚糖交联膜分离 Cl^-、F^- 和 $H_2AsO_3^-$ 的实验，表明该膜性能良好，对阴离子具有良好的选择性。壳聚糖交联膜电渗析法分离 Cl^- 的最佳槽电压为 10V，分离 F^- 的最佳槽电压为 15V，分离 $H_2AsO_3^-$ 的最佳槽电压为 20V。用壳聚糖交联膜电渗析分离阴离子，在不影响阴离子存在的情况下，阴极室和阳极室的 pH 越大，其电渗析效果越好。溶液浓度增大时，电渗析率会提高，但溶液浓度过大时，电渗析速率会降低，主要是由于膜的选择透过性下降，说明壳聚糖交联膜分离阴离子有最佳浓度点。通过与权威的 AEM 分离 Cl^-、F^- 的比较发现两膜在分离 Cl^-、F^- 中效果相近，说明壳聚糖交联膜是一种比较理想的阴离子交换膜，并且具有较好的耐酸耐碱性，若加大其强度，会有广阔的发展前途。

参 考 文 献

[1] 刘国信，刘录声. 膜法分离技术及其应用[M]. 北京：中国环境科学出版社，1983.

[2] 王振堃. 离子交换膜——制备、性能及应用[M]. 北京：化学工业出版社，1986.

[3] 高虹. 壳聚糖交联膜分离钪的研究[D]. 沈阳：东北大学硕士学位论文，1993.

[4] 周亚光，翟秀静，何怡江. 壳聚糖膜的量子化学计算[J]. 分子科学学报，1997，13（2）：77-84.

[5] 张孔辉，翟秀静，何怡江，等. 壳聚糖交联膜的量子化学研究[J]. 哈尔滨师范大学自然科学学报，1997，13（5）：43-47.

[6] 翟秀静，高虹，翟玉春. 甲壳素渗析膜分离钪锡[J]. 中国有色金属学报，1996，6（3）：47-49.

[7] 周亚光，翟秀静，祝立英. 壳聚糖交联膜电渗析法分离氟、氯、砷的研究[J]. 分子科学学报，1998，14（1）：40-47.

[8] 高虹，翟秀静，刘晓霞，等. 壳聚糖交联膜对 Sc^{3+} 的电渗析作用[J]. 东北大学学报（自然科学版），1996，17（5）：517-520.

[9] 于义松. 一种天然高分子材料——甲壳素及其衍生物[J]. 化学与粘合，1992，（1）：50-54.

[10] Mzzarelli R A A. Natural Chelating Polymers[M]. New York：Pergamon Press，1973.

[11] 周亚光，翟秀静，高虹. 壳聚糖交联膜结构及性能的研究[J]. 分子科学学报，1997，13（3）：168-173.

[12] 翟秀静，高虹，翟玉春. 用壳聚糖膜分离水溶液中的钛与钪的研究[J]. 化工冶金，1996，17（3）：210-213.

[13] 翟秀静，刘晓霞，李艺，等. 壳聚糖制膜研究[J]. 化学世界，1995（6）：302-305.

第 7 章　壳聚糖催化剂

如果把某种物质（可以是一种成几种）加到化学反应体系中，可以改变反应的速率（反应趋向平衡的速率），而本身在反应前后没有数量上的变化，同时也没有化学性质的改变，则该种物质称为催化剂。据统计，80%～90%的化工产品生产都与催化作用有关。因此，探索催化作用规律、选择高效的催化剂已成为一个极为重要的研究领域[1]。

在工业生产中，高分子负载催化剂应用广泛。其与传统小分子催化剂相比，具有简化操作过程、活性高、易与产品分离、能重复使用等优势，提高了催化剂的选择性、稳定性和安全性，可提供在均相反应条件下难以达到的反应环境[2]。

壳聚糖是甲壳素脱乙酰化的产物，无毒、无害、易于降解。其本身具有作为高分子载体的优势，分子链上含有大量的羟基和氨基，易于化学修饰，并与过渡金属离子具有良好的配位能力[3]。壳聚糖负载金属作为催化剂具有高催化活性和选择性。随着研究和应用的不断深入，壳聚糖催化剂已成为近年来的研发热点[4, 5]。

7.1　壳聚糖-贵金属催化剂

壳聚糖分子链上含有的大量羟基和氨基具有良好的配位能力，通过与贵金属离子的结合，形成壳聚糖负载贵金属的催化剂已广泛用于催化氧化、氢化、烯丙基取代和偶联反应[6, 7]。

7.1.1　壳聚糖-钯催化剂用于催化加氢反应

壳聚糖-贵金属配合物多用于催化加氢反应，由于许多加氢化反应条件苛刻，如反应温度高、氢气压力大，促使人们去寻求常温常压下的加氢反应的催化剂[8]。

研究表明，壳聚糖-贵金属配合物对催化加氢反应表现出良好的催化活性。壳聚糖负载钯催化剂用于环戊二烯、巴豆醛的选择氢化，在合适的条件下，环戊二烯的转化率为 100%，环戊烯的选择性为 99%以上，巴豆醛的转化率为 100%，正丁醇的选择性为 60%以上。

壳聚糖负载钯（或铂）的催化剂对共轭双键和三键（如环戊二烯、2, 4-己二烯、3-己炔等）、芳香族硝基化合物及丙烯酸等的氢化反应均具有极高的氢化催化活性和较高的立体选择性，这些氢化反应可以在常温常压下进行。负载钯（或铂）的壳聚糖催化剂可以在无溶剂存在时进行氢化，也可以在醇或醇的水溶液中进行氢化。

硅胶-壳聚糖-铂-镍络合物催化剂在常温常压下能有效地催化乙腈、丙腈、丁腈、苯基腈和苄基腈为相应的胺类，此类催化剂可以反复使用而催化活性基本保持不变。在常压和 30℃的条件下，硅胶-壳聚糖-钯催化剂在甲醇溶剂中反应 40～50min，催化硝基苯、1-己烯和丙烯酸时，其氢化转化率均在 90%以上。

SiO_2-壳聚糖-Pd 催化剂应用在不对称催化加氢反应中，表现出良好的催化活性、立体选择性及较高的收率。实现了酮通过不对称加氢生成相应的手性醇，苯酚选择加氢生成环己酮和苯乙烯及其衍生物的氢酯基化反应。

以壳聚糖为原料，甲醛、戊二醛为交联剂，乙酸乙酯为致孔剂，经氯化钯负载后，制备出壳聚糖多孔微球-钯催化剂。此壳聚糖多孔微球-钯催化剂在常温常压下，选择性地将氯代硝基苯催化氢化还原为氯苯胺，并有效地抑制了氯取代基的氢解脱除。硅胶保护的壳聚糖-纳米钯催化剂用于催化氢化硝基苯，产品收率达98.5%以上，转化率达 100%。

1. 壳聚糖-丙烯酸-钯催化剂用于催化氢化

降解壳聚糖后，制备壳聚糖接枝丙烯酸共聚物，以增加壳聚糖的亲水能力；通过电纺丝技术将壳聚糖接枝丙烯酸负载钯的溶液制成膜状催化剂。将纳米纤维的尺寸控制在 70～200nm，金属钯的颗粒在 10～40nm，纳米钯颗粒均匀地分散在纳米纤维上。

催化氢化试验中，金属钯与烯烃的物质的量比为 1∶100，Ni^{2+}作为共催化剂，两种金属按照 1∶1 的比例配比。催化氢化的转化率如图 7-1 所示。

由图可见，随着反应的进行，CTS-ACR16Pd 与 CTS-ACR8Pd 催化氢化 α-辛烯的效率逐渐接近，反应时间达到 145min 时，α-辛烯的转化率基本相同。

催化的过程中，部分 α-辛烯首先转变成 2-辛烯和辛烷，这说明氢化的过程伴随着异构化反应。随着反应的进行，2-辛烯会逐步转化为辛烷。

镍是传统的加氢催化剂，在烯烃加氢反应中有很高的反应速率，但镍加氢反应的选择性比较差，单独使用副产物较多。

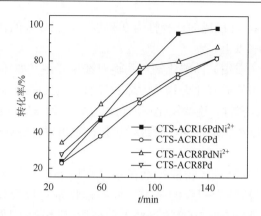

图 7-1　催化氢化反应时间与转化率

加入 Ni^{2+} 的催化剂 CTS-ACR16PdNi^{2+} 和 CTS-ACR8PdNi^{2+}催化反应达到 150min 时，α-辛烯的转化率分别为 98.6%和 87.8%。文献报道中聚苯乙烯-二乙烯基苯负载 PdCl$_2$ 催化剂催化 α-辛烯生成辛烷的产率仅为 51%。这意味着二组分的催化剂比单组分的催化剂具有更高的活性[9]。

壳聚糖是可以生物降解的环境友好高分子，其本身所带有的官能团能有效地负载过渡催化剂金属。通过壳聚糖接枝丙烯酸改性制备的壳聚糖接枝丙烯酸共聚物，壳聚糖的溶解性增强。

通过电纺丝技术制备得到负载有纳米钯颗粒的纳米纤维无纺布状催化剂，其纤维直径小于 200nm，钯颗粒在 20~30nm，并且钯颗粒在纳米纤维上均匀分散。壳聚糖接枝丙烯酸负载钯纳米纤维催化剂氢化 α-辛烯，结果显示，α-辛烯的转化率为 99%，生成辛烷的产率为 65%。

2. 壳聚糖-钯多孔微球催化剂用于催化加氢

以壳聚糖、液状石蜡、甲醛和戊二醛为原料，通过反相悬浮交联技术，制备粒径小于 100μm 的壳聚糖多孔微球。壳聚糖多孔微球经 PdCl$_2$ 负载后，形成壳聚糖钯多孔微球催化剂。在常温常压下，壳聚糖-钯多孔微球催化剂实现选择性地将氯代硝基苯催化氢化还原为氯苯胺，同时可以有效地抑制氯取代基的氢解脱除。

壳聚糖-钯多孔微球催化剂（以 Pd 计）不同质量比对邻-氯硝基苯、对-氯硝基苯、间-氯硝基苯三种异构体催化加氢有不同的影响。当催化剂质量比接近 0.05 时，加氢反应的产率达到 80%~85%。继续增加催化剂质量，产率变化不大。

7.1.2　壳聚糖-钯催化剂用于芳基化反应

壳聚糖是天然高分子，具有无毒、无害和易于降解的特性，含有的配位基团—NH₂ 及—OH 与金属粒子具有良好的配位能力。壳聚糖-钯是具有良好应用前景的不饱和烃加氢催化剂[10, 11]。

以壳聚糖为载体，室温下与氯化钯乙醇溶液作用，第一步得到壳聚糖负载钯的黄色粉末；粉末在乙醇溶液中回流还原，制备了壳聚糖-钯催化剂。

采用壳聚糖-钯催化剂研究其对碘代苯与丙烯酸 Heck 芳基化反应的催化性能，结果表明该催化剂具有较高的催化活性和立体选择性，用于合成反式苯丙烯酸，不仅转化率高、产率高，同时催化剂可重复使用。合成反式苯丙烯酸的反应条件包括温度、催化剂用量、反应时间等[12]。

1. 反应温度的影响

反应温度对合成反式苯丙烯酸产率的影响如图 7-2 所示，随着反应温度的升高，产物的产率逐渐增加。当反应温度到达 80℃时，反式苯丙烯酸的产率为 93.7%；继续升高反应温度，产率明显下降。

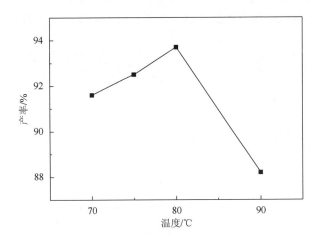

图 7-2　反应温度对反式苯丙烯酸产率的影响

反应条件：碘代苯 10mmol；碘代苯∶丙烯酸=1∶1.5；催化剂 0.2g；缚酸剂三乙胺 25mmol；二甲基甲酰胺 6.0mL；反应时间 5h

2. 催化剂用量的影响

催化剂用量对反式苯丙烯酸的产率的影响如图 7-3 所示。壳聚糖-钯催化剂的加入量对反式苯丙烯酸的产率影响不大。

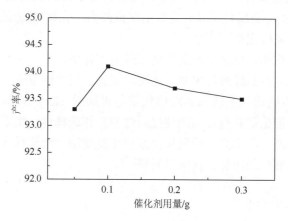

图 7-3　催化剂用量对反式苯丙烯酸的产率的影响

3. 反应时间的影响

反应时间对反式苯丙烯酸产率的影响如图 7-4 所示。反应时间为 1～5h，反式苯丙烯酸的产率从 73.1% 增加到 93.3。再延长反应时间，产率则有所下降。

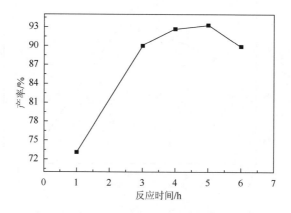

图 7-4　反应时间对反式苯丙烯酸产率的影响

4. 催化剂的循环利用

壳聚糖-钯催化剂可通过过滤与产物分离，再用溶剂二甲基甲酰胺洗涤后重复使用，其实验结果如图 7-5 所示。

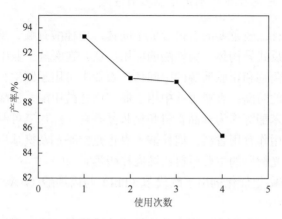

图 7-5　催化剂使用次数对反式苯丙烯酸产率的影响

7.1.3　壳聚糖-钯催化剂用于 Heck 反应

水杨醛与壳聚糖反应制得壳聚糖希夫碱配体，加入钯盐反应制得壳聚糖希夫碱-钯催化剂。

关于 Heck 反应机理的研究一般认为催化循环分为：（a）预活化；（b）氧化加成；（c）配位与迁移插入；（d）β-H 消去；（e）催化剂再生[21]。

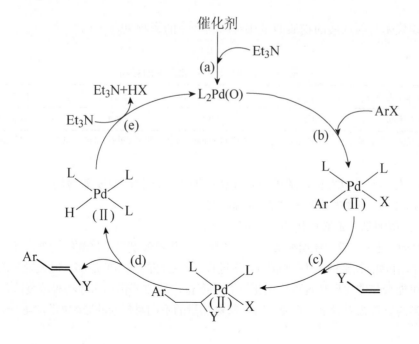

1. 壳聚糖希夫碱-钯催化剂用于制备肉桂酸

肉桂酸是一种比较重要的有机合成中间体。肉桂酸有顺、反两种异构体，一般说肉桂酸均指反式异构体。肉桂酸的应用广泛，在医药工业中用作普尼拉明、局部麻醉剂、杀菌剂和止血药等的中间体；农业中可用于制生长促进剂、长效杀菌剂及果品蔬菜的防腐；香料工业中用于制取肉桂酸甲酯、乙酯、丙酯、丁酯、异戊酯、苄酯及苯酯等作为食品香料和化妆品香料，经加氢可制环己基丙酸，进而制得菠萝香酯用作食用香料；肉桂酸本身也是定香剂及氨基甲酸酯的交联剂，并可用于生产感光树脂的主要原料乙烯肉桂酸等。

壳聚糖希夫碱-钯催化剂用于碘代苯（PhI）与丙烯酸（AA）偶联反应生成肉桂酸的操作如下。

在反应烧瓶中依次加入一定物质的量比的碘代苯（PhI）、丙烯酸（AA）和适量壳聚糖希夫碱-钯催化剂，混合物在 N_2 气保护下反应 7h。冷却至室温后过滤，用溶剂洗涤回收催化剂。滤液中加入 HCl 即产生白色沉淀，洗涤得到产物肉桂酸[14]。催化反应过程如下：

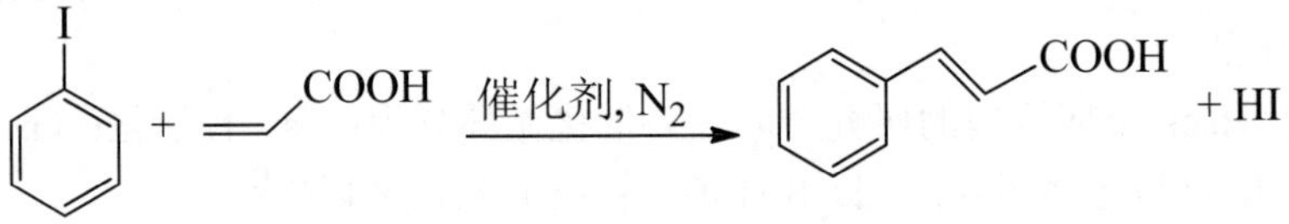

碘代苯与丙烯酸的物质的量比对产物产率的影响见表 7-1。

表 7-1　原料配比对产物产率的影响

碘代苯∶丙烯酸	1∶1	1∶1.2	1∶1.5	1∶2
产率/%	82.3	89.4	90.1	91.3

反应条件：碘代苯 10mmol，催化剂 0.2g，三乙胺 23.5mmol，N, N-二甲基甲酰胺 6.0mL，温度 80℃，反应时间 5h

由表 7-1 可以看出，随着原料配比的增大，产物产率逐渐增加。当原料配比小于1∶1.2，产物的产率基本在 90%左右。

1）缚酸剂三乙胺的用量对反应的影响

Heck 反应一般需要加缚酸剂。三乙胺除了作缚酸剂与产物酸结合外，还参与经 HI 还原消除的壳聚糖-钯催化剂的再生过程。三乙胺的量需要足够，但大量三乙胺的存在可能会与催化循环过程中的钯络合物配位，导致催化剂活性物种浓度降低，所以适当的三乙胺用量至关重要。三乙胺添加量的不同对反应的影响如图 7-6 所示。

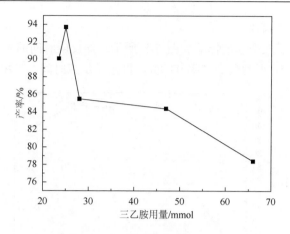

图 7-6　三乙胺用量对产物产率的影响

反应条件：碘代苯 10mmol；碘代苯：丙烯酸=1：1.5；催化剂 0.2g；N, N-二甲基甲酰胺 6.0mL；
温度 80℃；反应时间 5h

由图 7-6 可以看出，不加三乙胺无产物生成，随着三乙胺用量的增加，反应产物的产率逐渐增加。当三乙胺用量为 25mmol 时，反应产率达到最大 93.7%；再增加三乙胺的用量，产率反而降低。

2）反应温度的影响

反应温度的影响如图 7-7 所示。随着反应温度的升高，产物的产率逐渐增加，当到达 80℃时，产率达到 93.7%；再升高反应温度，产物产率明显下降。

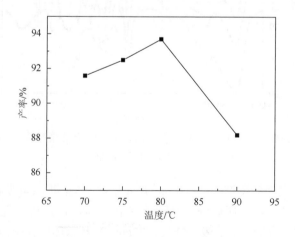

图 7-7　反应温度对反应产率的影响

反应条件：碘代苯 10mmol；碘代苯：丙烯酸=1：1.5；催化剂 0.2g；缚酸剂三乙胺 25mmol；
N, N-二甲基甲酰胺 6.0mL；反应时间 5h

3）反应时间的影响

反应时间对反应产率的影响如图 7-8 所示。随反应时间的延长，反应产率逐步增加。当反应 5h 得到最高产率 93.3%，再延长反应时间，产率有所下降。

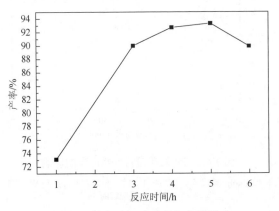

图 7-8　反应时间对反应产率的影响

壳聚糖、壳聚糖希夫碱及其钯配合物的红外图谱如图 7-9 所示。

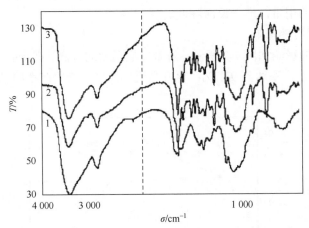

图 7-9　壳聚糖（曲线 1）、壳聚糖希夫碱（曲线 2）及壳聚糖希夫碱-钯催化剂
（曲线 3）的 IR 图谱

由图可见，壳聚糖图谱中 $3431cm^{-1}$ 是壳聚糖 ν_{N-H} 和 ν_{O-H} 吸收峰。在壳聚糖希夫碱的红外图谱中，此吸收峰向高波数移至 $3446cm^{-1}$，还出现了 $\nu_{C=N}$ 特征吸收峰（$1631cm^{-1}$）、酚基 ν_{C-O} 吸收峰（$1277cm^{-1}$）及苯环的骨架伸缩振动特征峰。

与壳聚糖希夫碱相比，壳聚糖希夫碱-钯配合物中 $3446cm^{-1}$ 的吸收峰向低波数移动到 $3441cm^{-1}$，壳聚糖希夫碱与钯配位后 $\nu_{C=N}$ 及酚基 ν_{C-O} 特征吸收峰位移不明显，原因是壳聚糖希夫碱中亚胺基团和酚基参与了分子内氢键的形成，在配合物中参与了与钯的配位。

2. 壳聚糖希夫碱-钯催化剂用于制备肉桂酸胺

肉桂酰胺是一种重要的医药中间体。传统的工业生产方法是以肉桂酸为原料，酰氯化为肉桂酰氯后再经氨化制得肉桂酰胺。此工艺流程长、产率低且污染严重[15]。

以碘代苯（及其衍生物）和丙烯酰胺为原料，用壳聚糖希夫碱-钯催化剂催化对碘代苯（PhI）与丙烯酰胺（AM）的反应生成反式-肉桂酰胺，制备了反式-肉桂酰胺及其衍生物。研究发现，壳聚糖希夫碱-钯催化剂在反应中催化剂活性高、选择性好且能重复使用，实现了一步高产率地合成反式-肉桂酰胺。

1）催化剂制备

将壳聚糖、甲醇、乙酸和水杨醛一起加入反应器，加热回流 10h，冷却过滤，用甲醇洗涤至滤液至无色，干燥得到亮黄色粉末状固体壳聚糖希夫碱。取壳聚糖希夫碱和 PdCl 在乙醇溶液中回流 10h，干燥后得到黄绿色粉末。催化剂制备的反应式如图 7-10 所示。

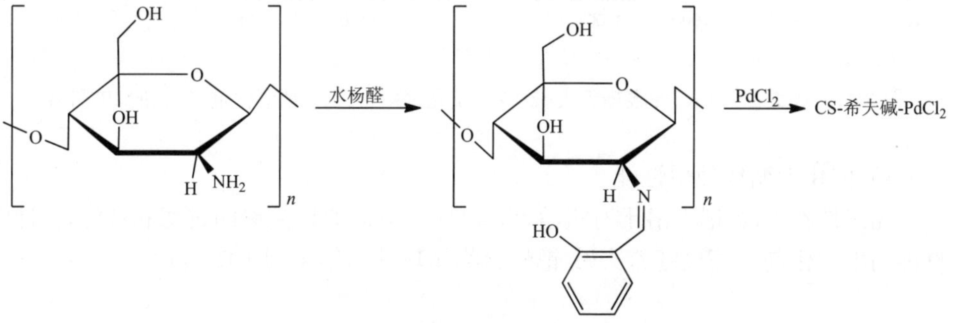

图 7-10　壳聚糖希夫碱-钯催化剂的制备

推测壳聚糖-钯催化剂的可能结构为：

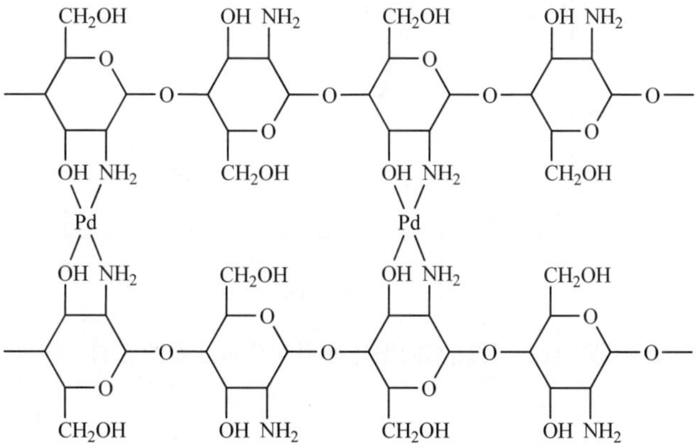

2）肉桂酰胺制备

反应器中依次加入一定量的壳聚糖希夫碱-钯催化剂、碘代苯、丙烯酰胺和溶剂，在氮气气氛中和一定温度下制备，得到的产物为白色沉淀，经无水乙醇重结晶得到产物。经红外光谱和核磁共振谱确认产物为反式-肉桂酰胺。图 7-11 为反式-肉桂酰胺合成过程的红外光谱。

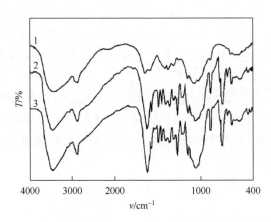

图 7-11　壳聚糖（1）、壳聚糖希夫碱（2）及壳聚糖希夫碱-钯催化剂（3）的 IR 图谱

3）催化剂循环使用性能

壳聚糖希夫碱-钯不溶于有机溶剂，反应完成后通过简单的过滤和洗涤，可回收再利用催化剂。壳聚糖希夫碱-钯配合物循环使用结果列于图 7-12。

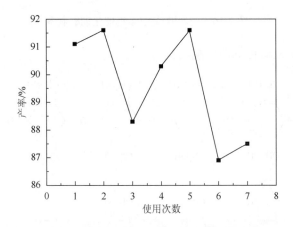

图 7-12　催化剂的循环使用次数对产率的影响

催化剂循环使用 7 次后，产率仍高达 87.5%，活性基本保持不变，表明此催化剂具有良好的结构稳定性。分析认为是壳聚糖中引入的亚胺基团和羟基增强了高分子载体与钯的配位能力。

3. 壳聚糖希夫碱-钯催化剂用于制备反式-二苯乙烯

壳聚糖希夫碱-钯催化剂用于制备反式-二苯乙烯，结果见表 7-2。其中含吸电子基的 $4-HOOCC_6H_4I$ 与苯乙烯反应的产率达 98.0%，而含推电子基的 $4-CH_3C_6H_4I$ 的活性较差，产率仅为 67.8%[16]。

表 7-2　壳聚糖希夫碱-钯对取代碘苯与苯乙烯反应的催化活性

芳基碘代物	产物	熔点/℃	熔点文献值/℃	产率/%
$4-NO_2C_6H_4I$	$(E)-4-NO_2C_6H_4CH{=}CHC_6H_5$	154～155	157	83.8
$4-CH_3C_6H_4I$	$(E)-4-CH_3C_6H_4CH{=}CHC_6H_5$	117～119	120	67.8
$4-CH_3OC_6H_4I$	$(E)-4-CH_3OC_6H_4CH{=}CHC_6H_5$	134～135	136	91.2
$4-HOOCC_6H_4I$	$(E)-4-HOOCC_6H_4CH{=}CHC_6H_5$	243～244	242～243	98.1
$4-CH_3OCOC_6H_4I$	$(E)-4-CH_3OCOC_6H_4CH{=}CHC_6H_5$	155～257	159～160	92.9

7.1.4　壳聚糖-铂纳米簇催化剂的应用

铂纳米催化剂的优越性主要表现在极高的表面原子分布和大比表面积，大量的表面原子可与底物相接触，另外，表面金属原子的电荷分布、配位能力和几何构型对催化剂的活性和选择性具有较大影响。其可应用在多种催化反应当中，如氢化反应、甲醇羰基化反应、Heck 反应等，铂纳米颗粒催化活性比传统的铂黑催化剂高很多倍。

环己烯具有活泼的双键，是一种重要的有机合成中间体，被广泛应用于聚酯材料、医药、农用化品及其他精细化工产品的生产。工业上制备环己烯的方法很多，其中苯催化加氢制备环己烯具有原料廉价、反应工艺流程短等优点。但是，苯加氢反应很难控制，反应会继续下去形成环己烷。因此，苯部分加氢制备环己烯反应需要合适的催化剂[19]。

1. 催化剂的制备

采用壳聚糖作为包覆材料，用 Pt-CS 催化剂催化苯加氢反应，环己烯的选择性可达 58.20%。采用壳聚糖负载铂纳米簇杂化膜催化剂，可以进一步提高催化活性，从而提高产率。

利用正己醛与壳聚糖反应对壳聚糖进行改性后制备出 *N*-己基化壳聚糖，再通过微波技术还原氯铂酸，制备单分散铂纳米簇，将其包埋到 *N*-己基化壳聚糖中，得到铂纳米簇-己基化壳聚糖杂化膜。图 7-13 是壳聚糖及不同取代度的 *N*-己基化壳聚糖的红外光谱图。

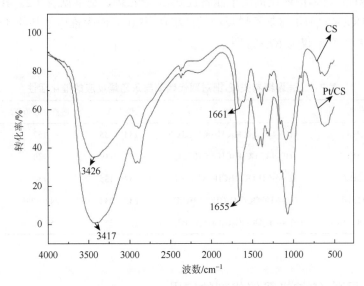

图 7-13　壳聚糖与 *N*-己基化壳聚糖的红外光谱图

N-己基化壳聚糖的化学结构式如下：

由图可见，壳聚糖各主要吸收谱带的归属分别为：3446～3266cm^{-1} 处的宽峰为 O—H 和 N—H 伸缩振动峰，655cm^{-1} 处的峰是—NH$_2$ 的振动峰与仲酰胺的 C=O 伸展峰的混合，1030～1350cm^{-1} 处的吸收峰为羟基的 C—O 伸展与—H 面内变形振动吸收峰。

图 7-14 为杂化膜催化剂的 XRD 图。由图 7-14（a）可以看出，*N*-己基化壳聚糖膜比壳聚糖膜在 15°～25°处的衍射峰明显减弱，这说明己基支链的接入在一定程度上破坏了壳聚糖的规整性，使得 *N*-己基化壳聚糖的结晶程度明显降低。

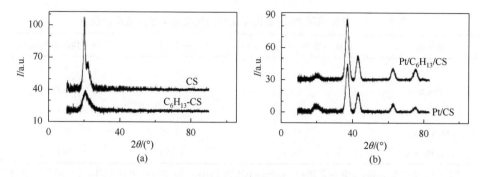

图 7-14　壳聚糖膜和 *N*-己基化壳聚糖膜的 X 射线衍射图

由图 7-14（b）可以看出，Pt 纳米簇包埋到壳聚糖膜和 *N*-己基化壳聚糖膜中之后，其晶型基本保持完好，在 39.8°、44.6°、67.6°和 81.4°处的峰分别对应于（111）、（200）、（220）和（311）晶面的衍射峰。负载 Pt 纳米簇后的壳聚糖膜在 15°～25°处的衍射峰发生明显宽化，说明由于 Pt 的加入改变了壳聚糖分子链的排列，促使其晶型发生变化。

由 Pt-CS 杂化膜的 TEM 图（图 7-15）可以看出，铂纳米簇金属原子在壳聚糖薄膜中分散均匀并没有出现团聚现象。

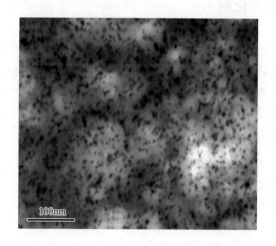

图 7-15　Pt-CS 杂化膜的 TEM 照片

2. 苯催化加氢反应

苯加氢可得到产物环己烯和环己烷，杂化膜催化剂催化苯加氢反应结果见表 7-3。

表 7-3　Pt-壳聚糖和 Pt-己基化壳聚糖杂化膜催化苯加氢反应结果

催化剂	C_6H_{13}-CS 中己基取代度/%	苯转化率/%	环己烯选择性/%
Pt	—	1.08	0
Pt-CS	—	0.54	58.2
Pt-C_6H_{13}-CS	32	0.68	60.3
Pt-C_6H_{13}-CS	56	0.89	54.5
Pt-C_6H_{13}-CS	74	0.93	50.2

　　注：反应条件为 0.40g 杂化膜催化剂，m(Pt)/m(CS 或 C_6H_{13}-CS)=20%，30mL C_6H_6，T=150℃，p(H$_2$)= 5mPa，t=2h

　　由表 7-3 可以看出，当催化剂仅为单纯铂纳米金属簇而无壳聚糖膜时，气相色谱结果表明，产物中没有环己烯，仅有环己烷。以壳聚糖或改性壳聚糖负载铂纳米簇杂化膜为催化剂时，产物中均出现了苯的部分加氢产物环己烯。以 Pt-C_6H_{13}-CS 膜为催化剂时，随着己基取代度的增加，苯的转化率呈现逐渐上升趋势，环己烯的选择性则呈现先增大后减小的趋势；其中 Pt-C_6H_{13}-CS 己基取代度为 32%时，环己烯选择性最高，达 60.3%。

7.1.5　壳聚糖-金催化剂

　　4-硝基酚还原产物 4-氨基酚（4-NP）是合成止痛退烧药中非常重要的合成中间体，即"扑热息痛"就是通过 4-氨基酚合成的。传统合成 4-氨基酚的方法是在较苛刻的高温、高氢气压力条件下，催化氢化 4-硝基酚。考虑节能、安全和高效的需要，采用壳聚糖-Au 纳米粒子复合物为催化剂，在硼氢化钠存在的条件下，研究了催化还原 4-氨基酚（4-NP）（反应式如下）。

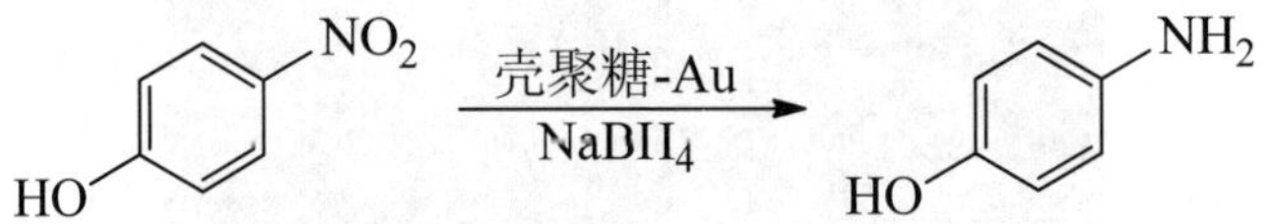

　　在 NaBH$_4$ 存在的条件下，4-NP 还原反应的紫外吸收光谱如图 7-16 所示，NaBH$_4$ 加入反应体系后，反应体系由淡黄色变为黄绿色，BH$_4^-$ 提供电子给 4-NP 中的硝基，生成了对硝基苯酚盐。通过紫外-可见光谱可以清晰地看到在 400nm 有较强的吸收峰，这是对硝基苯酚盐的特征吸收峰。

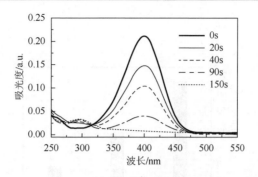

图 7-16　在 NaBH$_4$ 作用下 4-NP 的紫外-可见吸收光谱

在没有加入催化剂的条件下，反应体系的黄绿色在 24h 内不褪去，并且通过紫外-可见光谱得到在 400nm 处强吸收仍然存在，这说明只有 NaBH$_4$ 存在的条件下无法还原 4-NP。在反应体系中加入催化剂并快速搅拌，此时反应体系黄绿色迅速变淡，此时，紫外-可见光谱在 400nm 处的吸收强度逐渐减弱，与此同时，295nm 处出现了一个新吸收峰。

随着 400nm 吸收峰强度逐渐减弱，此处吸收峰吸收强度也随之增强，这是由于催化还原反应生成的 4-AP（对胺基苯酚）在 295nm 处有较强吸收，并且随着 4-NP 还原的进行，4-AP 浓度逐渐增大，所以在 295nm 处的紫外吸收强度逐渐增强。

选择不同浓度的壳聚糖-金催化剂，考查其催化能力，结果如图 7-17 所示。在 4-NP 浓度为 2.5×10^{-4} mol/L 时，反应完全需要 25s 左右，由于时间过短不易测量。

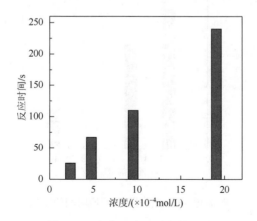

图 7-17　底物浓度对反应的影响

选择壳聚糖-金催化剂的浓度为 5×10^{-4} mol/L，研究温度对反应的影响，如

图 7-18 所示。

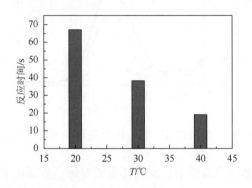

图 7-18　温度对反应的影响

　　考察不同温度下壳聚糖-金催化剂对还原降解时间的影响，发现温度对反应的影响很大。在 40℃反应条件下，4-NP 在 20s 内降解完全；在 30℃条件下也仅需要 35s 就可以完成反应。通过筛选，反应温度定为 20℃，此时 4-NP 完全降解时间为 67s。

　　催化剂投入量的影响如图 7-19 所示。结果表明，随着催化剂投入量的增加，反应所需时间明显减少，通过衡量催化效率和需求，壳聚糖-金催化剂的使用量为 5mg。

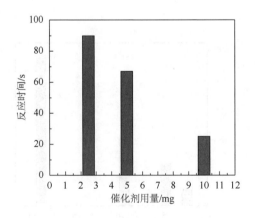

图 7-19　催化剂用量对反应时间的影响

　　壳聚糖-金催化剂的重复实验发现，回收的催化剂能较好地降解 4-NP。图 7-20 为催化剂多次重复使用前后紫外-可见吸收光谱对照。

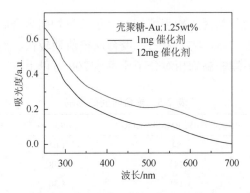

图 7-20　催化剂多次重复使用前后紫外-可见吸收光谱对照

重复反应 12 次的壳聚糖-金催化剂在 520nm 仍然有较强的吸收，这证明了金纳米粒子仍然螯合在壳聚糖分子表面，因此壳聚糖与金纳米粒子催化剂具有高的稳定性。

7.2　壳聚糖-稀土催化剂

壳聚糖-稀土元素的配合物作为催化剂多用于开环聚合和单体聚合反应。壳聚糖-Nd 的配合物用于表氯醇（epichlorohydrin）开环聚合反应的催化剂，壳聚糖-Nd-3-甲基苯甲酸催化剂对表氯醇聚合反应的催化活性均高出传统稀土催化剂 60 倍。由壳聚糖-钇-三异丁基铝-苯甲酸甲酯组成的络合物可用于催化环氧氯丙烷开环聚合的反应，它是高相对分子质量聚环氧氯丙烷的高活性催化剂。

壳聚糖-镧在 Na_2SO_3 存在下，对甲基丙烯酸甲酯的聚合反应具有较高的催化活性，聚甲基丙烯酸甲酯的收率达 75% 以上。

由表 7-4 可见，多种壳聚糖-稀土配合物均有较好的催化活性，所制的聚甲基丙烯酸甲酯的黏均相对分子质量约为 150 万。壳聚糖-钇配合物中钇负载量对甲基丙烯酸甲酯聚合的影响较大。钇负载量在 $4.93\times10^{-4}\sim6.75\times10^{-4}$ mol Y/g 范围内时，催化体系的聚合活性较高，所制备的聚甲基丙烯酸甲酯的黏均相对分子质量达到 150 万以上。

表 7-4　不同稀土元素的影响

稀土元素	转化率/%	催化活性/(kg PMMA/mol RE)	$[\eta]$/(dL/g)	黏均相对分子质量/($\times10^4$)
Y	58	181	4.32	156
La	52	162	3.96	140
Pt	49	153	3.68	128
Nd	63	197	4.49	164
Er	56	175	4.18	150

聚合转化率和聚甲基丙烯酸甲酯相对分子质量均随聚合时间的延长而提高，聚合时间的影响见表 7-5。结果表明，聚合速率前期较快，后期较慢。聚合 24h 所得聚甲基丙烯酸甲酯的黏均相对分子质量达 200 万以上。

表 7-5　聚合时间的影响

聚合时间/h	转化率/%	催化活性/(kg PMMA/mol RE)	$[\eta]$/(dL/g)	黏均相对分子质量/($\times 10^4$)
4	27	84	1.62	46
8	46	144	3.48	119
12	58	181	4.36	158
24	84	262	5.32	202
36	94	293	5.74	222
48	98	306	5.96	233

温度对聚合反应的影响见表 7-6。在 0～60℃温度范围内聚合转化率和聚合物相对分子质量均随着聚合温度升高而增加，但聚合物的规整度下降。

表 7-6　温度对聚合反应的影响

T/℃	转化率/%	催化活性/(kg PMMA/mol RE)	$[\eta]$/(dL/g)	黏均相对分子质量/($\times 10^4$)	立构规整度/%		
					I	H	S
0	8	25	0.65	15	3.1	3.8	93.1
20	30	94	1.95	58	3.2	5.4	91.3
40	52	162	3.62	125	3.6	7.2	89.2
60	85	265	5.18	196	4.8	8.8	86.4

7.3　壳聚糖-重金属催化剂

壳聚糖是一种生物来源极为广泛的天然高分子多糖，它的分子中含有大量的羟基和氨基等配位基团。壳聚糖易与金属离子通过配位键形成不同结构高分子金属配合物。

研究发现，壳聚糖-金属配合物对某些烯类单体的聚合反应、开环聚合反应、催化氢化、偶联、Suzuki 和 Heck 反应等反应具有良好的催化活性，而且壳聚糖金属配合物作为高分子金属配合物比较容易分离回收，可减少生产成本及对环境带来的污染。

重金属离子，如 Co、Cu、Cd 等，与壳聚糖形成的络合物，往往具有催化功能，用于化学反应中作催化剂。

壳聚糖-铜配合物作为催化剂，在无溶剂体系中，以空气、CH_3COOOH 为供氧剂时，反应无明显氧化产物；氧气为供氧剂，主要产物为苯酚；1%乙酸体系中催化剂溶解后反应，以氧气和空气为供氧剂时，主要产物均为苯甲醛和对（邻）甲基苯酚。

以壳聚糖-钴配合物为催化剂对活化 H_2O_2、CH_3COOOH 有明显作用，而对活化氧气效果不明显。

壳聚糖-铁配合物为催化剂，CH_3COOOH、氧气共存时，氧化反应选择性较好，可以将甲苯控制地氧化为苯甲醛和苯甲醇，选择性达 90%；H_2O_2、氧气共存体系中反应选择性较差。

7.3.1　壳聚糖-钴催化剂

以壳聚糖和四磺酰氯酞菁钴金属配合物为原料，制备出壳聚糖-钴酞菁微球催化剂，用于有机合成过程中的氧化反应。研究发现，壳聚糖-钴酞菁微球催化剂可用于催化异丙苯的氧化生成 2-苯基-2-丙醇（PP）和异丙苯过氧化氢（CHP），异丙苯的转化率可达 65%。

催化氧化产物经气相色谱分析可知，异丙苯的催化氧化主要发生在苄基碳原子上，异丙苯的催化氧化反应方程式：

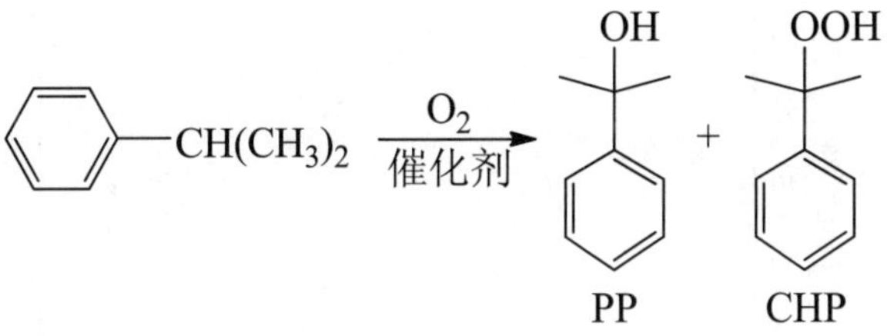

壳聚糖-钴酞菁微球催化剂的优势在于它可以解决此类均相催化剂的三个难题：不易与产物分离、产物处理时产生的大量废物和避免酞菁的自缔合作用而导致的催化活性降低问题。

1. 温度对异丙苯催化氧化性能的影响

由图 7-21 反应温度与底物转化率的关系可知，当温度低于 100℃时，升温对异丙苯的催化氧化反应具有促进作用；当温度高于 100℃时仲异丙苯的转化率反而降低。升高温度有利于自由基的生成，即有利于链引发反应；而过高的温度不但有利于链引发反应，也有利于链终止反应，因而抑制了催化氧化反应的进行。

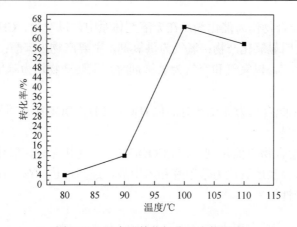

图 7-21　温度对催化氧化反应的影响

实验条件：催化剂 1.0mg；底物 2.0mL；12h；O_2 1atm（1atm=1.01325×10^5Pa）

2. 催化剂用量对异丙苯催化氧化性能的影响

由图 7-22 中催化剂用量和底物转化率的关系可知，催化剂用量对分子氧化异丙苯的影响很大。当其用量低于 1.0mg 时，随用量的增加，转化率达到 65%；继续增加催化剂用量，底物转化率反而下降。

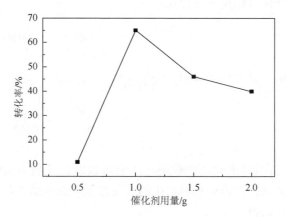

图 7-22　催化剂用量对异丙苯催化氧化反应的影响

实验条件：底物 2.0mL；100℃；12h；O_2 1atm

7.3.2　壳聚糖-铜催化剂

壳聚糖希夫碱-铜催化剂用于催化 H_2O_2 的分解。研究结果表明，壳聚糖希夫碱-铜催化剂对 H_2O_2 有良好的催化活性，在一定条件下，H_2O_2 的分解率达到99.8%。

　　壳聚糖希夫碱-铜催化剂采用微波辐射法制备，将壳聚糖与水杨醛反应生成壳聚糖希夫碱，再将壳聚糖希夫碱与铜盐配位反应，得到了壳聚糖希夫碱-铜配合物，是一种黄色粉末[6]。

　　制备壳聚糖希夫碱-铜催化剂的反应式如图 7-23 所示。

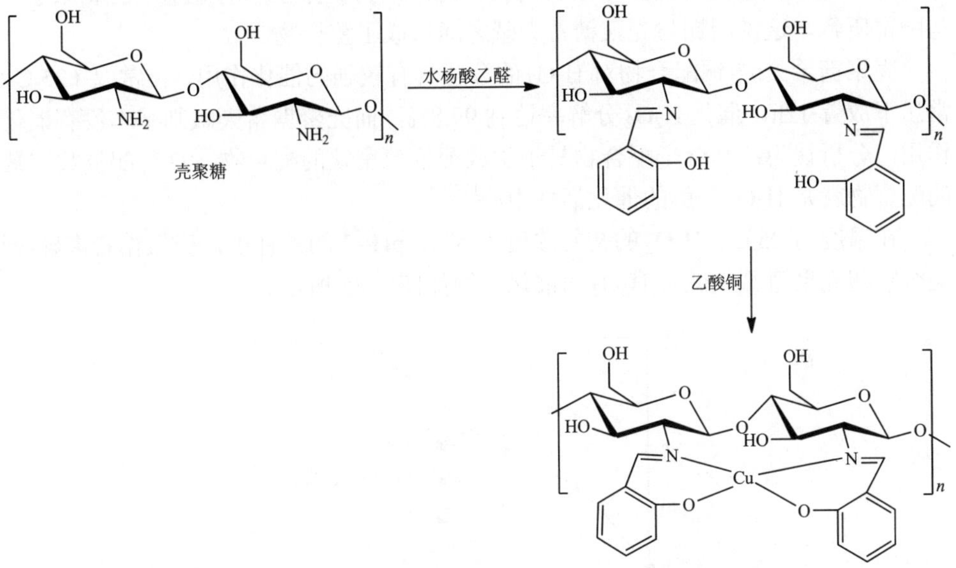

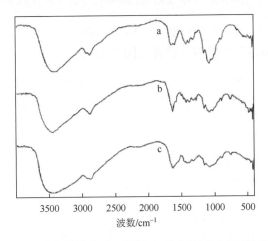

图 7-23　由壳聚糖制壳聚糖希夫碱及壳聚糖希夫碱-铜配合物的反应式

　　比较壳聚糖和壳聚糖希夫碱的特征吸收峰，见图 7-24 中曲线 a 与曲线 b，发

图 7-24　壳聚糖（曲线 a）、壳聚糖希夫碱（曲线 b）及壳聚糖希夫碱-铜配合物（曲线 c）的红外光谱图

现壳聚糖希夫碱出现一些新吸收峰，在 1634cm^{-1} 为 C=N 的吸收，是希夫碱酚亚胺的特征吸收；在 1580cm^{-1}、1498cm^{-1} 和 1461cm^{-1} 的吸收峰为苯环骨架特征吸收，在 1278cm^{-1} 为水杨醛与壳聚糖反应生成希夫碱所产生的吸收峰。

壳聚糖希夫碱与铜离子配位以后，酚亚胺的吸收峰移至 1632cm^{-1}，同时在 1278cm^{-1} 处酚羟基的弯曲振动吸收消失，这是因为氮原子和酚羟基上的氧原子参与配位所致，这说明铜与壳聚糖希夫碱之间形成了螯合物。

壳聚糖希夫碱-铜配合物对 H$_2$O$_2$ 的分解具有较强的催化作用，在常温（25℃）常压下放置 12h，催化 H$_2$O$_2$ 分解率达到 99.8%，而壳聚糖希夫碱则基本没有催化作用。分析认为：高分子配合物易于生成配位数空缺的配合物，这种配位数空缺的配合物就是 H$_2$O$_2$ 分解的催化活性中心[17]。

在温度为 25℃、H$_2$O$_2$ 的初始浓度为 5%、pH=7 的条件下，壳聚糖希夫碱-铜配合物和壳聚糖希夫碱对 H$_2$O$_2$ 的催化分解如图 7-25 所示。

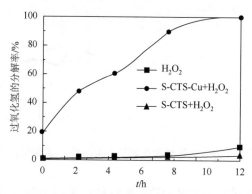

图 7-25　壳聚糖希夫碱（S-CTS）和壳聚糖希夫碱-铜配合物（S-CTS-Cu）对 H$_2$O$_2$ 的分解性能

随着 pH 的增大，H$_2$O$_2$ 的分解速率增加。在 pH 为 7.0 以上时，壳聚糖希夫碱-铜配合物表现为较强的模拟酶活性（图 7-26）。

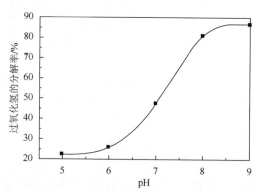

图 7-26　酸度对壳聚糖希夫碱-铜配合物对 H$_2$O$_2$ 的分解的催化性能的影响

　　壳聚糖希夫碱-铜催化剂对 H_2O_2 分解速率的影响在碱性介质中更为明显，分析认为，壳聚糖希夫碱-铜催化剂对 H_2O_2 的分解过程是首先生成活性中间体，再发生链式反应：

$$\text{S-CTS-Cu} \quad +H_2O_2 \Longleftrightarrow \quad \underset{\substack{\text{S-CTS-Cu} \cdot H_2O_2 \cdot H_2O_2 \\ \text{(活性中间物)}}}{} \Longleftrightarrow \quad \underset{\text{S-CTS-Cu} \cdot H_2O_2 \cdot HOO^-}{} \quad +H^+$$

　　由于 Cu^{2+} 与 H_2O_2 中的 O 形成了配位键，故电子云偏向 Cu^{2+}，于是增加了 O—H 键的极性。

　　生物体在新陈代谢中，细胞有氧呼吸所消耗 O_2 的 10%左右被还原成 H_2O_2，而 H_2O_2 容易被还原成 $\cdot OH$，这是一种毒性极强的自由基，它几乎能氧化与它接触细胞的所有组分，并引起衰老、癌变及其他病症。

　　研究生物体内过氧化氢酶或某些人工模拟酶能有效催化分解 H_2O_2，使之生成 H_2O 和 O_2，可有效防止 H_2O_2 的积累而造成 DNA 损伤及癌变。

　　实验研究了不同金属离子与壳聚糖（CMCS）形成的配合物对 H_2O_2 分解的催化作用。表 7-7 为不同壳聚糖的金属配合物对 H_2O_2 分解的催化作用比。

表 7-7　壳聚糖金属配合物对 H_2O_2 分解的催化作用比

金属配合物	不同时间 H_2O_2 的分解率/%				
	1h	3h	6h	12h	24h
CMCS-Zn^{2+}	2.2	3.0	3.0	4.2	59.6
CMCS-Mn^{2+}	1.0	7.3	12.3	16.0	16.8
CMCS-Cu^{2+}	5.5	10.3	17.4	93.9	99.8

　　由表可见，同样条件下 CMCS-Cu^{2+}配合物对 H_2O_2 分解的催化性能比 CMCS-Zn^{2+} 或 CMCS-Mn^{2+}的催化性能好。在常温常压下，反应时间为 12h，CMCS-Cu^{2+}配合物对 H_2O_2 的分解率为 93.9%。

　　催化性能与配合物中 CMCS 及 Cu^{2+}的含量比有关。通过固定体系中 CMCS

的浓度为 0.6%，改变 CuCl₂ 的加入量，结果见表 7-8。结果表明，当 CuCl₂ 浓度为 0.12%时，反应时间为 24h 时，H₂O₂ 的分解率为 99.8%。

表 7-8　CMCS-Cu²⁺对 H₂O₂ 分解的催化作用

编号	溶液组成（总体积 50mL）	不同时间 H₂O₂ 的分解率/%				
		1h	3h	6h	12h	24h
1	6% H₂O₂	0	0	1.2	5.5	8.3
2	6% H₂O₂，0.6% CMCS	0	0	0	0	3.6
3	6% H₂O₂，0.12% CuCl₂	0	4.6	23.6	41.2	68.4
4	6% H₂O₂，0.6% CMCS，0.12% CuCl₂	5.5	10.3	17.4	93.9	99.8

7.3.3　壳聚糖-纳米镉催化剂

纳米 CdS 是典型的光电半导体材料，存在显著的量子尺寸效应、表面效应、介电效应及优良的物理和化学性能。纳米 CdS 在光吸收、光致发光、光电转换、非线性光学、光催化和传感器材料等方面都有极好的应用前景[20]。

壳聚糖具有资源丰富、生物相容性好、可生物降解和无毒等特点，是天然多糖中的唯一碱性多糖，是人体必需的六大生命要素之一。壳聚糖在水溶液中是一种聚阳离子，对金属离子有良好的配位络合能力，作为良好的基质材料来定位及控制无机纳米颗粒的生长并阻止团聚，同时壳聚糖的存在可增强有机污染物为 CdS 光催化降解，提高光催化效果。

壳聚糖与纳米 CdS 复合制备的壳聚糖-纳米 Cd 催化剂具有光催化降解作用。以壳聚糖-CdS 复合纳米粒子对甲基橙的催化降解为例。光催化反应机理认为，甲基橙结构式为：

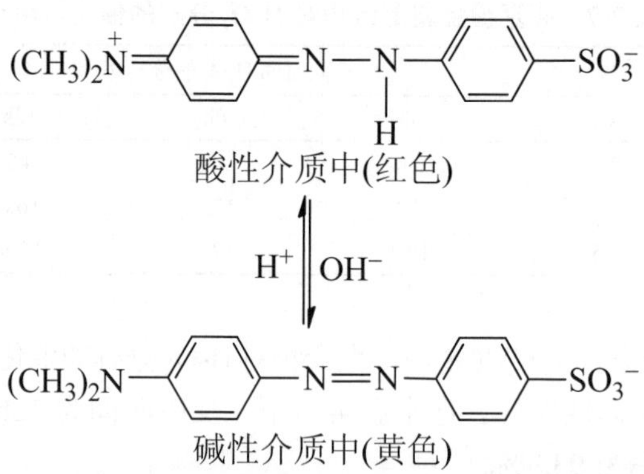

$(CH_3)_2\overset{+}{N}$——⬡==N—N——⬡—SO₃⁻
　　　　　　　　　　　｜
　　　　　　　　　　　H
酸性介质中(红色)

H⁺ ↕ OH⁻

$(CH_3)_2N$——⬡—N==N——⬡—SO₃⁻
碱性介质中(黄色)

壳聚糖吸附有机物，其吸附中心是自由氨基（—NH₂），在酸性介质中吸附质子后形成—NH$_3^+$，有利于通过静电作用吸附阴离子有机物。研究表明壳聚糖吸附偶氮染料的最佳 pH 为 3～5。在酸性介质中甲基橙带负电荷，易为壳聚糖吸附[13]。

壳聚糖-CdS 复合纳米粒子光催化降解机理可分为以下两步。

一是吸附过程：R$_1$—NH$_3^+$+R$_2$—SO$_3^-$══R$_1$—NH$_3^+$·O$_3$S—R$_2$，其中 R$_1$—NH$_3^+$ 代表壳聚糖，R$_2$—SO$_3^-$ 代表甲基橙。

二是光催化降解：悬浮在溶液中的 CdS 为半导体，受光照接受电子，使价带中电子吸收光能后，激发跃迁到导带中，从而在价带上形成空穴（h$^+$），在导带上形成电子（e$^-$）；价带空穴能夺取吸附在其周围水分子中的羟基电子，使其形成羟基自由基（·OH），而羟基自由基具有很强的氧化性，可以降解吸附在其周围的甲基橙有机染料分子。

1. 壳聚糖-CdS 复合纳米粒子降解甲基橙的研究

壳聚糖-CdS 复合纳米粒子在短时间内可迅速降解甲基橙，该反应属于自由基反应。

1）溶液酸度对光催化降解甲基橙的影响

选择 100mL 浓度为 20mg/L 的甲基橙溶液，在 2min 时甲基橙降解效率可达 50.5%～90.2%，400min 时甲基橙降解效率可达到 54.4%～96.6%，如图 7-27 所示。

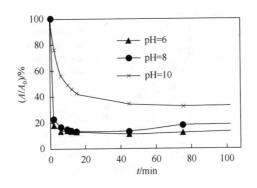

图 7-27　溶液酸度对光催化降解甲基橙的影响

在壳聚糖-CdS 复合纳米粒子用量相等的情况下，当溶液的 pH=6 和 pH=8 时，甲基橙光催化降解速率较快，pH=10 时最慢。在 2min 内溶液吸光度均迅速降低，pH=6 和 pH=8 时吸光度降低程度最大。所以光催化降解的条件在 6～8 均适合。

2）甲基橙光催化降解时间的影响

　　图 7-28 是光催化降解 0~16min 时甲基橙的降解效率，壳聚糖-CdS 复合纳米催化剂的用量分别为 0.05g、0.1g、0.2g、0.3g 和 0.5g，甲基橙的降解效率分别为50.5%、65.6%、76.5%、82.4%和 90.2%。反应时间达 2~3min 后，壳聚糖-CdS复合纳米催化剂用量的增加已经不影响降解效率。但壳聚糖-CdS 复合纳米催化剂的用量很重要，随着用量增加，降解效率增大。

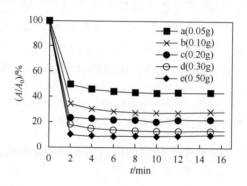

图 7-28　壳聚糖-CdS 复合纳米粒子的用量对光催化降解甲基橙的影响

3）催化剂用量对甲基橙光降解效率的影响

催化剂用量对降解率的影响如图 7-29 所示。

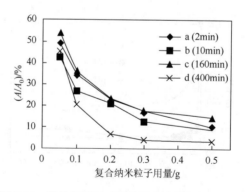

图 7-29　催化剂用量对甲基橙光降解效率的影响

2. 光催化降解茜素红的研究

1）溶液酸度对光催化降解茜素红的影响

　　称取催化剂 0.03g，加到 100mL 的茜素红溶液中。溶液的 pH 分别为 6、8 和10，考查催化剂对茜素红的光催化降解的影响。实验结果如图 7-30 所示。

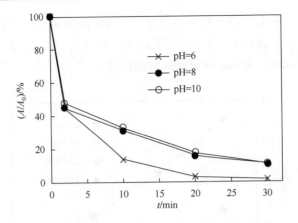

图 7-30　溶液的 pH 对光催化降解茜素红的影响

表明在复合纳米粒子用量相等的情况下，当溶液 pH=6 时，茜素红光催化降解速率最快，pH 升高则催化降解速率减弱。

2）光催化反应时间对光催化降解茜素红的影响

分别取 0.01g（a）、0.03g（b）、0.05g（c）和 0.07g（d）四种浓度的催化剂，分别加到 100mL 茜素红溶液中，光催化反应时间选为 0～60min。实验结果如图 7-31 所示。

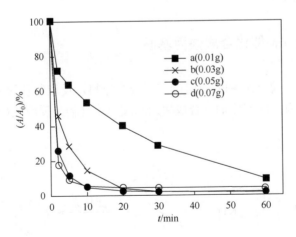

图 7-31　光催化反应时间对光催化降解茜素红的影响

由图可见，光催化反应时间到 30min 时，茜素红降解效率分别为 71.9%、98.1%、98.2% 和 96.0%；光催化反应时间到 60min 时，茜素红降解效率分别为 90.7%、98.6%、98.1% 和 95.9%。

3）壳聚糖-CdS 复合纳米粒子的用量对光催化降解茜素红的影响

图 7-32 为复合纳米粒子用量的变化趋势。曲线 a、b、c、d 分别代表各反应进行到 2min、10min、30min 和 60min 时的情况。

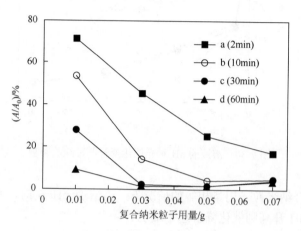

图 7-32　壳聚糖-CdS 复合纳米粒子的用量对光催化降解茜素红的影响

由图可见，无论对于哪组反应时间的结果，当用量达 0.03g 以后，曲线均有明显拐点。当用量为 0.03g 和反应时间为 30min 时，降解效率已达 98.1%，茜素红已基本降解完全。

7.3.4　壳聚糖-Zn 催化合成炔丙基胺

选择苯甲醛、苯乙炔和六氢吡啶三组分为原料，反应制备炔丙基胺，以壳聚糖-Zn 复合物作为反应催化剂，合成炔丙基胺类化合物。反应式如下：

1. 催化剂的合成研究

将壳聚糖粉末和 $Zn(NO_3)_2$ 溶液加入反应烧瓶中，用 NaOH 溶液调节酸度，经搅拌、干燥等工序，得到壳聚糖-Zn 非均相催化剂。反应式如下：

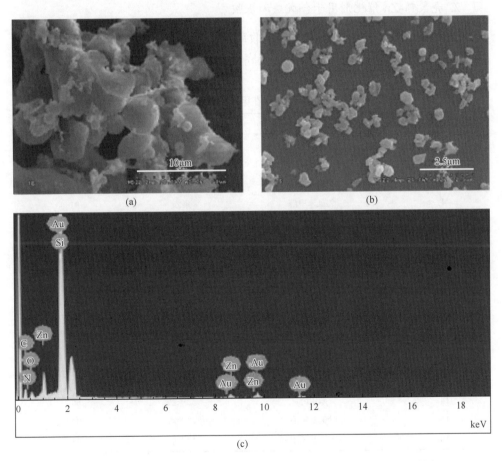

SEM-EDS 分析结果确认了 Zn 存在于壳聚糖小颗粒上，壳聚糖扫面电镜表征及 SEM-EDS 能谱表征如图 7-33 所示。

图 7-33 （a）壳聚糖颗粒扫描电镜；（b）壳聚糖-Zn 粉末扫描电镜；（c）壳聚糖-Zn 粉末 SEM-EDS

壳聚糖-Zn 催化剂是较优异的非均相催化剂，用于催化合成炔丙基胺时，目标产物的产率最高可达 90%，结果如表 7-9 所示。

表 7-9　不同催化剂用量对产率的影响

序号	催化剂	产率/%
1	Zn(NO$_3$)$_2$（10mol/L）	83
2	ZnO（10mol/L）	88
3	壳聚糖-Zn（1mol/L）	55
4	壳聚糖-Zn（4mol/L）	70
5	壳聚糖-Zn（6mol/L）	82
6	壳聚糖-Zn（8mol/L）	90
7	壳聚糖-Zn（32mol/L）	92

2. 壳聚糖-Zn 催化剂用于合成炔丙基胺

壳聚糖-Zn 催化剂合成炔丙基胺的收率较高，同时壳聚糖-Zn 催化剂对脂肪族和芳香族反应底物均具有普适性。扩展底物及其反应结果见表 7-10。

表 7-10　壳聚糖-Zn 催化剂在甲苯中合成炔丙基胺类化合物

化合物	醛	胺	产率/%
1	苯甲醛	哌啶	90，88
2	对甲基苯甲醛	哌啶	88
3	对氟苯甲醛	哌啶	92
4	邻氯苯甲醛	哌啶	91
5	萘甲醛	哌啶	89
6	对甲氧基苯甲醛	哌啶	91
7	异丁醛	哌啶	66
8	对甲基苯甲醛	吗啡啉	77
9	对氟苯甲醛	吗啡啉	85
10	苯甲醛	吗啡啉	96
11	苯甲醛	正丁胺	67
12	对氟苯甲醛	正丁胺	67
13	邻氯苯甲醛	正丁胺	75
14	苯甲醛	二苄胺	60
15	对氟苯甲醛	二苄胺	72
16	对甲氧基苯甲醛	二苄胺	85

由表 7-10 可知，对于脂肪族或是芳香族反应底物，壳聚糖-Zn 催化剂都有一定的普适性，并且得到相应的炔丙基胺类化合物的分离产率为 60%～96%。无论邻位、间位，还是对位的吸电子基团或给电子基团，其所对应的芳香醛在反应中

都能够平稳进行并得到相应的炔丙基胺类化合物。

7.4 壳聚糖与 Ni-B 非晶态合金/膨胀石墨催化剂

壳聚糖的糖残基在 C_2 上有一个氨基,在 C_3 上有一个羟基。从构象上看二者均为平伏键,这种特殊结构使得它们对一些金属离子尤其是过渡金属离子具有良好的螯合作用。壳聚糖金属配合物作为氢化、氧化偶合、开环聚合、烯类单体聚合、酯化和醚化等反应的催化剂和引发剂已多有研究[22],这里将壳聚糖用于非晶态合金催化剂的制备。

将壳聚糖负载于膨胀石墨上,采用金属诱导化学镀法制备一系列新的负载型 Ni-B 非晶态合金催化剂,并考查催化剂在环丁烯砜和对氯硝基苯加氢反应中的催化活性[18]。

1. 制备负载型 Ni-B/CS-EG 非晶态合金催化剂

称取一定量壳聚糖溶于 1%的稀乙酸溶液中,调节 pH 为 7 后加入经过预处理的膨胀石墨粉末,搅拌均匀后调节 pH 为 13,壳聚糖完全沉积在膨胀石墨表面,加入 AgNO₃ 溶液后形成了 Ag-CS-EG 前驱体。

在 Ni-B 镀液中加入上述 Ag-CS-EG 前驱体,在 45℃的水浴中加热搅拌 30min 后,得到黑色的 Ni-B/CS-EG 非晶态合金催化剂。

采用 TEM 表征了壳聚糖对 Ni-B 非晶态合金催化剂形貌的影响。图 7-34 为样品的 TEM 图,其中的插图为样品的 SAED 图。对比两种非负载型 Ni-B 催化剂的 TEM 图可以看出,未引入壳聚糖所制备的 Ni-B 团簇均为实心球形颗粒,分散性好,无明显团聚现象,粒径为 300nm 左右。引入壳聚糖所制备的 Ni-B-CS 团簇尺寸均匀、大小规整,但其粒径大小锐减,平均粒径为 65nm 左右。样品的 SAED 图均为弥散的衍射环,说明所制备的催化剂中 Ni-B 团簇均具有非晶态结构。

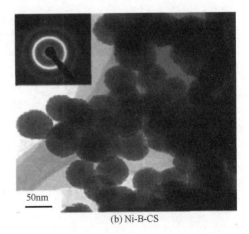

200nm

50nm

(a) Ni-B

(b) Ni-B-CS

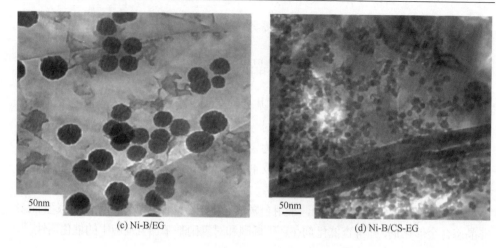

(c) Ni-B/EG　　　　　　　　　　　　　(d) Ni-B/CS-EG

图 7-34　不同 Ni-B 样品的 TEM 和 SAED 图

对于负载型 Ni-B 催化剂引入壳聚糖前后 Ni-B 团簇的形貌相似，没有壳聚糖参与制备的 Ni-B/EG 样品中的 Ni-B 团簇粒径为 50～80nm，而引入壳聚糖所制备的 Ni-B/CS-EG 样品中的 Ni-B 团簇的粒径减小到 20nm 左右。

2. 壳聚糖对负载型 Ni-B 催化剂制备和组成的影响

表 7-11 列出了不同催化剂组成的分析结果，随着壳聚糖含量的增加，化学镀 Ni-B 的速度显著提高。当壳聚糖含量增加到载体质量的 20% 时，化学镀制备 Ni-B/CS-EG-5 所需时间为制备 Ni-B/EG 时的 1/5，但各催化剂中的 Ni 和 B 组成基本没有变化。可见壳聚糖的引入有利于提高化学镀的镀速，但对 Ni-B 催化剂的 Ni 和 B 组成影响不大，且它们的组成不随壳聚糖含量的变化而变化。

表 7-11　不同壳聚糖含量对负载型 Ni-B 非晶态合金组成的影响

样品	CS 与 EG 的质量比/%	电镀时间/min	负载 Ni/%	组成/%	
				Ni	B
Ni-B/CS-EG	0	30	14.2	69.5	30.5
Ni-B/CS-EG-1	1	20	14.0	70.9	29.1
Ni-B/CS-EG-2	5	12	14.2	70.8	29.2
Ni-B/CS-EG-3	10	10	14.4	70.6	29.4
Ni-B/CS-EG-4	15	8	14.6	70.1	29.9
Ni-B/CS-EG-5	20	6	14.6	70.1	29.9

3. 壳聚糖对负载型 Ni-B 催化剂加氢活性的影响

表 7-12 给出了不同负载型 Ni-B 催化剂对环丁烯砜加氢制环丁砜及对氯硝基苯加氢制对氯苯胺的催化加氢性能的影响，在保持催化剂中镍负载量及催化剂用量一致的前提条件下，壳聚糖的含量占载体质量的 1%～10% 时，所制备的 Ni-B/CS-EG 非晶态合金催化剂对两种加氢反应的催化活性均明显优于 Ni-B/EG。

表 7-12　不同负载型 Ni-B 非晶态合金催化剂的加氢活性

样品	环丁烯砜加氢	对氯硝基苯加氢	
	转化率/%	p-CNB 转化率/%	p-CA 选择性/%
Ni-B/CS-EG	53.1	95.1	99.9
Ni-B/CS-EG-1	88.5	96.5	99.8
Ni-B/CS-EG-2	98.6	100	99.9
Ni-B/CS-EG-3	67.9	98.8	99.4
Ni-B/CS-EG-4	48.6	41.2	100
Ni-B/CS-EG-5	39.4	30.6	100
Ni-B/CS-EG-4	87.4	100	98.1
Ni-B/CS-EG-5	96.8	100	99.9

在给定的反应条件下，水溶性壳聚糖制备的 Ni-B/CS-EG-6 和 Ni-B/CS-EG-7 催化剂样品在对氯硝基苯加氢制对氯苯胺的加氢反应中表现出的催化活性区别不大，而在环丁烯砜加氢制备环丁砜的加氢反应中，Ni-B/CS-EG-7355 的催化活性比 Ni-B/CS-EG-6 高，前者的环丁烯砜转化率高出后者约 10%。结合表征结果可知，水溶性壳聚糖的相对分子质量越低，所制得的负载型 Ni-B 非晶态合金催化剂的粒径越小，分散性越好，其催化加氢活性越高。

参 考 文 献

[1]　黄可龙. 无机化学[M]. 北京：科学出版社，2007.

[2]　孟欢，张学俊. 高分子负载催化剂的应用研究进展[J]. 化学推进剂与高分子材料，2010，8（6）：42-45+62.

[3]　吴雪梅，唐星华，柯城，等. 壳聚糖负载钯催化剂应用研究进展[J]. 江西化工，2008，（1）：8-13.

[4]　唐星华，童永芬，张勇，等. 壳聚糖负载催化剂的研究进展[J]. 化学试剂，2005，27（10）：592.

[5]　郑小郎. 血红素-壳聚糖-SiO₂ 颗粒的制备及其催化活性研究[D]. 广州：暨南大学硕士学位论文，2009.

[6]　温燕梅，李思东，钟杰平，等. 壳聚糖希夫碱铜配合物的制备及其催化性能[J]. 湛江海洋大学学报，2006，26（4）：63-66.

[7]　张爱平. 氧化铝-壳聚糖-钯催化酮加氢反应动力学[D]. 保定：河北大学硕士学位论文，2008.

[8]　于建香，刘太奇. 壳聚糖接枝丙烯酸负载钯纳米纤维催化剂的制备及催化氢化[J]. 高分子材料科学与工程，2011，27（8）：50-53.

[9] 陈水平, 汪玉庭. 壳聚糖多孔微球负载 $PdCl_2$ 选择性催化氢化氯代硝基苯的研究[J]. 功能高分子学报, 2003, 16 (1): 6-12.

[10] 张一烽, 曾宪标, 沈之荃. 壳聚糖负载稀土催化剂催化甲基丙烯酸甲酯聚合[J]. 高等学校化学学报, 1997, 18 (7): 1202-1206.

[11] 尹学琼, 林强, 刘仁祥, 等. 壳聚糖金属配合物催化甲苯氧化性能研究[C]. 中国化学会第四届有机化学学术会议论文集 (下册), 2005, 2.

[12] 刘蒲, 王岚, 李利民, 等. 壳聚糖钯 (0) 配合物催化 Heck 芳基化反应研究[J]. 有机化学, 2004, 24 (1): 59-62.

[13] 王岚. 壳聚糖钯配合物催化剂的制备、表征及其在 Heck 反应中的应用研究[D]. 郑州: 郑州大学硕士学位论文, 2004.

[14] 李三华, 刘蒲, 王岚. 壳聚糖席夫碱钯催化碘代苯与丙烯酸生成肉桂酸[J]. 应用化学, 2005, 22 (5): 494-497.

[15] 刘蒲, 张鹏, 刘一真, 等. 壳聚糖席夫碱钯对碘代苯与丙烯酰胺反应生成肉桂酰胺的催化性能[J]. 精细化工, 2006, 23 (7): 649-653.

[16] 刘蒲, 张鹏, 王向宇. 壳聚糖席夫碱钯配合物催化碘代苯与苯乙烯交叉偶联反应的研究[J]. 分子催化, 2006, 20 (4): 339-345.

[17] 李琳, 张良, 翟豪, 等. 铂纳米簇/N-己基化壳聚糖杂化膜催化苯加氢反应研究[J]. 化学试剂, 2012, 34 (3): 248-252.

[18] 林友文, 周孙英, 陈伟, 等. 羧甲基壳聚糖-Cu (II) 配合物对 H_2O_2 分解的催化作用[J]. 福建医科大学学报, 2002, 36 (1): 79-81.

[19] 候进. 反相微乳液法制备壳聚糖-CdS 复合纳米粒子及其在光催化中的应用研究[D]. 青岛: 中国海洋大学硕士学位论文, 2004.

[20] 贾宏玲, 王自为, 刘燕, 等. 壳聚糖希夫碱金属配合物催化氧化甲基橙的研究[J]. 光谱实验室, 2011, 28 (2): 885-888.

[21] 秦余杨. 壳聚糖负载金属催化剂的制备及其催化性能研究[D]. 哈尔滨: 哈尔滨工业大学硕士学位论文. 2011.

[22] 武美霞, 李伟, 张明慧, 等. 以壳聚糖为介质的 Ni-B 非晶态合金/膨胀石墨的制备及其催化加氢性能[J]. 催化学报, 2007, 28 (4): 351-356.